# 15 动物部落


丛书主编 李建中

丛书副主编 谈朗玉 李大东 张令朝

本卷主编 魏刚才


科普通鉴

KEPU TONGJIAN

DONGWU BULUO


中国科学技术出版社

河南科学技术出版社

**图书在版编目（CIP）数据**

动物部落/魏刚才主编．—郑州：河南科学技术出版社，2013.10
（科普通鉴/李建中主编）
ISBN 978－7－5349－6584－5

Ⅰ.①农…　Ⅱ.①魏…　Ⅲ.①动物－普及读物　Ⅳ.①Q95－49

中国版本图书馆 CIP 数据核字（2013）第 228713 号

出版发行：中国科学技术出版社
地址：北京市海淀区中关村南大街 16 号　　邮编：100081
电话：（010）62106522
网址：www.cspbooks.com.cn
河南科学技术出版社
地址：郑州市经五路 66 号　　邮编：450002
电话：（0371）65737028
网址：www.hnstp.cn
策划编辑：李喜婷　冯　英
统筹编辑：尚伟民　蒋云鹏　徐　涛
责任编辑：李义坤
责任校对：李振方
封面设计：赵　钧
版式设计：赵玉霞
责任印制：朱　飞
印　　刷：郑州金秋彩色印务有限公司
经　　销：全国新华书店
幅面尺寸：185 mm×260 mm　　印张：14.75　　字数：237 千字　　彩插：8
版　　次：2013 年 10 月第 1 版　　2013 年 10 月第 1 次印刷
定　　价：32.00 元

## 《科普通鉴》丛书

主　编　李建中

副主编　谈朗玉　李大东　张令朝

## 《科普通鉴·动物部落》编委会

# 序

科技是人类智慧的伟大结晶，创新是文明进步的不竭动力。

回首文明历程，是科技之光涤荡了人类历史上蒙昧的阴霾，是科技之火点燃了人类心灵里求知的火焰，是科技之灯照亮了人类发展中光辉的前程。科学技术的每一次重大突破，每一项发明创造的诞生，都使人类对客观世界的认识发生质的飞跃，都使人类改造世界的能力得到革命性的提升。18 世纪后的几百年，是科学技术突飞猛进的历史时期。数学、物理、化学、天文学、地学和生物学等各个领域的研究均取得了空前成就，并引发了一次又一次重大理论革命，其中，最具划时代意义的莫过于牛顿力学、相对论和量子力学的创立。与此同时，深刻改变人类生存状态和生产、生活方式的发明创造也纷纷问世。在不计其数的发明、发现中，蒸汽机、电话、火车、汽车、医用 X 光片、青霉素、DNA 双螺旋结构、火箭、阿波罗 10 号太空舱、计算机等无疑是改变世界的重大发明、发现与创造。

放眼新的世纪，科技已经成为推动经济社会快速发展的主导力量和创造社会财富的主要源泉，成为国家间、区域间竞争的核心和推动未来发展的决定性力量。为了在竞争中取得优势地位，各国、各地区，特别是发达国家及地区都高度重视科技创新和发展。在此背景下，全球创新浪潮此起彼伏，科技发展日新月异，创新成果大量涌现。人类基因组序列图完成、细胞重新编程技术、人类最早祖先确定、宇宙存在暗物质的猜想被证实、干细胞研究的新进展、纳米技术研究的新突破、欧洲强子对撞机启动、人类探测器创最远纪录和七大数学难题之一——庞加莱猜想被证明等被认为是近十年来取得的最具科学价值，并可能对人类生存与发展产生重大影响的重大科技成就。

在人类文明的历史长河中，科学技术虽然得到了空前发展，取得了辉煌成就，但在前进的道路上依然有无数难题等待我们去破解，众多未知世界等待我们去认识。随着人口数量的急剧增加，自然资源的逐渐枯竭和生态环境的日益恶化，人类正面临前所未有的生存挑战和危机。毫无疑问，应对挑战、解决危机，只有依靠科技的不断创新与发展。在可以预见的未来，为了拓展生存空间，提高生存质量，必将掀起一场以信息科技革命为先导、新材料科技为基础、生命科技为核心、新能源科技为动力、海洋科技和航天科技为内拓和外延的新的科技创新浪潮。伴随新一轮科技创新浪潮的到来，新的发明创造也必将与日俱增。有科学家预言，未来百年，人体器官克隆再造、灭绝动物复活、战胜癌症、建造星际飞船和太空电梯等梦想可能变为现实。

当前，亿万中华儿女正在为实现中华民族伟大复兴的“中国梦”而努力奋斗。实现这一百年梦想，关键在于弘扬创新精神，增强创新能力，加快创新步伐，让科技之花在创新中萌芽，在创新中成长，在创新中绽放。

发达国家的经验昭示我们，加快科技创新，提高科技水平，既要依靠科技精英们的刻苦攻关，发明创造，也有赖于公民科学素质的普遍提高。有调查显示，我国公民的科学素质水平较发达国家差距甚大，与走中国特色的自主创新之路、建设创新型国家的要求相去甚远。为尽快提升我国公民的科学素质水平，从2006年起我国启动了旨在推动公民科学素质建设的全民科学素质行动计划，希望到2020年，公民科学素质在整体上有大幅度提高，达到世界主要发达国家21世纪初的水平。

科普图书是展示科学技术的重要窗口，是普及科技知识的重要载体，也是传播科技文明的重要途径。国内外都十分重视科普图书的创作出版。在琳琅满目的科普图书作品中，不乏影响深远的精品力作。这些作品为传播科技文明、普及科学知识做出了历史性贡献。时代在进步，科技在发展。紧跟时代步伐，把握科技动态，繁荣科普创作，不断创作出版符合时代特点、反映当代科技发展水平的科普图书精品，不仅是加强公民科学素质建设，提升公民科学素质的迫切要求，也是科技界有识之士的共同心声。

科学技术协会是新中国科普事业的主要开创者和推动者。在开展公民科学素质建设，提高公民科学素质水平的历史进程中，肩负着重要责任和神圣使命。我们组织编写的这部《科普通鉴》丛书既是履行"责任"和"使命"，也是对科技界有识之士呼声的积极响应。

20世纪中叶以来，科学技术进入了多科交叉、互为渗透、综合发展的历史时期，形成了学科林立、知识纷繁的新格局。面对浩如烟海的科学世界，如何确定这部书的编写原则和选题范围是应当首先解决的问题。经与有关专家学者反复研究论证，我们确定了"通览科技文明，鉴取创新精粹"的编写原则，并确定从理、工、农、医和高新科技五大领域中选取26个公众关注度较高的热点选题，按26卷组织编写这部丛书。

面向具有中等以上文化程度的青少年、农民、城镇劳动者、城市社区居民、领导干部和公务员等重点人群，弘扬科学精神，传播科学思想，倡导科学方法，普及科学知识是编写本书的出发点和根本目的。考虑到读者对象年龄、职业、身份的多样性和对知识需求的差异性，本书着重介绍具有基础性、通用性、新颖性和前瞻性的知识，读者可以根据自己的需求或兴趣进行阅读；在阐述方法上尽可能做到重点突出，脉络清晰，尽可能融入人文精神，体现人文情怀，避免科技知识的简单介绍和罗列；在语言风格上力求文笔流畅，深入浅出，生动活泼，雅俗共赏，以达引人入胜的效果。

选择高水平的主编是编好这部丛书的关键。为此，我们发挥科学技术协会学会众多，学科齐全，人才荟萃，联系广泛的优势，面向省内外征集各卷主编候选人。最后经全面比较，优中选优，确定了各卷主编人选，为本书的编写出版奠定了坚实基础。在此我们谨向为本书主编遴选、编写、出版给予大力支持的河南省医学会、气象学会、农学会、地理学会、地震学会、地质学会、机械工程学会、反邪教协会和省气象局、郑州大学、河南大学、河南农业大学、河南工业大学、河南科技大学、河南中医学院、河南科技学院、河南轻工业学院、《太空探索》杂志社、河南科技报社、河南科技活动中心、中国科学技术出版社、河南科学技术出版社等学（协）会和单位表示诚挚的感谢！

作为一部多达26卷的大型科普丛书，其涉及领域广，学科多。在内容上为了尽可能避免交叉重复或矛盾冲突，在体例和语言风格上为了尽可能保持相对统一，我们制订了较为详细的编写方案，对各卷的内容范围和全书的体例风格做了必要界定和规范。但是，由于我们学识水平有限，统筹协调不够，编写时间仓促，加之一些担任主编的同志是首次承担科普类作品的编写任务，缺乏相应经验，所以，虽然付出了大量心血，个别卷仍然存在内容取舍不够得当，语言风格不够生动活泼等问题。这些缺憾，我们将在再版重印时加以修订改进。诚恳希望广大读者对本丛书的修订改进提出宝贵意见和建议，以便再版时提高质量。

河南省科学技术协会主席、党组书记　李建中

2013年6月

# 目　录

# 引言

在广袤的地球上生活着千姿百态、数量巨大的动物，它们在地球上生存了数亿年或更长时间，它们是环境造就的，既适应环境又依存于环境。目前，已知地球上现存动物有150多万种，还有大量的动物没有被发现。人类源于动物而高于动物，所以说“人是万物之灵”。人类与动物及自然的和谐相处才使我们的“家园”——地球更加生机勃勃。

我们经常提及的动物有野生动物和家养动物，这是根据与自然环境和人类的关系而划分的。野生动物是指生存于自然状态下，非人工驯养的各种哺乳动物、鸟类、爬行动物、两栖动物、鱼类、软体动物、昆虫及其他动物；家养动物是通过驯养直到一生与人类密切相关且已经适应了家养的动物，包括猪、牛、羊、马、鸡、鸭、鹅、狗和猫等，而且随着社会的需要和科学的发展家养动物的种类仍在不断增加，如现在饲养的特种禽类（或珍禽）和特种经济动物等。

动物与人类的生活、生产、社会发展以及生态维护息息相关。动物为人类提供了生产和生活条件，极大地促进了人类的发展、社会进步和生态的平衡。

动物为人类提供生产条件，促进了社会生产力和社会经济发展。野生动物被活捉后圈起饲养，它们的野生习性逐渐改变，适宜于家养，经过漫长的发展形成了畜牧业。畜牧业的发展也是由原始到现代、由低级到高级的发展过程。特别是现代科学技术的应用和现代工业的装备，使畜牧业成为一个高效的经济部门。作为农业两大支柱部门之一的畜牧业，在农业中地位极高，许多国家和地区畜牧业经济在农业经济中的比重已经超过50%，新西兰、美国、澳大利亚等农业发达国家所占比重更高，达到90%左右，畜牧业已经成为农业经济的支柱产业及评价一个国家和地区发达程度的重要标志之一。但如果没有动物的存在，就不可能有动物被驯化，就不可能有畜牧业的产生和发展，就不可能有现代发达的农业。

动物为人类提供了大量的生活必需品，满足人类衣、食、住、行等需要，极大地提高了人们的生活质量。饲养的家畜、家禽等已提供肉、蛋、奶等动物性产品，另外，海水养殖业所生产的虾蟹类、贝类、其他软体动物等也成为重要的蛋白质来源。在脊椎动物中，常作食用的鱼类有400余种、两栖类有40余种、爬行类有60余种、鸟类有100余种、兽类有100余种。在无脊椎动物中，常作食用的有200余种，主要是软体动物、甲壳动物和昆虫。这些都可以烹制出各种美味佳肴，改善人们的膳食结构，促进人的智力发育和增强体质状况；生产名贵药材和保健品，如鹿茸、麝香、蜂王浆、蜂毒、阿胶、乌鸡、白凤等，有强身健体之功效。很多动物可提取生物活性成分作为生化药，如抗菌肽、生长因子、外源凝集素、免疫球蛋白、动物肽毒、酶、糖蛋白等蛋白质及其水解产物，还有生物碱类、甾类化合物、萜类、酮类和酸类化合物等；提供工业原料，如可以提供羽绒、毛纺、制革、乳品、肉品、蛋品、医药保健、饲料、油漆油墨、肥料等工业原料。如从甲壳动物的壳中提取的甲壳质除用作抗癌成分外，还可用作手术缝线、隐形眼镜片、人造皮肤、纺织剂和造纸等。已成传统商品的产丝昆虫有家蚕、柞蚕、蓖麻蚕和天蚕等。

动物成为地球的“维护”者，保证了整个地球生态的平衡。自然生态系统是由同一种群或不同生物种群相互之间生物部分和它们的自然环境非生物部分之间组成的复杂网络系统。在系统内部各个环境组成与生物种群共同参加系统内运动不息的能量和物质循环，保持了稳定的平衡状态。如鸟类中的灰喜鹊、喜鹊、大山雀、啄木鸟、戴胜、杜鹃等食虫鸟对农林害虫有明显的抑制作用，一只猫头鹰一个夏天就可以消灭掉1 000多只害鼠，蜂、蝶、鸟类及哺乳类动物等对植物花粉及种子的传播起着重要的作用等。

动物丰富了人们的精神生活。马戏团里动物们精彩的表演、动物园内各种珍禽异兽供人赏玩等，极大地娱乐了人们的生活。天空中飞翔的鸟儿，石阶下鸣唱的蟋蟀，雨后墙角徐徐爬行的蜗牛，春天在邻居屋檐下呢喃筑巢的燕子，冬天在雪地上瑟缩啄食的麻雀等，都给我们的童年烙上深深的印记，曾经使我们的心灵得到极大的慰藉。另外，还有许多动物成为人类的“伴侣”，排除或缓解人的寂寞，或成为人类的“忠诚卫士”，完成一些人类不能完成的任务等。不可想象，没有动物的地球将是什么样子？地球上如果没有动物，人类社会将是什么样子？

无论是家养的动物还是野生的动物，它们都有独特的习性和对生存环境的要求，与自然保持着和谐的关系，与人类有着密切的联系，成为人类赖以生存的重要资源之一。资源利用必须要有度、可持续、友好、文明、和谐，如果利用无度，不仅会导致资源消失和不可再生，甚至会给人类带来巨大的灾难，这方面的教训也是我们人类应该进行认真总结和吸取的。

现代科学技术的应用，为动物资源的利用插上了“翅膀”，对某些动物的生物特性有了更深刻的了解，可以根据动物对营养物质的需要提供营养全面的日粮，可以根据动物对环境条件的要求提供适宜的环境条件，可以采用生物技术和先进生产技术促进繁殖和生产等，也可以利用卫星导航系统和红外遥感技术对野生动物进行全天候监测定位，可以采用基因保存、基因移植等生物技术进行保种，可以采用人工繁殖野化训练后放归自然等扩大濒危野生动物的种群数量等。但是，动物世界浩大、复杂、奥秘无穷，现代科学技术虽然有了极大发展，也只是为我们开启了动物世界的小小一扇门，只能够窥到一斑而不知全身。我们对动物的认识和了解还是相当的浅显，对动物认知的路是无止境的，利用和保护动物、促进可持续发展的路也是无止境的，人们只有在这种追求中才能有所创新，人们也只有在为社会服务的崇高理念下，才能有所创造、有所作为，也只有这样生活才富有意义。

# 1 走进动物王国

生机勃勃的地球上除了人类，还有100多万种其他动物。动物王国是一个五彩斑斓、引人入胜的世界，它们凭借各自奇特的本能繁衍生息，与人类共存，与自然和谐相处。有些动物已经被人类驯化、饲养，有的正在被驯化，但大部分仍未被人类驯化。无论驯化与否，它们都是这浩瀚地球中的一员。作为地球一员的人类，其行为与动物行为之间是存在许多共性的，动物在某种程度上也具有某些人性的东西。动物们有爱也有恨、有情也有仇、有喜也有悲。它们的眼神、动作也可以向我们传递它们的感情。早在两千多年以前，我国思想家孟子说过“君子之于禽兽也，见其生，不忍见其死，闻其声，不忍食其肉”，道出了对动物被屠宰的怜悯。目前，人们所关心的动物已不仅仅是那些对维护生态系统有价值的野生动物或可爱的伴侣动物，而且也包括饲养场的食用动物、实验动物，乃至所有的动物。

## 1.1 动物家族

当我们走进一片郁郁葱葱的森林，可以看到枝头上黄莺、百灵鸟等美丽的身影，听到它们唱出的无比动听的歌声；当我们随着歌声走着，突然看到树枝上卷缠着一条草绿色的翠青蛇，大大的眼睛和圆形瞳孔，使人背生凉汗；走到一小块空地，突然，黑影闪过，一只美洲豹扑向一只掉队的羚羊走出森林，我们看到了头背橄榄绿色，腹甲棕黑色，唯背甲外侧缘、缘盾腹面及腹甲外缘黄色的黄缘闭壳龟，在森林边缘的河流旁缓缓地爬行。

走进雪域高原的可可西里和阿尔金山，我们可以看到善于奔跑的藏羚羊和藏野驴，耐寒能力极强的白唇鹿，黑压压一片逐草觅食的野牦牛，以及漂亮矫健，毛色灰白，身上布满蔷薇花形的褐色斑点，生性谨慎，行动诡秘的雪豹；可以看到上百只乌鸦聚集盘旋，叫声震天，还可以看到喝盐水和吃盐碱性植物的珍奇动物双峰驼等。

在近岸的浅海里，由形形色色的海草组成的海底“森林”随波逐浪，摇曳多姿。五颜六色的小鱼儿在草丛中穿梭嬉戏，身体魁梧的海蟹为寻找食物而忙忙碌碌，笨头笨脑的海龟常常缓慢地爬上沙滩来晒太阳，形形色色的贝壳和海螺在这里缓缓移动，漂亮的海菊花、海馒头、海母瓜、海鸳鸯、五星鱼等惹人喜爱……浅海里的各类动物真是有趣极了。从水面到200米深的海洋上层是动物最多的地方，有乌贼、箭鱼、金枪鱼、飞鱼、鲨鱼、海龟、鲸、海豹、海象等。乌贼行踪极为诡秘，动作敏捷，性情凶猛。飞鱼的飞行本领很强，它两侧的胸鳍展开就像鸟的翅膀一样，穿出水面以后，能飞行很长一段距离。还有食人鲨、双髻鲨等不但吞食鱼类，攻击巨鲸，甚至还寻衅袭击海船，危害下海作业的渔民。进入到200~1 000米深处时，可以见到长17~18米、重1吨左右的大王乌贼，巨大的抹香鲸常常到这里游弋，大王乌贼便成为了它的美餐。有的动物身体能发光，有的长着像望远镜一样的筒状眼睛；水母是红色的，纽虫是微红的，虾是深红的，还有很多鱼也是红色的。再往深处便到了半深海层，这里高压、黑暗、寒冷，大约有150种鱼类生活在这儿，其中有些鱼外形很奇特，有的头部特别大，有的嘴巴特别大。有的鱼长着十分锋利的牙齿，能够猎食比自己大得多的动物。即使在4 000米以下的深海层，也有动物栖息于此，如科学家们在5 000米深的海底发现了一种能以“三足”鼎立的姿势立在海底不动的鼎足鱼。

走进动物园的步行区，我们可以看到大紫胸鹦鹉、粉红凤头鹦鹉、小凤头鹦鹉等待在铁丝网边等待游客投喂食物，可以看到开屏后美丽无比的孔雀及各种鸟类；坐上巴士，穿行在车行区，透过玻璃窗我们可见到斑马、长颈鹿、拙笨的黑熊、威武的老虎及兽中之王非洲狮，它们谛视着过往的车辆，有的来到我们车旁，乞讨食物（可不能开窗甩食物，这在动物园是禁止的行为）。

走进农场，我们可以看到一群群或一笼笼“咯咯”高叫的鸡，蛋窝内或笼具上已经产下白色、褐色或粉色的鸡蛋。可以看到产床上的母猪正在给产下的十几只肥嘟嘟、毛茸茸的“子女”喂乳。可以看到体重近1吨的奶牛携带着硕大无比的乳房在圈舍内悠闲地“散步”，每天按时给人类提供营养丰富的乳汁。

在地球上的不同区域生活着千姿百态、形态各异的动物，它们中的很多能够形成相对团结、不可分割的群体，于是就构成了动物家族。它们为了拓展自己的领地而使出浑身解数，与自然和人类和谐相处，并在没有受到严重的食物缺乏和重大的环境变迁等威胁的情况下保持整个家族体系的稳定。

要识别成千上万种动物，需要给予其适当的名称，并在动物王国的“家谱”中按适当的顺序排名。人类在很早以前就能识别物类并予以命名。汉初的《尔雅》把动物分为虫、鱼、鸟、兽4类：虫包括大部分无脊椎动物，鱼包括鱼类、两栖类、爬行类等低级脊椎动物及鲸和虾、蟹、贝类等，鸟是鸟类，兽是哺乳动物。这是中国古代最早的动物分类。

动物种类的描述离不开两位具有开创性精神的智者。一位是出生于公元前384年的亚里士多德，他是世界公认的大哲学家柏拉图的高徒，享有“动物学之父”的美誉，经他描述的动物种类近500种（注：亚里士多德采取性状对比的方法区分物类，如把热血动物归为一类，以与冷血动物相区别）。此后很长一段时间，动物家族的收集和分类工作处于停顿甚至倒退状态，直到1707年瑞典一位叫林奈的人的出现，彻底改变了这一现状，他不但给每一个动物家族一个光鲜的名字，还亲自描述了近千种类的动物家族。林奈为分类学解决了两个关键问题：第一是建立了双名制，每一物种都给以一个学名，由两个拉丁名词所组成，第一个代表属名，第二个代表种名。第二是确立了阶元系统，把自然界分为植物、动物和矿物三界，在动植物界下，又设有纲、目、属、种四个级别，从而确立了分类的阶元系统。就连达尔文的那篇震惊世界的关于自然选择的论文也是在林奈创立的学会里宣读的。到目前为止，动物家族的种类已超过100万种，其中有很多是大家耳熟能详的动物，我们时刻不要忘记为动物家族分类做出巨大贡献的这两位生物学家。

动物分类系统是阶元系统，通常包括七个主要级别：种、属、科、目、纲、门、界。种（物种）是基本单元，近缘的种归合为属，近缘的属归合为科，科隶于目，目隶于纲，纲隶于门，门隶于界。如大熊猫，属于动物界、脊椎动物门、哺乳纲、食肉目、大熊猫科、大熊猫属、大熊猫种；猪，属于动物界、脊椎动物门、哺乳纲、偶蹄目、猪科、猪属、猪种。

根据生活的环境可将动物分为水生动物和陆生动物；根据动物保护国际公认标准，动物被分为农场动物、实验动物、伴侣动物、工作动物、娱乐动物和野生动物6类；根据与自然环境和人类的关系，动物分为野生动物和家养动物。

伴随着科技的进步，人类对动物的要求也越来越高，同时“人口爆炸”也给环境带来了巨大的压力。一些成员被无情的“岁月”压垮了，选择离地球远去了；一些成员还在努力抗争，为它们的子孙后代多拓展一点领地；有的动物生存状况不甚明朗，它们或正面临绝境。人类和动物家族都是整个地球这个大食物链中的一环，少了哪一环都要失去平衡。虽然人类自认为是现在这个地球的统治者，但本质上人只是一种高级动物，动物绝灭了，人类也不会久远。我们一定要谨记恩格斯的一句名言：“我们不要陶醉于我们对自然界的胜利，对于每一次这样的胜利，自然界都报复了我们。”因此，保护动物、与动物和谐相处是人类与动物关系的主旋律。

## 1.2 野生动物

野生动物是指在自然环境中生长且未被驯化的动物。很多野生动物不为人类所熟知，它们或生活于名山大川中，或生活于人类很少到达的茫茫雪原里，有些只展现冰山一角，若隐若现，不肯露出庐山真面目，它们中有能够聚集成五彩缤纷珊瑚礁的珊瑚虫，有能给人们带来美味佳肴且善于施放“烟幕弹”的乌贼，有“海洋智多星”之称且善于伪装的章鱼，有能够知晓潮涨潮落的招潮蟹，另外，人们常见的蜜蜂、蚂蚁、蝴蝶也是动物家族中的重要成员。其中人们能够娓娓道来的很多野生动物家族主要为鸟类和哺乳类，如世界著名的珍稀鸟类朱鹮，灵长目中以河南境内最为典型的猕猴、以西南三省最为典型的金丝猴，食肉目中的大熊猫、狮子、鬣狗，鳍足目中的海豹、海象、海狮，长鼻目中的大象，奇蹄目中的野驴、斑马、犀牛，偶蹄目中的野牛、藏羚羊、野骆驼、长颈鹿、麋鹿等。

野生动物包括非人工驯养的各种哺乳动物、鸟类、爬行动物、两栖动物、鱼类、软体动物、昆虫及其他动物。但随着社会发展和人类生产和生活的需要，许多野生动物不断被人类所驯养。最近几个世纪，人类驯养了梅花鹿、马鹿、驯鹿、驼鹿、美洲野牛、鸵鸟、孔雀、海狸鼠、红腹锦鸡、牛蛙等，人们甚至可以在圈养环境中繁殖猕猴、食蟹猴、扬子鳄。但是经过人工圈养以后，这些野生动物的行为乃至遗传性状都发生了变化。如果将这些人工圈养的野生动物放归到自然环境中，这些动物将很难存活和繁殖，因为它们已经丧失了在自然环境中觅食、躲避天敌、寻找配偶的能力。

根据野生动物的特性，可以将其分为：濒危野生动物（有灭绝危险的野生动物物种），如朱鹮、大熊猫、亚洲象、华南虎、黑猩猩、菲律宾鳄、马来长嘴鳄、澳洲毛鼻袋熊、沙漠袋貂、金竹狐猴、鲟目、中华鲟等；有益野生动物（有益于农、林、牧业及卫生、保健事业的野生动物），如肉食鸟类、蛙类、益虫类等；经济野生动物（经济价值较高，捕鱼、狩猎获得的动物），如孔雀、雉鸡、珍珠鸡、野鸭、大雁、黑天鹅、红腹锦鸡等珍禽和蛇、鹿、水貂、麝、熊、蛙、鳖等；有害野生动物，如害鼠及各种带菌动物等。由于缺少应有的环境保护，76科300余种动物濒临灭绝。

## 1.3 家养动物

家养动物是经过人们长期驯化逐渐形成的具有一定经济性状或形态的动物种类资源，是古人为了生存与自然环境达成和谐统一的结果。人类和动物打交道的时间应该早于我们人类文明，在我们现在生活的中国版图上，距今170万年前的云南元谋人和距今约70万年前的北京猿人，就懂得以采集和渔猎为主的生活，证明了我国是世界上家养动物驯化最早的国家之一。家养动物是通过圈养直到一生都与人类密切相关且已经适应了的动物，除了一般意义上的家庭饲养动物（如鸡、鸭、猪）外，还包括农田或牧场上已被人类驯服的动物（如马、牛、羊），还有因人类喜欢或陪伴所需而养的动物（部分被称为宠物，如狗、猫）。中国社会科学院考古研究所袁靖研究员认为，狗是中国最早的家养动物，它的遗骸在距今10 000年左右的河北徐水县南庄头遗址里被发现，而世界上发现最早的家养犬是在距今10 000 ~ 12 000年前的耶利哥的特尔早期遗址和伊拉克的巴勒哥拉洞穴之中。中国驯化比较早的其他家养动物包括家禽、家畜和昆虫的各个品系。重要的家养动物家族的类群有：家畜，如猪、马、牛、羊、驴、骆驼等；家禽，如鸡、鸭、鹅、鹌鹑、鸽子等；人工养殖的鱼，如青鱼、草鱼、鲢鱼、鳙鱼、鲤鱼、鲫鱼、鳊鱼、泥鳅、黄鳝及众多的观赏鱼等；其他，如家蚕、蜜蜂、牛蛙、甲鱼、虾、蟹等。

家养动物的祖先都生活于远古时代，为了人类的需求，在人类的庇护下，它们不再为了生存四处奔波，而是过起了相对悠闲的田园生活，但它们也不是无所事事，也为人类的发展做出巨大的贡献，如为人类提供肉类、蛋类、奶类、毛皮、药材、实验材料等。人类根据需求，将家养动物分为食品动物、役用动物、经济动物、实验动物、医用动物和观赏动物等；或者分为哺乳动物（家畜）、鸟类（家禽）、爬行动物、两栖动物、鱼类和昆虫类等。远古时期它们生活于世界各地，但它们似乎更喜欢中国这块古老的大陆，岁月的沧桑似乎已经模糊了它们的记忆，中国的先民在公元前 3 000 年以前就已经知道善待它们，并在书记录饲养它们的经验，让世界其他地方的人们称赞不已。

中国是世界上家养动物品种和类群最丰富的国家之一，20 世纪 80 年代中国农业科学院组织全国百家禽品种资源普查，于 1986 年公布的品种或类群有 596 个。全国各地形成的具有经济特色的品种无一不与当地民族的历史发展和自然环境密切相关，这些品种尤其以高繁殖率、产品风味好、药用价值高、玩赏性强、耐高寒、耐劳和对特殊地域的适应性在国际上享有盛誉。

现在人们逐渐转向追求动物视觉效果、口味和营养价值，对一些已经驯化成功的家养动物的远祖或重新认识的野生动物进行组合筛选、合成选育饲养，保持它们原有的野性，这些动物类群构成了目前新的动物家族，也被称为半野化动物家族，主要包括野猪、狐狸、水獭、蛇、孔雀、野鸡和野鸭等。

从 40 亿年前，最低等的菌类出现，到今天活跃的 100 多万种动物，动物王国于这温和美丽的星球上经历了无数次的分化变迁、优胜劣汰。终于它们战胜了自然的种种严峻考验，使赤道两极、雪山到谷地、大陆到海域无不遍布着自己的足迹。它们或漫游海底、或奔跑如飞、或翱翔天际，均以其各具特色的完美进化，共同演绎了这个世界的多姿多彩与盎然生机。

# 2 动物的前生今世

动物界的历史，就是动物起源、分化和进化的漫长历程，一般要追溯到4.5亿~5亿年前。动物的发展是一个从单细胞到多细胞，从无脊椎到有脊椎，从低等到高等，从简单到复杂的过程。最早的单细胞的原生动物进化为多细胞的无脊椎动物，由无脊椎的动物往前进化出现了众多脊椎动物，最后进化成胎生哺乳类动物，而人是哺乳类动物中最高级的动物。众多动物随着地球的环境变迁，发生着一系列的变化，经得起洗礼和风雨的动物家族保存了下来。地球上的野生动物和其他所有的生物一样，并不是一成不变的，而是随着不同的年代，不同的进化历史时期而逐渐发展变化的，而进化的动力是自然选择；随着人类文明的出现，人类成为了地球的主宰，一些动物被人类所利用，伴随着漫长的人类发展史，它们成了我们今天的家养动物，很多也是我们今天畜牧业发展的主力军。通过人工定向驯化，可以促进生产性能的提高和产生明显的经济效益。长期以来，由于人类掌握了对动物驯化的手段，有了使动物按照人类要求的方向产生变异的可能性。

## 2.1 从生命的起源谈起

人类探索地球上生命的起源主要是通过对地质岩层和古生物化石的研究，我们的地球及太阳系的其他行星已经有了46亿年以上的历史，目前人类仅对它近6亿年来的这段历史了解得比较清楚。其实我们应该感到很幸运了，能生存在这美丽的最适宜人类及其他动物、植物共同生存的地球上而不是其他星球。从宇宙大爆炸到地球形成经历了大约上百亿年的历史，地球上的水、空气、食物、矿藏和大气层等得天独厚的环境因素给人类、动物及植物提供了生存的必要条件。

而今天，在美丽的地球上已知的现存动物有150多万种，植物有50多万种，微生物有10多万种。但地球上还有很多地区，诸如严寒的极地和高山、葱郁的热带丛林、荒芜的沙漠、深邃的海洋，其生物调查还很不全面。随着生物学的发展，新的物种不断被发现。那么，丰富多彩的生物是怎样起源的呢？作为生物系统中的主要分支——动物又是如何进化而来的呢？无数科学家都在努力去揭示生命起源的秘密，提出了很多理论，但生命起源对我们人类来说仍是需要不断去探求的谜。

从古至今，科学家们对此提出了各种假说，可谓莫衷一是。长期以来，对地球生命的起源，科学家们主要持两种不同的观点。一种观点是，地球上最初的生命来自地球之外的宇宙空间。而更多的人持有的观点是，生命完全起源于地球，地球早期环境中常见的火山喷发和电闪雷鸣现象就是生命诞生的催化剂。另外，历史上的科学家们还对生命起源提出了很多理论，如“独创论”“自然发生论”“生命永恒论”等，这些理论或认为生命由上帝创造，或认为生命乃自然而然产生，或认为生命源于生命。但直到达尔文（注：达尔文，生于1809年，卒于1882年，英国博物学家，进化论的奠基人。曾乘坐“贝格尔”号舰做了历时5年的环球航行，观察并搜集了很多动植物和地质标本。1859年出版了《物种起源》这一划时代的著作，在生物学上完成了一次革命）的生物进化论诞生以后，人们才逐渐认识到以前观点的谬误，才真正揭开了生命起源之谜（图2－1）。

在地球形成的过程中，地壳剧烈运动致使火山爆发，形成大量气体，包括水蒸气、氢气、氮气、二氧化碳、一氧化碳等，这些气体共同构成了早期大气层。在大气层的保护下，地球生成的大量水蒸气在大气层遇冷凝结后变成水又降落到地面，这个过程周而复始，形成了早期的海洋。而在这样的原始地球环境中，生命又是如何诞生的呢？

1953年美国芝加哥大学的研究生S. L. 米勒将两个长颈瓶用橡皮管连接到一起，进行了模拟原始大气中雷鸣闪电的试验。米勒试验的装置是一个完全密闭的气体环路。首先，他将地球原始大气的主要成分甲烷、氨气、氢气和水蒸气按比例注入试验装置（图2－2），从而模拟了原始地球的大气环境。然后，用紫外线

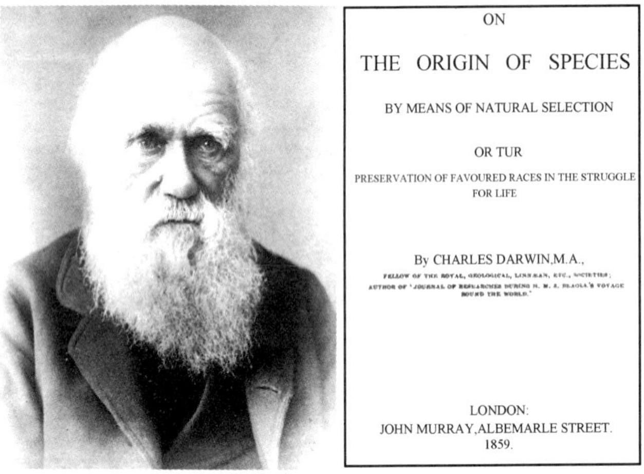


**图 2-1　达尔文及其进化论**

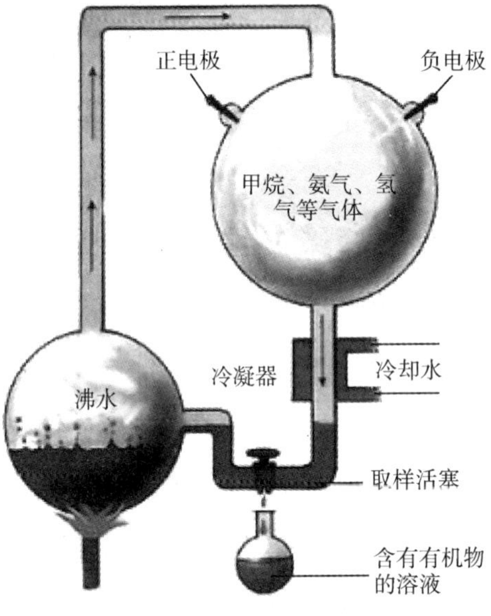


**图 2-2　米勒试验示意图**

持续照射试验装置并对混合气体进行放电操作，以模拟早期地球环境中强烈的宇宙辐射及电闪雷鸣等自然现象。试验持续几天后，米勒在装置内的水溶液中检测到了 20 种有机化合物，其中 11 种氨基酸中有 4 种（甘氨酸、丙氨酸、天门冬氨酸和谷氨酸）是生物的蛋白质所含有的。米勒试验的原料是地球原始大气中最基本的无机成分，而氨基酸则是构成生命所必需的有机物质。从而证明了生命物质完全可能在原始地球的大气环境中通过简单的化学反应形成。水在这一化学过程中起很重要作用。可以说，正是水与其他物质一起，造就了地球生命的奇迹。因此，原始海洋就理所当然地成为了孕育地球生命的摇篮。

米勒的试验震惊了世界，因为大家通过对这个试验的新闻报道总觉得只要把盛水和气体的瓶子好好晃一晃，通通电，生命就会从里面爬出来，这真是一件不可思议的事。但米勒的导师——诺贝尔奖获得者哈罗德·尤里对此欣喜万分，他说："我敢打赌，上帝肯定是这么干的。"实际上，问题并不这么简单，制造氨基酸不难，难的是蛋白质的制造。氨基酸串联在一起组成蛋白质，而生物的形成需要多少蛋白质，现在还未研究清楚，但人体的蛋白质也许就多达100万种，而每一种蛋白质就是个小小的奇迹。简单举个例子，如果你要制造胶原蛋白，你就要以绝对准确的顺序排列1 055个氨基酸分子。这看上去是很不可思议的事情，但神奇的自然就是这样把生命孕育成功了。

恩格斯曾经提出："生命的起源必然是通过化学的途径实现的。"我们已知道化学分无机化学和有机化学两种，生命是有机质，必然是通过有机化学实现的。目前，探索生命起源的科学家们通过生物学、化学、物理学、地质学和天文学等方面的综合研究，证明了恩格斯这一预见的正确性。大量研究成果说明，生命是由无机物经历了漫长时间的演化而产生的，自从生命在地球上出现以后，又经历了几十亿年的时间，才由生命逐渐发展成为生物界。生物界发展的历史是与地球发展的历史密切相关、不可分割的。

宇宙大爆炸产生了宇宙后，银河系、太阳系、地球相继形成。当地球这个星体稳定后渐渐冷却，地表开始分化出了岩石圈、水圈和大气圈。那时大气圈中没有氧气，宇宙紫外线辐射是产生化学作用的主要能源，化学反应就在这样的条件下不断地进行着。由于缺氧，合成的有机分子不会遭受氧化的破坏，得以进化出具有生命现象的物质，最终产生了生命。

由此我们总结出生命产生过程的四个阶段：首先，原始海洋中的氮、氢、氨、一氧化碳、二氧化碳、硫化氢、氯化氢、甲烷和水等无机物，在紫外线、电离辐射、高温、高压等一定条件的影响和作用下，形成了氨基酸、核苷酸及单糖等有机化合物。米勒的试验给出了有力的证明。其次，氨基酸、核苷酸等有机物在原始海洋中聚合成复杂的有机物，如甘氨酸、蛋白质及核酸等生物大分子开始形成。再次，众多生物大分子聚集、浓缩形成以蛋白质和核酸为基础的多分子体系，它既能从周围环境中汲取营养，又能将废物排出体系之外，这就构成原始的物质交换活动。最后，在多分子体系的界膜内，蛋白质与核酸长期作用，终于将物质交换活动演变成新陈代谢作用并能够进行自身繁殖，这是生命起源中最复杂的最有决定意义的阶段。技术改造构成的生命体，被称为“原生体”，其实就是我们今天所说的“细胞”，进而形成了“原生生物”。

原始生命的产生把地球的历史从化学进化阶段推向了生物进化阶段，对于生物界来说，这是开天辟地的一件大事，否则，就不可能有生物界。后来原生生物的出现创造了更大的奇迹，如简单的变形虫只有一个细胞大，但它的 DNA 中却包含着 4 亿条遗传信息，这正如卡尔·萨根指出的，这些信息足以写出 80 本 500 页的书。这些原生生物经过漫长的岁月才形成复杂的多细胞生物。正是由于这项新的“发明”，像动物和我们人类这种大而复杂的、可见的生命的出现才终于成为可能。世界从此进入了新的充满激情和惊喜的历史阶段。

马特·里德利说过：“无论你到世界的什么地方，无论你看到的是动物、植物、虫子还是难以名状的东西，只要它有生命，它就会使用同一部词典，知道同一个代码。所有的生命都是一家。”我们都是同一遗传规则的结果，而这种规则一代代地传下来，经历了差不多近 40 亿年的时间，直至今天，这就是神秘自然的力量。

## 2.2 历史的突破

地球上的动物不是本来就有的，而是由无到有、由少到多、由简单到复杂、由低级到高级、由水生到陆生，不断发展变化来的。动物的这种发展变化叫作进化。动物进化的主要原因是自然环境的变化，随着自然环境的变化，逐渐演化出适应各种环境的动物。动物是生物进化树中的重要分支之一。

我们今天所看到的动物正是从原始的单细胞生物进化来的。进化过程中，这些生物聚集在一起形成原始生命的团聚体，这时的生命还仅仅是一个“拼盘”，各部分之间基本没有关联，可后来的进化使得这些聚在一起的生物的分隔慢慢消失了，这些生物单元之间要整体协调才能完成生命活动，就逐渐形成了原始的海绵动物和古杯动物，由这些简单的动物结构再进化到复杂的动物结构，于是就形成了今天多样的动物群落（图 2－3）。

动物可分为无脊椎动物和脊椎动物两大类。脊椎动物是由棘皮动物进化形成

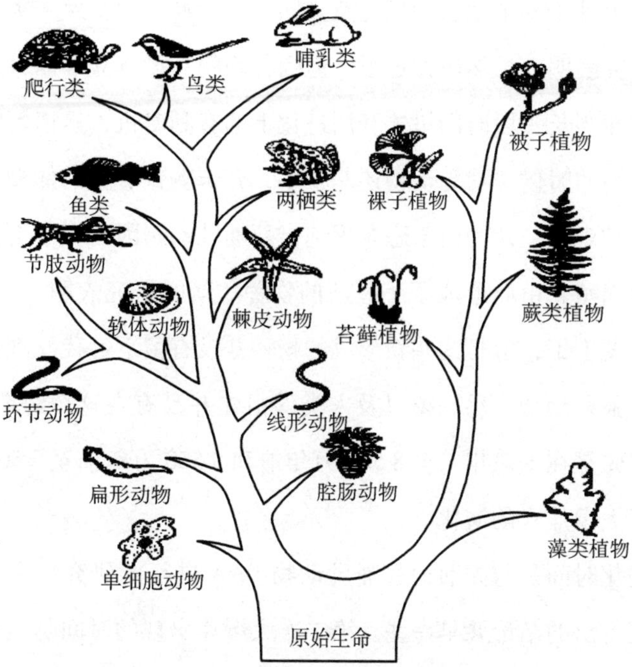


**图 2-3 生物进化树形示意图**

的，最早的脊椎动物是圆口动物，进一步进化为鱼类，进而形成最早登上陆地的两栖动物。尽管两栖动物已经能够到陆地生活，但它们仍然没有摆脱水的束缚，必须在水中产卵繁殖并且度过“童年时代”。两栖动物继续进化，出现了可以在陆地上产卵、孵化，完全脱离对水依赖性的陆生动物——爬行动物及原始的哺乳动物。爬行类及其以前的动物都属于变温动物，其体温随季节而变化，尤其在冬季它们不得不停止活动进入休眠状态。随后，爬行动物进化为鸟类，原始的哺乳动物进化为胎生哺乳动物。鸟类和哺乳动物都属于恒温动物，具有调节体温恒定的能力。随着哺乳动物的演化辐射形成了目前大家熟知的食肉目（如猫科动物）、啮齿目（如各种鼠类）、偶蹄目（如猪、牛、羊等）、奇蹄目（如马、驴等）、灵长目（如猴和猿类等）、翼手目（如蝙蝠等）、长鼻目（如象等）和鲸目（如海豚等）等哺乳动物。

6 500 万年前突如其来的宇宙小行星撞击地球导致了恐龙和其他很多生物的灭绝，这就是生物进化史上著名的生物大灭绝事件，当时 75% ~80% 的物种灭绝，统治地球亿年之久的恐龙时代在此终结。这次生物大灭绝事件最大的贡献在于消灭了地球上处于霸主地位的恐龙及其同类，为哺乳动物及人类的最后登场提供了契机。研究表明：虽然恐龙走了，但哺乳动物并没有立即繁荣起来，而是在恐龙灭绝后的相当长一段时间里才利用进化上的有利时机，迅速繁盛起来。

在恐龙灭绝的时候，哺乳动物还非常小，介于鼩鼱和猫的体型之间。长期以来，人们持一种观点，认为由于恐龙灭绝，新哺乳动物因为有了更多的食物和栖息地而大规模繁殖，由此形成了一些新的物种。新的研究表明，在某种程度上，这种现象确实发生了，但是这些新形成的物种并没有留下后代。现代哺乳动物如啮齿类动物、猫科动物、马、象以及人类的祖先并没有在这个时期出现。相反，这些动物的祖先是在 1 亿年前至 8 500 万年前和 5 500 万年前至 3 500 万年前两个时间段出现了大爆炸式的演化。

第一个进化时间是与先前通过哺乳动物 DNA 进行的研究结果是一致的，比采用化石研究得出的结论要早一些。第二次大爆炸出现的时间是通过化石记录得出来的。这些结论解释了为什么不能在那个时期找到现代动物的祖先——恐龙的灭绝并没有引起进化，这些动物的祖先依然还很原始。

英国《自然》杂志发表了相关科学家的研究发现。他们认为大多数哺乳动物，包括灵长类、啮齿类和有蹄类的祖先在 6 500 万年前的大灭绝之前就出现了，并且成功地躲过了大灭绝事件。直到大灭绝后的 1 000 万～1 500 万年，存活下来的哺乳动物种系开始走向繁盛并多样化起来。有些哺乳动物确实从这次大灭绝中得到了好处，但它们和现存的哺乳动物关系较远，其中的大部分在随后的进化中也灭绝了。研究还指出，白垩纪末期生物大灭绝后哺乳动物爆炸式地增长并不是原来认为的短期就完成的，实际的过程长很多，这一发现也对原来认为“白垩纪末期生物大灭绝对今天存在的哺乳动物的多样化有重要的直接影响”这一假说提出了挑战。

科学家分析了 40 多个现存的哺乳动物种系，发现哺乳动物的多样化速度在白垩纪末期生物大灭绝后的白垩纪和第三纪的交接点处几乎没有改变，而不是原来认为的恐龙灭绝后哺乳动物多样化速度会加快。其他科学家认为这项研究成果打开了更好地了解哺乳动物进化历史的大门，也促使人们重新去研究影响较晚期哺乳动物繁荣发展的生态和其他因素。

现在摆在科学家面前最大的问题是，为什么现存哺乳动物的祖先经历了那么长的时间才分化开来，我们对大灭绝后的宏观生态学还知之甚少，是不是大灭绝后的宏观生态学变化延缓了哺乳动物的分化？相信不久的将来科学家会给我们描绘出哺乳动物逐渐走向繁荣，最终成为现在地球统治者的壮丽画卷。

达尔文小的时候，一次跟妈妈到花园里为小树培土。妈妈说："泥土是个宝，小树有了泥土才能生长。别小看这泥土，是它长出了青草，喂肥了牛羊，我们才有奶喝，才有肉吃；是它长出了小麦和棉花，我们才有饭吃，才有衣穿。泥土太宝贵了。"达尔文问："妈妈，那泥土能不能长出小狗来?""不能呀!"妈妈笑着说："小狗是狗妈妈生的，不是泥土里长出来的。"达尔文又问："我是妈妈生的，妈妈是姥姥生的，对吗?""对呀！所有的人都是他妈妈生的。""那最早的妈妈又是谁生的?""是上帝!""那上帝是谁生的呢?"妈妈答不上来了，她对达尔文说："孩子，世界上有好多事情对我们来说都是个谜，你像小树一样快快长大吧，这些谜等待你们去解开呢!"其实对于我们人类来说，人类的出现真是一个奇迹，这个谜团我们目前仍在努力探寻，并已找到了一些答案，但真正的答案仍需要我们人类不断地去探寻。

哺乳动物的快速发展和进化，最终出现了具有改造和征服大自然的人类。地球总的历史已有46亿年，但人类产生才300万年左右，人类文明史只有6 000年左右，只是历史长河中短暂的一瞬。人类是生命形式最后出现在地球上，但却最先学会用脑力和双手征服大自然。所以人类是动物的最高形式，即大家所常说的人类是高等动物。达尔文提出的生物进化论学说摧毁了各种唯心的神造论和物种不变论，并推断人类是从遥远的、与类人猿相似的祖先进化而来的。学习制造和使用工具进行劳动是区分人与其他高等动物的本质区别。因此，人类的进化和发展在哺乳动物发展史上书写了光辉的一页，也是生物进化史上的重大事件。

人类的发展过程分为早期猿人阶段、晚期猿人阶段、早期智人阶段和晚期智人阶段。最早的猿类四足行走，生活在热带森林，由于环境改变、森林面积缩小，部分猿类迁移到平原生活，开始直立并通过劳动获取食物，以后进一步用后肢行走，在劳动中产生了语言和交流，最终发展成为人类（图2－4）。

20世纪以来，考古学家和古人类学家们在非洲、亚洲、欧洲等世界上许多

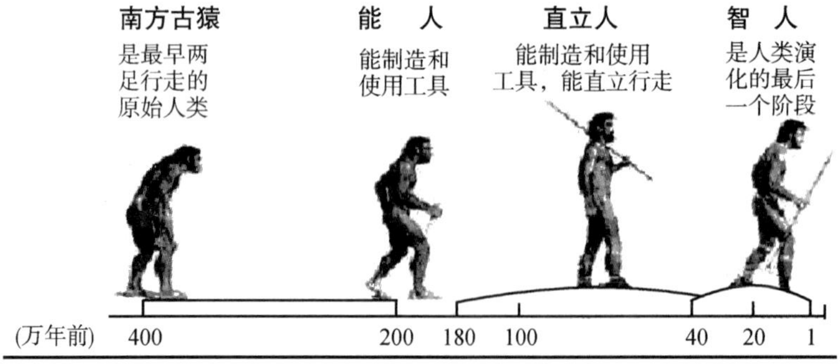


**图 2-4 人类进化示意图**

地方都发现了古人类化石或古人类使用过的工具遗迹。例如，1965 年在中国元谋发现的距今 170 万年前的人类遗骨化石；1974 年在埃塞俄比亚的哈达尔河谷发现的南方古猿“露西”遗骨化石，被确定距今 300 万年以上，等等。诸多证据都表明人类的起源有多个源头。人类早期的进化非常缓慢，经过了大约数百万年的进化。在大约 20 万年前，人类才进化为早期智人；在大约 10 万年前，人类进化为晚期智人，现代人属于晚期智人。

人类的出现使人与动物的关系更加微妙，人类对自然界的改造，也极大地影响了其他动物的生长和演变。人类为了更好地生存，在不断对自然界里面的动物进行驯化，使更多的动物为人类服务。然而，人与动物的和谐相处却成为当今所有研究的重点与热点。

## 2.3 野生动物的进化

在地球 46 亿年漫长的进化历史中，从真核生物到现在，至少已经经历了 18 亿年的进化历程，最终才形成了今天这样的生物多样性格局。地球上的野生动物和其他所有的生物一样，并不是一成不变的，而是随着不同的年代，不同的进化历史时期而逐渐发展变化的。

自然选择是进化的动力。“自然选择”是野生动物在进化过程中所遵循的一般规律，它说明的是“适者生存”，即只有能适应环境的物种或个体才能得以存活下来，而不能适应者则会被淘汰。因此，野生动物要靠生存斗争才能实现自身的延续。地球上所有的野生动物，对不同的生存环境都有着不同程度的“生存适应”。水生动物所具有的流线型身体、陆生动物用来呼吸的肺、很多动物所具有的与环境相协调的体色和拟态、能够飞翔的动物具有的翅膀、长颈鹿进化出的长脖子等，都是野生动物典型的适应性特征。但野生动物的生存适应是针对一定条件而言的。如同是眼睛，但各种动物的视力差别是非常大的；警戒色虽然使大多数鸟类不敢吃某种毛虫，但碰上杜鹃就不灵了，杜鹃每天可吃掉上百只毛虫。也就是说，野生动物适应生物已经产生的某种适应性变化，一般总是要落后于环境的变化，因为环境总是在变的，而动物的基因却是相对稳定的。

动物在生存、进化过程中，对气候、营养和周围的生活环境都会产生适应。如长期生活在寒冷地区的动物由于经常受到寒冷刺激，就具有抵抗寒冷的强大力量，能够在零下几十摄氏度的低温环境中生活；而生活在温热地区的动物，没有遭受过寒冷刺激，就很难承受低温的侵袭。如在非洲大草原奥兰治河东西两岸都有羚羊群，东西两岸羚羊群的草料和生存环境并无差别，但东岸羚羊群的繁殖力比西岸的强，奔跑的速度比西岸的快。原因是东岸有狼群，羚羊群要适应有狼群的生活环境，经常会受到狼群的攻击，这样繁殖能力差的个体和奔跑速度慢的个体逐渐被淘汰。

适者生存最好的例子是生活在北美大陆的狼。为了降低捕食的危险性和能捕获到更多的食物，它们过起了群居生活，一起捕食，团结协作，在捕获到食物后平均分配，很少打起来。狼有很灵敏的嗅觉，可以嗅到附近有没有其他动物，狼的嗥叫一般代表遇到食物要共同捕食或传递某种信息。狼长有非常锋利的犬齿，可以吃一些很难撕裂的肉，同时狼还有发达的感觉器官和神经系统，能够对多变的环境及时做出反应，这些特征都为了适应它们所生存的环境。

生活在一定环境中的物种，一方面，会通过改变自己来努力适应环境的变化，并从适应中克服环境变化中出现的各种困难，适应得好就能够活下来。另一方面，野生动物在适应环境的同时，也会改变所栖息的环境，达到与环境的相互影响和制约。生存适应是自然选择的必然结果，也是野生动物生存的条件和基础，没有适应，野生动物就很难生存。一旦从前适应的环境发生了变化，已经具有的适应性特征就可能会失去作用，有时甚至会变成不利的生存因素。众所周知，深海里氧气稀薄，但为了生存，很多动物不得不根据深海里的环境来进化自己：它们尽量减少活动或者干脆不动，或长期蛰伏在一处，以减少身体对氧气的需求。所以尽管深海里环境恶劣，但还是有不少动物顽强地生存了下来。然而，在南加州海域，却因为移植了大量含氧海藻，而导致了许多深海动物的消失，研究发现，消失的原因正是氧气的大量增加。含氧海藻是一种能够制造氧气的深海植物，是普通海藻造氧量的100倍。

一般来说，增加了氧气的深海对鱼类应该是一件有益的事，可是因为千百年来，那些长期蛰伏于一处不动的深海动物，已经适应了缺氧的环境。突然有新鲜的氧气注入，便容易产生氧气中毒。一些动物能够一改往日的静止而快速行动起来（能够加速呼吸，让过量的氧气排出体外，这样，过量的氧气不但对它们构成不了威胁，反而会让它们更加具有活力），因为适应了由大量氧气注入的新环境而变得“如鱼得水”；那些无法改变自己原有的“懒惰”生活习性的深海动物而变得无所适从，最后被淘汰了。

遗传和变异是动物进化的基础，基因的遗传保证了物种的延续，而变异则促进了物种的进化。野生动物物种的形成与维持靠的是各种隔离机制，如同一种生物生活在不同的栖息地，彼此不能相遇。如海洋、大片陆地、高山和沙漠等，阻碍了生物的自由迁移、交配、基因交流，最后就形成独立的种群，这是常见的“地理隔离”；不同物种在生活史上有差异，出现不同的发情和交配季节等的“时间隔离”；不同物种占据了不同的栖息地，或习性上和食性上出现了差异的“生态隔离”；等等。使彼此相隔的野生动物没有基因交流的机会，无法在繁殖上同步，长此以往就必然造成“生殖隔离”，形成并维持着物种的存在。

“生殖隔离”是野生动物物种维持的根本。首先，它表现在“性别隔离”，它又称心理隔离或行为隔离，它是指某一个物种的动物对不同物种动物的异性不感兴趣，即不同种类的异性之间没有吸引力。其次，表现在生殖器官的“机械隔离”，它是指不同物种的动物之间，异性在生殖器官上无法吻合，犹如钥匙和锁的关系一样，只有相同的物种才能匹配。最后，表现在“配子隔离”，它指即使是异种动物个体能够交配，其精子和卵子也不会相合，或精子无法到达卵子，或精子无法进入卵子，当然也就不会产生后代。

那么，自然界中有没有不同种类的动物进行交配并产生了后代呢？答案是肯定的，如马和驴交配产生了骡子，老虎和狮子交配产生了“狮虎”，生物学把不同物种相互生殖而产生的后代称为“杂种”。显然，杂种是不利于纯种继续保持的，时间久了可能会导致纯种的消失。但对于多数野生动物来说，异种交配会出现“杂种障碍”现象，它包括杂种不活（杂种后代的生活能力很低，杂种个体的发育随时会遇到某种生物扰乱而夭折）、不育（是人们很熟悉的现象，表现在杂种个体没有正常的性细胞，不能继续繁殖，从而避免了杂种的继续发展）和衰败等形式。对于活下来不育的杂种个体，在其生存过程中还会遇到“杂种衰败”的问题，即这些杂种个体会逐渐不适应环境而死亡。所有这些现象，都保证了野生动物纯种的延续与维持。下面我们介绍几种濒危动物的进化，以窥一斑而知全豹，了解野生动物的进化历程。

虎的进化——虎是由古食肉类动物进化而来。在第三纪早期，古食肉类动物中的猫形类有数个分支：其中一支是古猎豹，它贯穿各地质时期而进化为现今的猎豹；一支是犬齿高度特化的古剑齿虎类；一支是与古剑齿虎类相似的伪剑齿虎类；最后一支是古猫类。古剑齿虎类和伪剑齿虎类分别在第三纪早期和晚期灭绝，古猫类得以幸存。其中，类虎古猫就是现今的虎的祖先。后来，古猫类又分化为三支：真猫类、恐猫类和真剑齿虎类。后二者均在第四纪冰河期灭绝，只有真猫类幸存下来，并分化成猫族和豹族两大类群而延续至今，现在的虎就是豹族成员之一。

关于虎的起源，专家依靠颅骨化石，尤其是牙齿化石进行了研究推断。邱占祥（1998 年）认为，在我国已经发现的化石中，时代最早的虎化石可能是古中华虎。这个虎化石是 1920 年瑞典地质学家 Anderson（当时在我国政府任矿业顾问）在中国的河南渑池兰沟第三十八地点发现的，这个地点的确切地质年代至今尚不清楚。但据有关专家推断，其距今至少有 200 万年，这是因为：第一，含化石的岩性是红土，据瑞典古生物学家 Zdansky 记述，和我国华北各地典型的含晚中新世三趾马动物群的红土很接近，而不像时代比较晚的第四纪的比较松散的黄色或绿色的砂岩或黄土，这表明它的时代可能介于上述两者之间；第二，在同一地点还发现过中华长鼻三趾马化石，这种化石主要发现于我国距今 300 万～200

万年的地层中，在极个别的情况下可能残存至距今 100 万年左右。

1967 年德国科学家 Hemmer 很仔细地研究了化石的每一块骨头的形态特征并做了详细的测量和对比之后，得出的结论是：它的绝大部分特征都和虎更为接近，只是个体比虎小，而稍大于豹，因此应为虎的一个亚种。这一结论比较可信，因而推断它可能是虎的祖先。

真正的虎的材料首次出现于陕西蓝田公王岭。发现的化石不多，只有一段上颌和一件不完整的下颌。这两件标本已经和现在的虎很难区别了，在大小上比现在的虎稍微大一点。公王岭地点的地质年代开始时认为可能只比周口店稍稍早一点，为中更新世初期，亦即距今大约 60 万年。从 20 世纪 70 年代开始，随着古地磁地层学的发展，人们逐渐认识到公王岭含化石层位落在古地磁年表中松山反向期内的贾拉米洛正向事件之下，其地质年代应该是距今 110 万年左右。因此，我们可以说，至少距今 100 多万年前虎就和人类的祖先——蓝田人在一起生活。到中更新世时，也就是从距今 60 万年左右开始，虎的化石较多，至少在我国的东半部普遍可以发现。发现化石最多的，在华北是在著名的周口店北京人产地；而在华南则是在四川万州区盐井沟裂隙堆积中，在盐井沟发现的虎化石，据统计至少有 46 个个体。

由此可以推断，200 万年前虎起源于东亚（现今华南虎的分布区），然后沿着两个主要方向扩散。沿西北方向的森林和河流系统进入亚洲西南部；沿正南和西南方向进入东南亚及印度次大陆，一部分最终进入印度尼西亚群岛。在向亚洲其他地域扩散和辐射适应的过程中，虎演化为 8 个亚种，即华南虎、西伯利亚虎、孟加拉虎、印支虎、苏门答腊虎、巴厘虎、爪哇虎和里海虎。由此可见，虎曾经广泛分布在西起土耳其，东至中国和俄罗斯海岸，北起西伯利亚，南至印度尼西亚群岛的辽阔土地上。至 20 世纪中叶，里海虎、爪哇虎、巴厘虎已经灭绝。中国曾经分布有华南虎、东北虎（西伯利亚虎）、孟加拉虎、印支虎（东南亚虎）和里海虎（新疆虎）（已灭绝）等 5 个亚种。

虎的被毛一般为金底黑纹，很少有其他颜色，这是环境适应的结果。但在进化过程中，也出现一些变种，比较罕见。如孟加拉白虎（现全世界的动物园里共 200 多只白虎）、俄罗斯分布的东北虎的白色变种、雪虎（孟加拉虎的雪白色变种，全身雪白，条纹颜色浅。全世界动物园里也仅有几十只）、金虎（孟加拉虎的金色变种，虽然金底黑纹，但是条纹较浅，比雪虎更稀少）、纯白虎（目前全世界仅诞生过两只纯白孟加拉虎，即全身都是白色，没有条纹）、黑蓝虎（中国发现，估计为普通老虎的变种）。

虎也是生态系统中重要的一环。单纯从虎的来源来看，它的存在客观上似乎与人的关系不大，然而从生态学的角度来看，虎的存在，代表一个演化成熟的生态社会。这个生态社会是大自然历经千百万年孕育而成的杰作；虎的存在，表明那个地方还有完整的生态系统。一个完善的生态系统对于人类是十分重要的。在不可预知的未来，因为人口的骤增，人类将面临粮食的危机，完整的生态系统可能是解决这一危机的新契机。因此，保护老虎也是保护人类自身！

华南虎是中国特有的亚种，被誉为“中国虎”，曾经是我国分布最广、数量最多、体型较小、历史最悠久的一个虎种。全球的虎均产于亚洲，19 世纪尚有 8 个亚种：孟加拉虎、东北虎、华南虎、印支虎、苏门答腊虎、巴厘虎、爪哇虎、里海虎，但后 3 个亚种相继灭绝。华南虎虽然个头不是最大，但对华夏民族文化的影响可谓渊远流长，人们谈虎色变、畏虎、敬虎，认为“老虎吃人”的心理根深蒂固。但最终结果却是，老虎几乎被人类扑杀殆尽。华南虎野外数量极为稀少，正处于濒危状态。到目前为止，中国存活的圈养华南虎仅为 70 只，其中包括正在南非野化的 2 只。国内动物园圈养的华南虎只有 68 只，散布在国内 18 家城市动物园中。中国野生动物专家和相关人士野外调查显示，已有 30 多年未见在自然环境中生活的华南虎了，难道它真的在野外抛开我们远去了吗？近几年的华南虎事件也表现出人们对它生存状况的极度关心。目前，中国人工饲养的华南虎数量少且存在严重近亲繁殖，退化现象十分明显，我们能否借助现代先进技术保护好这一种群，不再打扰它们的生活，使它能够重返大自然呢？如果我们连作为具有民族精神“虎虎生威”“龙腾虎跃”象征的这种“大猫”都保护不了，还能保护好我们自己吗？虎的消失，将预示人类灵魂的失落。华南虎于 1996 年被国际自然保护联盟（IUCN）列为极度濒危的十大物种之一，是中国一级保护动物。

大熊猫的进化——大熊猫的祖先是始熊猫，这是一种由拟熊类（个体犹如一只较肥胖的狐狸）演变而成的以食肉为主的最早的熊猫。始熊猫的主支则在中国的中部和南部继续演化，体型比现在的熊猫小，从牙齿推断它已进化成为兼食竹类的杂食兽，卵生熊类。此后这一主支向亚热带扩展，分布广泛，在华北、西北、华东、西南、华南以至越南和缅甸北部都发现了它的化石。在这一过程中，大熊猫适应了亚热带竹林生活，体型逐渐增大，依赖竹子为生。现在的大熊猫的臼齿发达，爪子除了五趾外还有一个“拇指”。这个“拇指”其实是一节腕骨特化而形成的，学名叫作“桡侧籽骨”，主要起握住竹子的作用。秦岭大熊猫已被认定为是大熊猫的一个亚种。

据已发现的化石研究分析，早在800万年前的晚中新世，中国云南禄丰等地的热带潮湿森林的边缘，就生活着大熊猫的祖先——始熊猫，由始熊猫演化的一个旁支叫葛氏郊熊猫，分布于欧洲的匈牙利和法国等地的潮湿森林中，在中新世末期即灭绝。而始熊猫的主支则在中国的中部和南部继续演化，其中一种在距今约300万年的更新世初期出现，体型只有现生大熊猫的一半大，像一只胖胖的狗，其化石被定名为大熊猫的小种。从大熊猫小种的化石牙齿推测，它已进化成为兼食竹类的杂食兽（图2－5）。

**图2－5 “大熊猫小种”三维复原效果图（来源于人民网）**

这些大熊猫小种又经历了约200万年，开始向亚热带潮湿森林延伸，并取代始熊猫广泛分布于云南、广西和四川。以后大熊猫进一步适应亚热带竹林生活，体型逐渐增大。距今70万～50万年的更新世中、晚期，是大熊猫的鼎盛时期，化石大熊猫武陵山亚种的体型仅比现生大熊猫小约1/8。到更新世晚期，化石大熊猫巴氏亚种的体型又普遍地比现生大熊猫大约1/8，而且依赖竹子生存。在整个更新世，化石亚种大熊猫分布相当广泛，几乎遍布中国东部和南部，北至北京周口店，南至台湾岛及缅甸、越南、泰国北部。当时的大熊猫与剑齿虎、剑齿象以及北京猿人、南方猿人一起生活，构成典型的更新世大熊猫——剑齿象动物化石群。就在更新世中晚期，秦岭及其以南山脉出现大面积冰川等自然环境的剧烈变化，特别是在距今10 000至8 000年前的第四纪冰期之后，大熊猫——剑齿象动物群衰落，大部分动物灭绝，仅留下无数化石表明它们曾经存在。北方的大熊猫绝迹，南方的大熊猫分布区也骤然缩小，进入历史的衰退期。

大熊猫的化石通常在海拔500～700米的温带或亚热带森林里被发现。大熊猫是一种以特殊竹子为食物的食肉目动物，不仅集珍稀、濒危、特产于一身，而且非常古老，与其同时代的古动物——剑齿虎、猛犸象、巨貘等均已因冰川的侵袭而灭绝，唯有大熊猫因隐退山谷而遗存下来，并保持原有的古老特征。所以，其有很多科学研究价值，因而被誉为“活化石”，中国把它誉为“国宝”。野生大熊猫主要分布于中国四川、陕西、甘肃约40个县境内的群山叠翠的竹林中，过着与世无争的隐居生活。如今大熊猫分布范围已十分狭窄，仅限于中国的秦岭南坡、岷山、邛崃山、大兴安岭、小兴安岭和凉山局部地区。大熊猫栖息地的巨大变化近代才发生。近几百年由于我国人口激增和滥占土地，很多栖息地都消失了。现在大熊猫只能生活在竹子可以生长的海拔1 200～3 400米的山地。

传说过去大熊猫是白色的，在一次动物“葬礼”上，为表达哀思，它们把煤灰涂在胳膊上，相互拥抱后，形成了延至后背的黑色，擦眼泪又染黑了眼眶……大熊猫与许多动物一样，生存状况十分恶劣，处在灭绝的边缘。这主要是人类活动范围扩大，使其退缩于山顶，呈孤岛化分布，食物与配偶资源贫乏，近亲繁殖严重、体质下降、抗病力弱。目前总数仅1 000只左右。大熊猫的存亡，早已为世人所关注，它已被列为中国一级保护动物，国际自然保护联盟（IUCN）红皮书中列为“濒危物种”。作为中国的“国宝”和“友谊使者”被中国野生动物保护协会和世界野生动物基金会（WWF）选为自己的会徽标志。中国政府已采取了一系列有效措施，如建立保护区和繁育中心，人工饲养和繁育大熊猫，然后进行野化训练，待适应恶劣的外界环境后再让其回归自然，以便更好地保护这一濒临灭绝的“活化石”。

藏羚羊的进化——藏羚羊是藏羚的别名，又称长角羚，被称为“可可西里的骄傲”，其栖息地海拔一般为3 250～5 500米，更适应海拔4 000米左右的平坦地形，主要分布在中国青海、西藏、新疆三省区的高原荒漠、冰原冻土地带及湖泊沼泽的“生命禁区”周围。由于藏羚羊独特的栖息环境和生活习性，目前全世界很少有动物园或其他地方能够人工饲养藏羚羊。

藏羚羊是偶蹄类、牛科、藏羚属哺乳动物。雄羊黄褐色到灰色，腹部白色，额面和四条腿有醒目黑斑记，成年雄性有50～60厘米长的角；雌羊纯黄褐色，腹部白色，无角，寿命一般不超过26岁。

羚羊是生长在高海拔严酷环境下的动物，是我国青藏高原特有的物种，它在喜马拉雅造山运动形成的封闭环境中经历了数百万年的演变和进化历程，不仅未受物种迁徙和人工选择的影响，还具有令其他动物望尘莫及的抗缺氧、耐高寒和擅长奔跑等特异功能。空气稀薄缺氧、气候寒冷、干燥多风等独特的高原生态环境，使藏羚羊在漫长的进化过程中，不论在外部形态、内部结构还是在生理生化、生活习性上都适应了青藏高原独特而恶劣的自然环境。其独有的特性，成为青藏高原动物区系的典型代表，具有难以估量的科学价值和生态价值。

周明镇（1959年）认为，以中国大陆为中心的亚洲中部和东亚地区是早期偶蹄类动物的起源中心。Gentry研究（2000年）也表明，生活在5 000万年前的古鼷鹿已经具备了许多反刍动物的初级形状，如无角、齿式完全、有上切齿但是没有多少功能、犬齿小而尖、尾巴长、第三趾和第四趾开始增大、现代反刍动物的“炮骨”尚未形成等特点。到第三纪中新世时期，生活在欧亚大陆的古鹿类动物逐步分化，形成了今日牛科动物的祖先。到300万～500万年前，牛科动物在温暖的欧亚大陆演化出众多的种类，其中一些演化为抗寒的牦牛与美洲野牛，这些牛科动物在气候剧烈变化的第四纪生存了下来（蒋志刚等，2004年）。早期的一部分牛科动物经过多次的扩散，长期演化逐步形成了今天数量众多、形态各异的羚羊类动物。长期的自然选择、高原恶劣环境的锤炼，造就了藏羚羊这样一个集各种优秀基因于一身的特色物种，它所表现出的优异生物性状，令人惊叹。

科研人员在对藏羚羊身体结构全面研究过程中惊奇地发现：藏羚羊能在高海拔地区奔走如飞，原来身上藏着4个“喷气式”气囊。除前体两侧的皮下藏有两个气囊外，臀部两侧还有两个较大的气囊。藏羚羊奔跑时，4 个气囊会喷出大量气体推动身体前移，有点像喷气式飞机。生理和形态完全不同于其他动物，除肺活量大、基因丰富使藏羚羊具备了抗缺氧和耐高寒等功能外，一身柔软的皮毛也起到了一定的保暖作用。科研人员经过对藏羚羊大量基因初步测序，已发现了两个重要基因可使藏羚羊的绒毛特别柔软。

在苍茫的青藏高原北部，蜿蜒巍峨的昆仑山脉，那里有终年积雪的高山，纵横的河谷，广阔的高原草甸及荒漠。对于人类来说，这是一片神秘而空旷的土地，高寒、缺氧、气候恶劣变化无常使人类在这里难以生存，可这里却是藏羚羊的乐园，它们成群结队地在高原的蓝天下优雅地掠过，使这片所谓的“生命禁区”生机盎然。

藏羚羊作为偶蹄类动物中的佼佼者，不仅体型优美、性格刚强、动作敏捷，而且耐高寒、抗缺氧。在那十分险恶的地方，时时闪现着藏羚羊鲜活的生命色彩、腾跃的矫健身姿，它们真是生命力极其顽强的生灵！由于千万年来它们与冰雪为伴，以严寒为友，造就了特殊的御寒本领。藏羚羊绒毛轻软纤细，弹性好，保暖性极强，被称为“羊绒之王”，也因其昂贵的身价被称为“软黄金”。然而正是一些所谓贵族对被称为“羊绒之王”的藏羚羊羊绒（也叫沙图什）的需求，才使藏羚羊的栖息地正在变成一个屠宰场，很多偷猎者不择手段猎杀藏羚羊，昔日茫茫高原上数万只藏羚一起奔跑的壮观景象，如今已很难见到了。藏羚羊被国际自然保护联盟列为濒危物种，在中国被列为一级保护动物。

扬子鳄的进化——扬子鳄是目前中国现存的唯一鳄种。全球鳄鱼共有 25 种，中国只有扬子鳄和湾鳄。湾鳄作为体型最大的鳄类（10 米长）之一，早在几百年前就灭绝了，而扬子鳄现为我国特有，也是从远古北方仅存的唯一分布在温带的孑遗种类。

扬子鳄是一种古老的爬行动物，已拥有 2.7 亿年的进化史。扬子鳄的故乡在中国的长江流域。在进化初期，远达内蒙古、甘肃和山东，近到湖南、江西、浙江、江苏、安徽和上海都留有其踪迹，是典型的沿长江中下游及其周边湿地分布的爬行类物种，其家族兴盛、数量繁多。在古老的中生代，它和恐龙一样，曾经盛极一时，后来，随着环境的变化，恐龙等许多爬行动物灭绝了，而扬子鳄和其他一些爬行动物却一直繁衍生存到今天。它的祖先曾经是陆生动物，后来，随着生存环境的变化，迫使扬子鳄学会了在水中生活的本领，所以它具有水陆两栖动物的特点和广阔的活动领域。也许正因为如此，它才能在地球上生活了两亿多年，成了生物进化史上的“老寿星”。在扬子鳄身上，至今还能找到早先恐龙等爬行动物的特征。因此，人们称扬子鳄为“活化石”。在今天的地球上，很难找到比扬子鳄生存时间更久的物种了。因为扬子鳄的外貌非常像中国神话中的“龙”，所以它的俗名叫“土龙”。

由于长江中下游的广大地区人口稠密且近百年来发展较快，扬子鳄的栖息地不断被开发为耕地、鱼塘等农业用地，其生存空间不断被压缩，直至20世纪70年代野生扬子鳄数量已锐减至不到300只，生存环境也被压迫至苏皖浙交界的狭小地带。现在存活的数量非常少，几乎濒临灭绝。

作为爬行动物，扬子鳄体长2米，善于游泳，栖息于水中，营巢在河湖浅滩、植被密生的草丛中，寒冬，扬子鳄就会钻到地下洞穴之中蛰伏。穴的深度为2~3米，带有1~3个出口，穴顶有通气小孔，洞窟是长达几米到20米不等的隧道，内铺枯木、杂草等。冬眠至4~5月，扬子鳄出蛰，5~6月进入繁殖期，7~8月产卵。卵的大小如鸡蛋，两个月后孵化出壳，出生的小鳄十分虚弱，常受到其他动物威胁。扬子鳄主食螺、蛙、虾、蟹、鱼、鼠及鸟等，遇上较大猎物时，会以粗硬的尾巴击打，饱食一顿可长时间不食。目前，由于长江下游湿地遭到严重破坏，河湖被围成农田，野生数量极为罕见，人工繁殖相当成功。

## 2.4 家养动物的驯养

俗话说“民以食为天”，衣食住行是人类赖以生存的必备条件。从人类出现，人类就要为生存而与大自然斗争。在生产力极为低下的远古时代，人类没有任何生产工具，只能捕猎一些较小的、易于捕获的动物来食用。随着社会的发展、生产工具的制造，人类可以使用工具获得较多的野生动物。随着弓箭、长矛的发明并用于狩猎，人类狩猎的技术不断提高，获得的猎物食用有余时，就把剩余的猎获物保存或圈养起来，以备在猎物缺乏时食用。在保存猎物的过程中，人类掌握了驯化动物的方法。被驯化成功的动物种类由少到多，由单靠狩猎业获取生活资料逐渐转为依靠原始畜牧业。

人类驯化动物的历史是一部厚重的书，在这漫长的驯化历程中，人和动物都在不断地发展。至于人类最初为何会驯养动物，说法不一，有人认为是起源于对幼雏幼兽的豢养。这应归功于女人，当男人把猎取的活物带回家时，母性的慈爱让她们不忍心杀死那些可怜的小动物，还有图腾崇拜、宗教仪式或游戏用途，在人类生活区“伴生”等诸多原因。总之，驯化是人类文明从采集、围猎发展到畜牧、农耕的过程中重要的一环。从此，人类由于给圈养的动物喂食而“化敌为友”，人与动物之间的关系第一次变得亲密起来。

第一个驯养动物的人可能绝不会意识到，他会给后来的达尔文带来这么多烦恼。驯养一只动物也许并不是太难的事，可是，与此同时，这个人就做出了一件影响整个自然界的大事，那就是：改变地球上动物的品种！

野猪在大自然里靠拱土觅食，而人类驯养的猪则过上了“食来张口”的悠闲生活。慢慢地，猪头后部原本强劲有力的肌肉慢慢退化，头部变得又宽又短，腿部也因为猪圈里疏于奔跑的生活而变得又细又短。另外，野猪是典型的杂食性动物，而家猪却没有福气享受肉食的美味，而成了地地道道的素食者。食物性质的改变使得猪的肠道长度和身体长度的比例明显增大，由原来的9∶1变为了16∶1。同样，家狗与它们的野生祖先相比也发生了许多变化：它的吻部变得更加宽阔，犬齿也退化变小。另外，它们的品种一直在增加：现在，全世界光是狗可能就有1 000多个品种！它们分成狩猎犬、牧用犬和观赏犬等。至于一共有多少种家畜，就根本没办法统计清楚了。起码会包括牛、山羊、绵羊、水牛、牦牛、猪、马、兔子、鸡、火鸡、鸭子、鹅、鸽子，甚至鸵鸟，而它们各自又有许多品种。

看，一道“篱笆”已改变的东西有多少！它不仅改变了动物的习性，甚至已改变了动物的品种！如果将来有一只动物能写出一部《动物发展史》，它一定会把这道“篱笆”列入写作计划：当初，人是从动物当中分离出来的，后来，它们和野生动物平起平坐，而正是这道“篱笆”把家养动物变成了“第三类”，它们依附于人而生存。

扔一只皮球到远处，你养的小狗就会乐颠颠地跑过去，把它叼来给你——这是人和动物生活中的一个常见场景。但你有没有想过家养动物在数千年里所做的唯一一件事就是：学会怎么和人类相处。它们或者为人类耕作，或者成为了宠物，或者被关进动物园或实验室，或者生来就是为了变成人类桌上的饕餮大餐！

其实，世界各地驯化野生动物的时间是不一致的，驯化动物的种类也有多有少。最先被驯化的动物是狗、猪、牛、马、羊、鸡、蚕、蜂等。随着原始畜牧业的不断发展，亚洲、欧洲和非洲驯化成功了牛、马和骆驼等。被驯化动物的种类和数量日益增多，原始畜牧业就此从狩猎中分离出来，成为独立的产业部门，人类对动物的驯化也由此进入了崭新的时代。

畜牧业是人类利用驯化和陆栖动物的自然再生产能力，以植物或动物资源作食物，获得人类必需动物性产品的最经济的产业部门。自古以来，农业就自然地分成了养殖业和种植业两大部门，而畜牧业自然而然地成为养殖业的主体。畜牧业的诞生为人类生存的历史写下了浓墨重彩的一笔。

古代中国即是世界畜牧业先进的国家之一，由经考古发现的新石器时代的文物推测，在公元前六七千年前后，中国就已经有了原始畜牧业。在商代就有了马、牛、羊、鸡、犬、豕（猪）六畜的记载。随后又出现了牦牛、驴、骆驼、兔、鸭、鹅、鸽、鹌鹑等的记载。另外，特种经济动物也有少量饲养。从西汉开始，中国就从国外引入了种马、驴和骡。到唐代时，中国的养殖业已经达到一定水平，王公贵族经营的马、牛、羊、骆驼等养殖场已经遍布华夏各地。在 19 世纪中叶，中国的良种猪和鸡就被引入海外，裘皮和地毯也开始出口。美、英等国曾多次引入中国猪种，并相继育成了大约克夏猪和波中猪等品种。但在中国近代畜牧业兴起和发展的时候，中国正处于封建社会没落时期，帝国主义不断对中国发动战争，并签订了一系列不平等条约，对中国实行经济掠夺，导致中国畜牧业很快落后于新兴工业国家。20 世纪初，中国才开始少量从欧美等国引进新的畜种，改良中国本地品种。直到新中国成立后才开始多次多批量引进猪、鸡、马、奶牛、细毛羊等良种，本土畜禽的改良才有了明显的进展，并逐步形成了我们今天所看到的现代养猪业、养禽业、养牛业和养羊业。

你一定听说过赫赫有名的动物——克隆羊“多莉”吧。可以说，这只克隆羊是人在驯化动物过程中的又一个新里程碑，可以让人更容易把动物变成他们想要的样子。就像达尔文在研究家养动物时写下的那样："选择是魔术家的魔杖，用这只魔杖，可以随心所欲地把生物塑造成任何类型和模式。"

与达尔文同时代的萨默维尔勋爵谈到饲养者养羊的成就时，曾说："好像他们用粉笔在壁上画出了一个完美的样子，然后就让它变成活羊。"

无论如何，驯化总是朝着人所期望的方向前进，而对于动物自身，到底是进化还是退化？我们永远也没办法知道。

狗的驯养——俗话说："儿不嫌母丑，狗不嫌家贫。"狗（犬）是食肉动物，但在贫穷的家庭，它跟着主人吃糠咽菜也绝对不愿意离开主人。当主人遇到危险或受攻击的时候，狗往往挺身而出显示了它的忠诚。对于主人的苛责和打骂，尽管狗很难受，但它从来打不还手骂不还口。几千年来就是这样忍辱负重，善解人意。从而由人类的有力助手变为极受人宠爱的伴侣，成为人类最好的朋友。人类最早驯化的动物是什么呢？大多数考古学家认为，位于东亚的居民可能最早开始驯养动物，他们驯养成功的第一种动物是狗，当然，它最可能是一匹小狼。

狗在分类上属于哺乳纲、食肉目、犬科、犬属、家犬种，为肉食动物。现有的犬科动物可以分为10大类，所有的犬科动物都可以杂交，基本特征完全相同。野生的犬科动物可以分为6个种，它们分别是：狼、美洲山狗、豺、斯门士胡狼、黑背胡狼、侧纹胡狼等。其中的狼是一个进化极为成功的猎手，除人之外，它是世界上分布最广的哺乳动物。家狗和其他犬科成员一样，都是在野外追踪捕食猎物的过程中进化的（图2－6）。

狗与它们的近亲——狼、丛林狼和几种胡狼都属于犬科。其他的犬科成员还包括狐狸、土狼、非洲野狗和浣熊狗等21种动物。关于狗是由哪种动物驯化而来的，有一个神话故事：在远古时代，狗很想找到一个靠得住的朋友，永远和它生活在一起。它先找到了狼，后来发现狼害怕豺，它就去找豺，可豺又害怕狗熊，狗又去找狗熊，结果狗熊害怕人，狗于是认识到人的本领是最大的，便找到了人并成为人的朋友。最初的家养狗由狼转变而来不是选择性育种的结果，狗可能更倾向于自我驯化，其体型大小、生理机能及行为的最初变化等都是自然选择的结果。

图2-6 狗的祖先——狼

达尔文在研究动物的变异时，已注意到了世界各地的家犬，在形态和习性上大都与当地野生的狼相差甚微。犬与狼的平均寿命都是12年，染色体为39对78条，并且犬和狼有许多共同的体内、体外寄生虫，患相同的传染病。因此最近20年来，大多数人逐步相信家犬是由狼驯化而来的。尽管有的研究者通过对家犬和野生犬属动物的狩猎特征进行分析发现，生活在野外的犬与狼的狩猎特征有区别，而且犬与其他除狼以外的犬属动物也可以杂交，但是还是相信狼与犬关系最为密切。其狩猎方面的特征可能与犬被人类驯化有关。小型的西亚狼是大部分欧洲犬和南亚犬的祖先，小型中国狼是早期中国犬的祖先，北美狼是爱斯基摩犬的祖先。

犬是最早被人类驯化的动物，考古研究表明，世界上发现最早的可以认为是家养的犬是在距今10 000～12 000年前的耶利哥的特尔早期遗址和伊拉克的巴勒哥拉洞穴之中，最初懂得驯化犬的民族是以现在丹麦地区为中心生活的游牧民族玛格里毛人。由此可以推断，早在12 000年前狼就被人类的第一个永久性住所所吸引，这个新环境特别适合小型群居动物狼崽的存在。毋庸置疑，小狼崽是被人类从它们的兽穴中带回家饲养的，通过谨慎驯养的狗，能够帮助人们打猎，并在野生食物匮乏的时候作为食物。在选择中，人类的精心选择强化了狗的叫声，使其具有警告信号的价值。耷拉的耳朵和摇摆的尾巴也应为选择培育成为区别家养狗和其野外祖先的特征。前鼻窦变大，使狗变得更聪明。起初，狗进化后体型比狼小，是创造出来的小型动物和矮生动物。后来，狗的体型逐渐增大，出现了今天的巨型犬。

中国在新石器时代也有大量的狼生存，在驯化动物的过程中，狼也被驯化成为犬。2003 年，考古学家从河南舞阳贾湖遗址挖掘出了一只狗的骨骼，距今 9 000 年左右，它是迄今为止中国发现的最早的家畜。报道表明，中国磁山遗址的动物骨骸，只有狗和猪的可以肯定属于家畜，除在储粮窖穴的底层发现有个别完整的狗和猪的骨架外，其余的狗骨一般残缺不全。额部明显隆起，吻部较短，臼齿适合于杂食习性，下颌骨的角突明显向上弯成钩形。成年个体的体型都不算大，鼻骨长度明显比狼小，从头骨及下颌骨的特征及测量数据看，可以肯定为家犬。因而被认为狗的饲养时间不应晚于 7 000 年。河南新郑裴李岗遗址、浙江余姚河姆渡遗址也出土了狗的骨骸。此外，余姚河姆渡遗址还出土了陶塑小狗，由此可以判断，大约在距今 7 400 年前，狗可能已被驯化成为家养动物了。狗既有温顺的一面也有凶狠的一面，对主人它百依百顺，服从命令听指挥，但对主人的敌人却毫不留情。狗被驯化为牧羊犬，它就帮主人管理和保护羊群，驱咬害羊的豺狼；狗被驯化为警犬，它就会配合警务人员追捕坏人和寻找破案线索。狗在与敌人搏斗时表现了异乎寻常的勇敢顽强，往往是搏斗到牺牲自己的生命也在所不惜。

猪的驯养——猪在动物分类学上属于哺乳纲、偶蹄目、猪科、猪种。家猪和野猪有着共同的祖先，家猪是由野猪驯化而来的，这是因为直到今天，在野猪出没的地区，常有野猪和家猪自行交配，并产生正常的后代的事情发生。现代养猪业也在开发野猪资源，并有使用野猪与家猪杂交进行改良的成功范例。

大自然的演替和人类文明的双重力量，共同促成着一个决定性瞬间的来临：一头生活在长江流域原野上的小野猪也许是因为偶然的原因，边嗅边走到了人类房屋的旁边——嗯，它嗅到了食物的气味。一个人试探着喂给它一些食物，它也试探着吃掉了。从此，小野猪常常光顾这里，越来越不愿意离开。终于有一天，人给它建起了一道篱笆。在人把它关进篱笆的那一瞬，这只小猪失去了自由，它成为了一头家猪。当然，这只是人类对动物驯化史的一个缩影，从野猪到家猪，其实要经过漫长的演变过程。

这个关于小猪的故事，也许要到9 000多年之后才会被人们想起。世界上发现最早的驯化猪是在距今约9 000年的土耳其的安纳托尼亚东南部的卡永遗址，似乎其他地区的驯化猪都从此地传出的，然而中国河北徐水南庄头遗址，发现了距今9 000年以上的可能是被驯化的猪的骨骼。因此，得出中国的家猪是由别的地区传入的结论还为时尚早。我们可以初步认为，中国可能是最早的家猪起源地之一。考古学家从众多遗址中发掘出许多架子猪和狗的骨骸，它们当中，会有当年的那头小猪吗？我们不得而知，不过，可以肯定的是，聪明的古人早就学会了饲养家畜。他们制作了许多关于动物的陶制工艺品，看着那些憨态可掬的小猪，懒洋洋的小狗，以及匍匐在地的肥羊，能感受到，他们一定是和这些动物亲密地生活在一起，并且很喜欢它们（图2－7）。

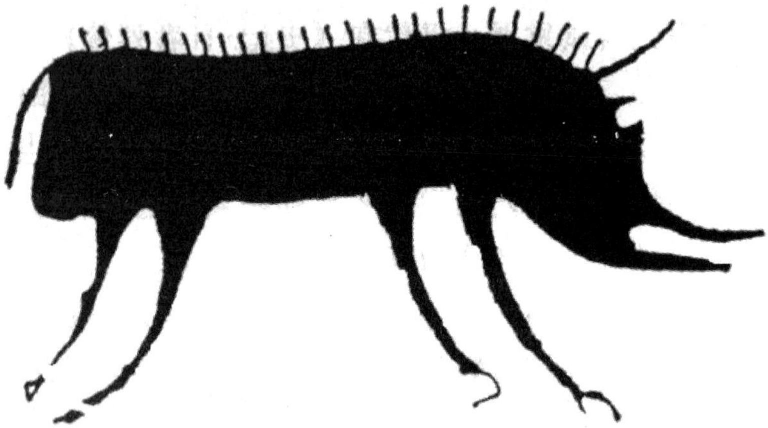

**图2－7 汉代瓦砖上的猪刻饰**

有野猪生活的历史十分悠久，到更新世（距今260万年至1万年）初期，野猪早已经广泛分布在非洲和亚欧大陆。今天野猪的分布也十分广泛，因此，中国的家猪是由哪种野猪驯养而成的还存在分歧。关于中国野猪分类学的研究，目前存在着不同的分类方法。更新世的化石动物野猪现分为欧洲野猪和李氏野猪两类，而到了全新世（11 500年前至现在），遗址动物野猪则被分为欧洲野猪和亚洲野猪两大类，它们各自又分化为许多亚种。而现存的野猪，据《中国猪品种志》一书，将其分为 8 个不同的亚种。围绕着这些不同的分类方法，产生了不同的观点。高式武指出，在野猪被驯化为家猪之前的更新世的洞穴中，出土的野猪骨骼化石，大部分属于更新世的中晚期，据鉴定，有欧洲野猪和李氏野猪两种。从这两种野猪在中国的分布情况来看，根据现有资料不完全统计，发现欧洲野猪分布很广，共有 15 个省、市、自治区；李氏野猪则仅分布于北京、河南、山东和陕西等 4 个省、直辖市，范围相对小得多，并且在更新世晚期未见有发现。到了全新世，野猪的骨骼材料如陕西西安半坡、江西万年仙人洞、河南安阳的殷墟、浙江嘉兴马家浜等遗址发现的都属于欧洲野猪，而李氏野猪可能已经灭绝了。在全新世，中国大地上生活的野猪主要是欧洲野猪了，而生活在当今中国的欧洲野猪的后裔分为华北野猪和华南野猪两大类型。因此，中国的家猪起源于欧洲野猪便确定无疑了。德国学者瓦格纳在 21 世纪初来中国，他指出中国的华南猪与印度的猪种很相似，分布于云南、广西等省（区）的矮猪种，是起源于喜马拉雅山南麓以及与云南省接壤的山中栖息的喜马拉雅野猪或矮野猪。至于华北猪，他认为与华南猪非出同源，可能是北方野猪的后裔。日本学者板本江认为中国野猪来源于亚洲野猪，因为亚洲野猪的特征是从鼻尖到颊部有白色条纹，其泪骨短而低，呈正方形；而中国古代文献中有“辽东之豕”多白头，这种白头猪可能就是由白色条纹的野猪驯化而来的。不过支持他这一观点的证据十分单薄，不足为凭。重庆万州区盐井沟发掘的野猪化石，其头骨的泪骨呈狭长形或三角形，下颌骨一般大于 90°，与亚洲野猪（印度野猪）头骨相似，与欧洲野猪的头骨有区别，因而他认为四川省的地方猪可能是由亚洲野猪驯化而来的。动物学家薛德堉指出：我国野猪属于北方野猪的一系，最重要的有两个亚种，即华南野猪和华北野猪，家猪可能是由印度野猪驯化而来的。谭邦杰认为：北方野猪是猪科的模式种，其中的模式亚种产于欧洲，又有华北亚种，另有两个亚种，即华南亚种和蒙古野猪。陆长坤认为中国的野猪只有一个种，属于北方野猪，从东北到海南岛，沿海到新疆都有。还有一些有关野猪的分类和对家猪起源的观点，在此不再一一列举。上述猪的分类以及对我国家猪的驯化渊源的观点不一，出现分歧的主要原因是与各自的分类方法有关。化石动物的分类依据与遗址动物以及现存动物的分类依据不同，所以不能直接对应，且分类方法也并非尽善尽美。如以更新世的欧洲野猪和李氏野猪的划分方法为例，李氏野猪仅个体稍大，就被单独命名为一个新种，实际上仅就化石的分类特征（如骨骼和牙齿）而言，其大与小有可能完全是一种个体差异，而不是种的差异，归为两类就缺乏科学依据。因此，不同的依据得出的结论不同也就可以理解了。不过上述诸多论点中，大多数的观点对中国南北地区的野猪存在区别是持肯定态度的。如有人认为全新世中国南北的野猪是欧洲野猪的后裔，生活在华北的为华北野猪，生活在华南的是华南野猪。另有人则认为中国南北地区的野猪分属于亚洲野猪和欧洲野猪两类，在华南的则属于亚洲野猪的后裔，在华北的则属于欧洲野猪的后裔。现今学者们一般认为中国的家猪起源可分为华北猪和华南猪两大类型，二者在体型、毛色、繁殖力等方面都迥然不同。华北地区的家猪和现今生活在华北地区的野猪（分布于中国北部从沿海到甘肃西部和四川省等地）相近，而华南地区的家猪和华南地区的野猪（分布于华南）相似。这是家猪起源于不同地区的有力证明，说明家猪的起源是多个中心的。这也符合农耕和畜牧在欧洲和亚洲大陆上不止一个中心起源的观点。这从逻辑推理的角度来看也是正确的，因为在全新世时期，中国南北地区都有野猪分布，不管南北地区的野猪是否是同一种类，各地要驯化野猪只能是驯化当地的常见的本地野猪，而不会舍近求远。因此，中国的家猪应是由当地的野猪驯化而来的。

最近，河北徐水南庄头遗址发现了一种早于裴李岗、磁山文化的新石器遗址，新石器文化层位于地表层下厚达 2 米左右的黑色和灰色的湖相沉积层下面，出土了大量的兽骨、禽骨、螺蚌壳、植物茎叶、种子和少量的夹沙陶、石片、石磨盘、三长两短磨棒，其中猪、狗可能为家畜。该遗址的年代为距今（10 815 ± 140）~（9 690 ± 95）年。因而家猪的驯养历史可能追溯到距今 9 000 年以前。

野猪经过长时间的人工圈养驯化、选择，在生活习性、体态、结构和生理机能等方面逐渐发生了变化，最终与野猪有了明显的区别，典型的改变是体型方面。自然界的野猪因为寻找食物的缘故，经常掘巢、拱土，使嘴进化得长而有力，犬齿发达，头部强大伸直，头与体长之比例大约为 1∶3；而被人类控制的野猪，经过长期的给料喂养，无需费劲觅食，并在限制其活动后，头部明显缩短，犬齿退化，胴体伸长，头与体长的比约为 1∶6。在距今大约 7 000 年的浙江余姚河姆渡遗址中，也出土了猪的骨骼，同时也出土了陶制的猪模型。在极其遥远的古代，陶制工艺制作时的动物形象极有可能是以当时的猪的形体为模板的，余姚河姆渡遗址中出土的陶制猪模型也不应例外。我们发现余姚河姆渡遗址中出土的陶猪的前后躯的比例为5∶5，介于野猪的比例（7∶3）和家猪的比例（3∶7）之间，属于驯化和野生之间的类型，因而从侧面间接地反映出河姆渡遗址的家猪远远不是最初开始驯化时的家猪，而是比较进步的家猪了。新石器时代出土的猪遗骨及陶猪，其体型依然保留了不少野猪的特征。如大汶口出土的猪头骨和李氏野猪有一定的差别，生产性能比野猪有很大的提高，但与现代家猪相比，生产性能还是比较低的，只能称之为原始家猪。也许是地区的差异，抑或是陶猪的形象不能代表当时的驯养猪的体型。在内蒙古自治区伊克昭盟（鄂尔多斯市）伊金霍洛旗朱开沟遗址出土的距今大约3 000多年的猪骨，鉴定结果表明，牙齿与早期出土的家猪相比，明显变小，而与殷墟的肿面猪相似，吻部变宽短而与野猪不同。最后鉴定者认为，驯养的猪到了夏代，骨骼形态已可以与野猪区分开来。如果是后者，那么就表明，陶器所塑造的动物形象属于文化方面因素的夸大反映，不能作为当时家畜的形态依据（图2－8）。

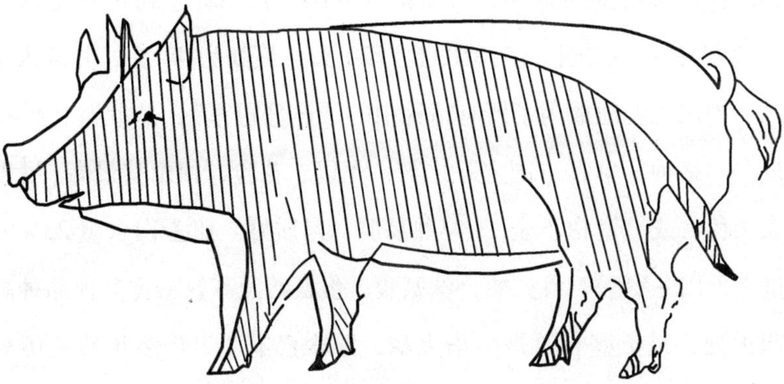

图2－8　猪在家养条件下的变化示意图

猪是新石器时代遗址动物中最常见的动物，出土的数量比其他任何家畜都多。新石器时代的畜牧业中，唱主角的是养猪业，甘肃、青海地区的齐家文化和中原地区的大汶口文化遗址中，有大量的猪的骨骼出土，特别是在墓葬中出现，这表明猪已经被作为当时可以炫耀的财富而成为经济生活中的重要组成部分。

猪是一种非常温顺可爱的动物，有着质朴厚道、忍辱负重和气量宽广的胸怀，每天吃着残羹剩饭，忍受着大家“笨猪、懒猪”的指责，可依然如故，从不往心里去。《大学》云：“富润屋，德润身，心广体胖”，就是对猪最好的描述，由于心中坦然无憾，所以身体舒泰安康。可别小看它哦，它也是很聪明的，它的聪明更多地显示在大智若愚之中。

猪的家族一直有新的品种出现，它的伙伴广布于中国和世界各地。中国猪的祖辈亲戚种类很多，有华南野猪、台湾野猪、华北野猪和矮野猪等。它们经过漫长的驯化后，在地理上形成华北、华南、华中、江淮、西南和高原六大类别的猪种。目前，《中国猪品种志》记录的中国地方猪种有48个，代表品种有黄淮海黑猪、荣昌猪、太湖猪、金华猪、藏猪和小香猪等；中国培育的品种有12个，如北京黑猪、新淮猪、上海白猪、三江白猪、苏太猪等；引入的国外品种有6个，如长白猪、约克猪、杜洛克等，这些都成为人类生产比例最高的动物性食品——猪肉的主力军。

中国猪肉质鲜嫩，生育的后代生长良好，为全球关注，还有其他一些好的特点，如微小性、抗蚊蚋、优质鬃毛、适应高原、宜火腿加工等。

说到产仔数量最多的猪种，太湖猪可以说当仁不让。初产母猪窝产仔数为12头，经产母猪16头以上，三胎以上为20头，最高为42头，并载入了吉尼斯世界纪录，当之无愧地成为了所有猪种中的“产仔冠军”，是世界上繁殖力最高、产仔数最多的猪种，享有“国宝”之誉，尤以二花脸、梅山猪最高。太湖猪毛色全黑或表灰色，或“六白不全”。早熟易肥，肉质好。肌蛋白含量23%左右，氨基酸含量中天门冬氨酸、谷氨酸、丝氨酸、蛋氨酸及苏氨酸比其他品种高。

说起火腿，最负盛名的是金华火腿，距今已有1 200多年悠久历史，是我国各类火腿的鼻祖。唐开元年间（713—741）陈藏器撰写的《本草拾遗》载：“火腿，产金华者佳。”相传，宋代义乌籍抗金名将宗泽，曾把家乡“腌腿”献给朝廷，康王赵构见其肉色鲜红似火，赞不绝口，赐名“火腿”，故又称“贡腿”。因火腿集中产于金华一带，俗称“金华火腿”。从此，金华火腿即以色、香、味、形“四绝”驰名中外，早在清代就已远销日本和东南亚各国。曾在1915年巴拿马国际商品博览会上荣获商品质量特别奖。从20世纪30年代开始，金华火腿又进而畅销英国和美洲等地。

正宗金华火腿是用金华两头乌猪的后腿腌制而成的。金华猪的形成，与金华的自然生态条件、饲料种类、传统畜牧业发展和社会经济因素相关，金华的盆地地形和古时交通不发达，给金华猪的形成创造了一个天然“封闭”选育环境，使其优良性状逐步稳定和纯化；金华四季的气候温度较为适宜金华猪的养殖，使具有中等体型、皮薄骨细、早熟易肥。据对金华县古方出土的西晋（265—317）陶猪和陶猪圈考证，早在1 600年前这一带的养猪业已相当发达。相传在古代就有“家乡肉”的腌制品，而后演变成火腿。随着火腿远销国外，金华猪也随之名扬海外。金华猪体型有大、中、小3个类型，大型的俗称“寿宗头”，小型的俗称“老鼠头”，中型的体型适中，是目前金华猪的代表类型，也是饲养最广、数量最多的类型（图2 -9）。

图2 -9 金华猪

在少数民族聚集的山区，有一群体型微小、活泼好动的动物，它们就是闻名遐迩的小香猪，又名“迷你猪”“十里香”。其外观短、圆、肥，具有小、香、纯、净的四大特点，皮薄、肉嫩、味香的特质，所以清煮、煎、烧等各种吃法都适宜。清煮则肉质白嫩，肥而不腻，原汁原味，鲜嫩可口；炒之则色泽澄黄晶亮，清香扑鼻，尝则细腻润喉，余香在唇。因其肉嫩味香，无膻无腥，而得名“香猪”，是一个生产优质猪肉的良种。它既是烧烤猪的上乘原料，也是珍贵的实验动物，是我国独有的地方良种。它是在特定自然环境和农牧业水平较低的条件下，经过长期近亲交配繁殖选育而成的。小香猪在猪家族中属于“天资聪颖”的一类，很通人性，会识主人，只要主人对它好，它也会以优秀的表现来回报主人。出生后就会用嗅觉辨识主人，对生人很是警惕。它的“眼神”不佳，但嗅觉和听觉十分灵敏，能像狗一样凭嗅觉回到主人的身边。作为猪中“贵族”，香猪喜爱干净，出生后就知道如厕有专门地点，决不会吃喝拉撒均在一处。好奇心强，杂食性，不挑食，可以吃猫粮、狗粮，也可以吃稀饭，里面可以加青菜、胡萝卜等（但不要加荤食，因为不易消化）。它不仅可作为美味肉食，而且可以成为您最理想的家庭宠物（图 2－10）。

**图 2－10　肉嫩鲜香的小香猪**

牛的驯养——牛在西方文化中是财富和力量的象征。在古埃及，根据《圣经·出埃及记》的记载，以色列人从埃及出奔不久，尚未摆脱从埃及耳濡目染的习俗，就利用黄金打造了牛的形象，当作耶和华上帝的形象来膜拜。在中国文化中，牛是勤劳的象征，从农耕、交通甚至军事都留有它的美名。战国时代牛还帮助齐国组成火牛阵打败了燕国，三国时代蜀伐魏的栈道上也有牛的身影。《周礼·地官》记载养殖它的官员称作“牛人”。

牛在动物分类学上属哺乳纲、偶蹄目、反刍亚目、洞角科、牛亚科，其下分为牛属和水牛属，牛属的有牛种（黄牛）、牦牛种、半野牛及野牛，水牛属的有水牛。据古生物学的研究表明，牛类动物的祖先是生活在距今大约 3 900 万年前的渐新世时的一种叫作鼷鹿的动物，其后到了距今约 2 800 万年的中新世，鼷鹿又分化出几个分支，其一是由东方鼷鹿演变而来的始鼷，它是牛、羊和鹿类的共同祖先，到了距今大约 1 200 万年前的上新世末期，就已经从始鼷类动物中分化出来成为独立的系统；水牛的分化则更早。

经过测定，撒哈拉沙漠放牧时代的岩画（图 2－11）可能绘制于公元前 4000 年，住在这里的远古居民早已驯化了牛。经推测，牛的最早驯养者是埃及人，距今有五六千年；中国开始驯养牛是在距今四五千年的龙山文化时期。关于家牛的野生祖先，目前国内存在着两种说法：其一是一元说，即认为家牛的祖先是原始牛。原始牛曾普遍分布于欧亚大陆，而且其化石已在上新世和更新世的地层中被发掘到了。中国的华北和东北等地更新世的地层中也有发现，因此认为中国和东南亚地区的现代牛种都起源于原始牛。其二是多元起源说，这主要是由谢成侠提出来的。他对安徽涡阳、宿县等地的更新世晚期地层中发掘的原始牛头骨化石与华北各省曾发现的原始牛化石，如北京西郊发现的化石进行比较，发现在同一地

图 2－11　撒哈拉沙漠放牧时代的岩画

层中出现了不同种的原始牛化石，说明在相同的时代里曾经生活着多种或几种野牛，现今的驯化牛很有可能是几种野牛的杂交种。当然，化石牛的分类方法可能存在一些缺陷，没有活体，种的分类准确性不会太高，即分类上的几种类型的牛可能实际上是一个种。因为由骨骼形成的化石的差别完全有可能是由于个体的差异造成的。多元起源说可能更确切的含义是驯化在多地区完成，后来又逐渐融合杂交，成为今天的驯化牛。

水牛在分类学上属于哺乳类、偶蹄目、牛科、水牛属。水牛属下可以分为两个亚属，分别是亚洲水牛属和非洲水牛属。研究表明，野生的非洲水牛可能被驯化和在圈养的情况下繁殖，但是还没有完全被驯化；现在世界上所有的被驯化的水牛都是亚洲水牛属的后代。

要追溯水牛的起源问题，有必要先看看水牛的化石情况。水牛的化石在中国的南方和北方均有分布，在中国北方更新世以来的地层中已有 7 种不同的水牛化石，从年代来看，有最早的短角水牛，散见于河南、山西、山东和四川等地的更新世中期。继之，在北京猿人发现地周口店地层中发现的德氏水牛，其生活时代与北京猿人接近，其与现代水牛的特征较为相似；在大致相同的地质时代，山西境内发现了丁氏水牛，在更新世晚期的地层中还发现了杨氏水牛；在周口店猿人发现所在地的另一地点，发现了旺氏水牛；到了历史时期的安阳殷墟遗址，发现了一种圣水牛的遗骨。中国东北和内蒙古等地也有水牛化石被发现。

杨钟键当年在中国地质调查所新生代研究室收集的水牛化石标本中，有河南渑池县发现的几乎是完整的头骨，山西永济发掘的头骨破块和角心基部，以及重庆万州区发掘的左侧完整角心。对这些化石进行鉴定后发现，其中的河南水牛，属于短角水牛，可能是中国最古老的水牛。河南水牛的头骨较大，与圣水牛相似，但圣水牛的枕部更突出一些；河南水牛的角心较向侧方，新月形扩大，角心粗大，其测定数据与德氏水牛较为接近。在重庆万州区发现的水牛化石被鉴定为是短角水牛。从短角水牛到圣水牛，中国北部地区均有分布，从而可以断定，水牛的驯化不一定与这一地区一点关系都没有。由于全新世以来，随着第四纪冰川的消退，全球气温大幅度上升，现今比较干冷的华北地区在新石器时代初期有大量的水牛分布，与现今的情况有着显著的不同。

中国东南一带的安徽、浙江、江苏等省的考古和地质工作者，发现了大量的水牛的骨骼。其中的浙江余姚河姆渡遗址，出土了水牛头骨16件，另有破碎的颌骨和牙齿数十件，掌骨10余件，经过鉴定以后，被认为是已经驯化的水牛。这些水牛头骨的角心粗短，两角从基部向后侧方伸展，角心横切面略呈等腰三角形，角心后缘棱角清楚，前缘呈弧形，枕部不突出而近于垂直。考古工作者认定，在距今7 000年左右的河姆渡人生活时代，水牛可能已经被驯化。此外，嘉兴的马家浜、桐乡罗家角、鄞县蜃蛟等新石器时代的遗址中，牛亚化石的发现均很普遍。其中，桐乡罗家角遗址的水牛，整个头骨及角心的形态特征，都与我国更新世的短角水牛和全新世安阳殷墟遗址的圣水牛极其相似。该遗址共出土了至少代表37个个体的水牛标本，其中少年和青年个体之和占总体的64%，这一年龄结构的组合形式，意味着这些水牛不大可能是通过狩猎而被杀的。在狩猎时代，吃剩的猎物遗物的组合一般来说应是年幼或老年的个体居多；如果大多数个体在青年时被杀，一般来说是这些动物应是处于驯化的阶段。可以认为，在罗家角遗址的主人们生活的年代，水牛已成为当时人们的家养动物了。

关于中国家养水牛的起源问题，目前学者多从起源地来考虑，提出的问题表现为是起源于印度和东南亚地区，还是起源于中国本地。关于这一问题，目前尚无定论。国内畜牧学界较多地倾向于是起源于印度和东南亚地区。我们在此认为水牛的起源问题应该分成两个性质不同的问题来分析，而不能混为一谈。其一是水牛的种质起源地问题，其二是家养水牛的驯化地问题。前者主要是生物学问题，而后者则主要是社会学的问题。畜牧学界倾向于是起源于印度和东南亚地区，这一结论应是从种质起源的角度即生物学的角度得出的，因为印度和东南亚地区的气候环境更适合于水牛的生存，现今的水牛种群较丰富，从种质起源的角度来看，最早的水牛可能发源于此地。但是，从考古学现有的发现来看，中国的驯化水牛完全有可能是在中国本土产生的，假如在水牛的种质起源地东南亚和南亚一带也全部完成了水牛的驯化这一过程的话，那么驯化水牛可能是两个以上的地区各自独立产生的，亦即多中心起源的。理由是从生物学的角度来看，水牛的生活环境是温暖湿润的，其最适合的生活区在全新世来临以后，就曾经包括中国的南部和北部及东南亚地区，而不仅仅是现今的中国的南部地区和东南亚地区。

我们不能以今天的气候特点为背景，一成不变地认为整个历史时期的气候特点就是如此。自从更新世到现在，地球上的气候出现过多次的冷暖交替变化，现今无水牛分布的华北和东北一带陆续出土的水牛化石，足以说明这一点。水牛的种质起源地极有可能是现今的东南亚或南亚地区，但是，一旦水牛在某地起源后，假如环境适应的话，肯定会有一部分慢慢迁徙到别的适合其生存的地区生活，其分布就不以人的意志为转移了，也就不可能只在起源地生活。因此，某一动物的驯化地并不一定是其种质起源地。中国的华南乃至于华北地区在距今10 000 年左右已较广泛地分布有水牛，因此全新世以来随着农耕和畜牧的产生，而水牛又在中国大地上均有分布，水牛在此地被驯化也就不奇怪了。水牛的驯化有两个以上驯化地的结论，可以间接地从现有的驯化水牛分为江河型和沼泽型两种，而同时从两类水牛分布的区域明显不同中得到印证。现今的印度—东南亚一带，水牛主要是沼泽型水牛，而中国大陆则主要是江河型水牛，这种明显的区别，可能意味着两地同时在新石器时代初期，各自独立地驯化当地的野生水牛。

关于中国本土家养水牛何时出现的问题，这需要从出土的水牛的骨骼遗存中寻找答案。余姚河姆渡遗址出土的水牛骨骼的生长时代，仅晚于江西万年仙人洞遗址的生长年代，但是这两个遗址的水牛遗骨均仅鉴定到属，所以不能肯定是家养水牛，在长江下游地区，除河姆渡遗址以外，在圩墩、崧泽和马桥等遗址，大都有水牛的遗存发现，说明从河姆渡文化、马家浜文化、良渚文化直到湖熟文化的居民，可能传统地均饲养了水牛。这也许是因为家养水牛的畜养和水稻的种植有密切关系的结果。上述诸文化遗址大都也有水稻的遗存发现。如果万年仙人洞的水牛是家养水牛，则水牛在中国南方的驯养可以追溯到距今 8 825 年左右。或者说最晚在距今 6 000 年左右的河姆渡文化遗存中，已有家养水牛的遗骨。总之，家养水牛在中国南方新石器时代的遗存中，已很普遍。例如，在河姆渡遗址中有水牛头骨 16 个，江苏吴江梅堰遗址出土过 7 个完整的水牛头骨，马家浜遗址出土的水牛骨骼也占相当多的数量。此外，还报道有不少遗址出土了牛骨，但是未区分是水牛还是黄牛。

中国华北地区的水牛化石的大量存在，说明全新世这一地区的气候与今天有很大的不同，这一结论与古气候学的其他方面的研究结论一致。因此，我们不能仅仅依据今天的气候状况和水牛的某些分布特征来推断出全部的历史就是如此。气候是在不断地变化的，水牛的分布与气候的变化关系十分密切。历史上，中国是畜牧业的起源地之一，同时又是水牛广泛分布的地区，因此中国的驯化水牛起源于本地是顺理成章的事情。尽管东南亚一带也有可能是水牛的驯化地，尤其是江河型水牛的起源地，但是这并不妨碍中国人民驯化了沼泽型水牛。

根据品系不同分为黄牛、水牛和牦牛等；根据牛的使用特性分为役用型、肉用型、兼用型和乳用型等；常见的品种如南阳黄牛、福安水牛、巴山牛、峨边花牛、九龙牦牛和西门塔尔牛等，以及荷斯坦奶牛。

黄牛是牛种中最重要的一支，中国黄牛有五大品种，分别是南阳黄牛、秦川黄牛、鲁西黄牛、延边牛和晋南牛，其中南阳黄牛最为著名，是大型役用黄牛品种（图2－12）。南阳黄牛体高力大，步伐迅速，吃苦耐劳，性情温驯，是中国五大良种黄牛中的“快牛”。它拉车载重1 000～1 500千克时能日行30～40千米，速度之快是其他黄牛所不及的。南阳黄牛力强持久，肉质细，大理石花纹明显，香味浓，皮质优良，素称“南皮”。毛色分黄、红、白三种，以黄色为主，而且役用性能、肉用性能及适应性能俱佳。肌肉丰满，产肉性能良好。性成熟较早，但繁殖能力稍差。适应性较好，抗病力强，耐粗饲，在严寒和炎热地区均能正常生长发育和繁衍后代。

南阳黄牛历史悠久。据考证，在距今7 000年前的新石器时代，南阳就已出现了包括牛在内的原始畜牧业。春秋时期，南阳黄牛已进入了舍饲、圈养阶段。明清时代，南阳黄牛已遍布于南阳的唐河、白河流域。南阳黄牛是南阳人民千百年来辛勤培育的结果，也与南阳盆地唐河、白河流域优越的地理及自然环境密切相关，南阳盆地特定的土壤和气候条件，是南阳黄牛这一特有品种形成的基本因素。素有“中州粮仓”之称的南阳地处亚热带和暖温带的过渡带，四季分明，光照充足，雨量适中，无霜期长。尤其是占南阳盆地面积70%以上的唐河、白河流域，冈峦、河谷相间，平原面积广阔，土地肥沃，人口稠密。历史上，大面积的山冈荒地和河谷湿地为南阳黄牛的生长提供了充足的牧草，肥沃平原的大面积耕作既需要使用大批耕牛，又为饲养南阳黄牛提供了秸秆等饲料。在这些特殊的自然条件作用下，经过千百年的培育，南阳黄牛逐渐成为体躯大、耐粗饲、肉细、味香、皮好、品质优、数量多、役肉兼用的优秀地方品种。目前，河南省约有南阳黄牛200多万头。

**图2－12　役用性能极好的牛——中国南阳黄牛**

奶品工业的发展促进了奶牛业的发展，需要有高产的奶牛品种。美国有一头产奶创世界纪录的奶牛，365天产奶量高达30 833千克。创终身产奶量最高纪录的是美国加利福尼亚州的一头奶牛，在泌乳的4 796天内，共产奶189吨。这是产奶冠军品种——乳用荷斯坦牛，也是世界最著名的乳用牛品种。荷斯坦牛原产于荷兰北部的北荷兰省和西弗里生省，其后代分布到荷兰全国乃至法国北部以及德国的荷斯坦省，现已遍布世界各地，是饲养数量最多、产奶性能最好的乳用品种。毛色一般是黑白相间的斑块，因此又称为黑白花奶牛。体格高大，成年公牛体重900～1 200千克，体高145厘米，母牛体重达650～750千克，体高135厘米，结构匀称，具有典型的乳用型外貌。1999年荷兰全国荷斯坦牛平均年产奶量为8 016千克，乳脂率为4.4%，乳蛋白率为3.42%；美国2000年登记的荷斯坦牛平均产奶量达9 777千克，乳脂率为3.66%，乳蛋白率为3.23%。

荷斯坦牛的形成与原产地的自然环境和社会经济条件密切相关。荷兰地势低洼，全国有1/3的土地低于海平面，土壤肥沃，气候温和，全年气温在2～17℃，雨量充沛，年降水量为550～580毫米，牧草生长茂盛，草地面积大，且沟渠纵横贯穿，形成了天然的放牧栏界，是放牧养奶牛的天然宝地。同时，历史上荷兰曾是欧洲一个重要的海陆交通枢纽，商业发达，干酪和奶油随着发达的海路交通输往世界各地。由于荷斯坦牛及其乳制品出口销量大，促进了奶牛的选育及品质的提高。荷斯坦牛被认为是欧洲牛的后裔，经人类长期选择培育而成，经各国长期驯化及系统选育以后，形成了各具特点的荷斯坦牛，并冠以该国的国名，如美国荷斯坦牛、加拿大荷斯坦牛、日本荷斯坦牛、中国荷斯牛等（图2－13）。

**图2－13 荷斯坦牛**

羊的驯养——羊在动物分类学上属哺乳纲、偶蹄目、反刍亚目、洞角科、羊亚科，其下有绵羊和山羊两个属。世界上驯化最早的地区可能是西亚，在公元前9 000年的伊拉克扎维·舍米·萨尼达遗址中，发现了被认为是驯养的绵羊的遗存，其判断依据是较年轻的羊的比例较高。在伊朗和伊拉克交界的扎格罗斯山脉，发现了距今9 000年的山羊遗存，其判断依据依然是较年轻的羊的比例较高。也有人认为，在距今10 000年左右的伊朗高原的阿萨巴，出现了最早被驯化的羊。西亚和中亚地区的草原非常适合于羊的生长和繁殖，同时又出土了年代久远的人类驯养的羊骨骼（从其年龄组合做出的判断）。因此，大体上可以确认西亚地区是羊的最早驯化地区（图2－14）。

关于中国的驯化羊的起源，由于西亚地区羊的驯化历史如此之早，其起源问题就免不了受到“传播论”的影响，即中国羊的起源可能来自西亚地区。不过，羊的化石在中国北方地区时有发现，北京周口店第九号区发现了羱羊的化石，其地质年代在更新世的下层，和三门马是同一时期生存的动物。这种化石羱羊在形态上和华北、西藏等地现有的巨角野绵羊很相似。1957年中国科学院动物所在辽宁建平地区发掘出来的羱羊化石，被认为和蒙古种绵羊有关。通过化石绵羊来判断和现代某一羊种存在何种关系，显然有很大的缺陷，就化石绵羊的头骨来说，只能了解其角心的发育程度，而角的形状是否是全螺旋形及其长度等，均难以证明。

图2-14　家养绵羊的祖先之一——欧洲盘羊

早在母系氏族公社时期，就已开始选择水草丰茂的地方饲养并进行狩猎。汉代许慎释字义说：“美，甘也。从羊，从大。羊在六畜主给膳。”古文中“羊”“祥”通假，西汉大儒董仲舒有云：“羊，祥也，故吉礼用之。”人们甚至把母体孕育胎儿的胞衣称为“羊膜”，供胎儿生命的液体称为“羊水”。在动物学上，还把“羊膜动物”作为高级动物的一种划分标准。广州号称“羊城”，源于羊的美好传说：周夷王时，五个仙人分别骑着口衔六串谷穗的羊降临楚庭（广州古名），将谷穗赠给人们，祝愿这里永无饥荒。仙人言毕隐去，羊化为石像。据考古发现，裴李岗遗址中发现了一些动物形塑品，其中有羊头一件，长角而粗，造型简单。不知名器物一件，形似一羊头，中部鼻梁稍突，两侧下陷，似为鼻孔。北方地区的西安半坡、临潼姜寨也出土有羊的牙齿。浙江余姚河姆渡遗址中，也出土了陶制的羊模型，塑造得十分逼真，很有可能是以家养羊为模特塑造的，说明江南一带也可能饲养了羊。羊可分为山羊或绵羊，中国北方饲养的是绵羊，而南方饲养的是山羊。

羊根据其经济用途可以分为肉用型、绒用型、皮用型和乳用型等。代表品种有：太行黑山羊、黄淮山羊、蒙古羊、西藏羊、鄂尔多斯细毛羊和黑龙江奶山羊等。

羊的产品用途广泛，肉、毛、皮、奶一应俱全。绵羊中肉用性能和皮用性能俱佳的当属小尾寒羊，山羊中肉品质优良和板皮品质极佳的当属波尔山羊。

小尾寒羊起源于古代北方蒙古羊，随着历代人民的迁移，把蒙古羊引入自然生态环境和社会经济条件较好的中原地区以后，经过长期选择和精心培育，逐渐形成具有多胎高产的裘（皮）肉兼用型优良绵羊品种。小尾寒羊属短脂尾，肉裘兼用优良品种。主要产于河北南部、河南东部和东北部、山东西部及安徽北部、江苏北部一带，其中以山东西南地区小尾寒羊的质量最好，数量最多。具有早熟、多胎、多羔、生长快、体格大、产肉多、裘皮好、遗传性能稳定和适应性强等优点。4 月龄即可育肥出栏，每年可出栏 3 批。6 月龄即可配种受胎，年产 2 胎，胎产 2 ~6 只，有时高达 8 只；体重 6 月龄可达 50 千克，周岁时可达 100 千克，成年羊可达 130 ~ 190 千克。小尾寒羊产量高、个头大、效益佳，被人们誉为中国“国宝”、世界“超级羊”或“高腿羊”。它吃的是青草和秸秆，献给人类的是“美味”和“美丽”（图 2 – 15）。

图 2 – 15 肉裘兼用的优质羊——小尾寒羊

波尔山羊原产于南非，作为种用，现已被非洲许多国家以及新西兰、澳大利亚、德国、美国、加拿大等国引进。波尔山羊来自南非的霍屯督人和游牧部落班图人饲养的本地山羊，在形成过程中吸收了印度山羊、安哥拉山羊和欧洲奶山羊等的优良特性，经过长期自然选择和人工选择，在南非特定的环境条件下育成。它是当今世界最著名的肉用山羊品种，具有体型大、生长快、繁殖力强、产羔多、屠宰率高、产肉多、肉质细嫩、耐粗饲、适应性强和抗病力强等优良特性，被称为世界“肉用山羊之王”。

波尔山羊分为 5 个类型，分别是普通型、长毛型、无角型、地方型和改良型。其中以改良型最优。具典型肉用体型，体躯白色，无花斑，产肉性能好。波尔山羊体格大，头和颈呈红色或褐色，并有白斑，耳大下垂。有角或无角。体躯长、颈深，胸部发达，背宽平，肋骨开张，臀部丰满，四肢结实。成年公羊体重100~130千克，母羊70~90千克，羔羊日增重120~200克，3月龄羔羊体重23.4千克，周岁体重平均44.5千克。屠宰率，8~10月龄羊为48%，周岁羊为50%，成年羊为50%~56%。一般两年三胎，产羔率为160%~200%。波尔山羊的肉质优；板皮品质极佳，属上乘皮革原料；抗病力较强，适应性好。

马的驯化——电影《一代天骄成吉思汗》中无往而不胜的蒙古铁骑，攻城略地、征战疆场的场面给我们留下了深刻的印象，蒙古人还用马奶做饮料。在“六畜”当中，马的出现是最晚的，大概出现在5 000多年前或6 000年前。不同地区的马可能有不同的祖先，包括蒙古野马、欧洲野马等。但是随着机械工具的应用，家马的用途渐渐消失，现在世界各国马的数量都在不断减少。

马在动物分类学上属于奇蹄目、马科、马属动物，现今世界上马属动物仅7种，包括马、驴、斑马3大类。其中的马分为家马和野马，家马是由野马驯化而来的。现代马的进化系列分别是始马、中马、原马、上新马、真马，其系列中的始马是生活在距今6 000多万年前的“髁节目”一类动物的后代，到了距今5 000万年前的始新世才演变成始马，当时的始马脚为五趾或四趾，个体仅及现今的狐狸大小，生活于矮树林中，以鲜嫩多汁的树叶和林地软草为食料；始马经1 000万~2 000万年演变才成为如羊大小的中马，脚为三趾；中马进一步进化发展，到了距今2 800万~1 200万年前的中新世时，发展成为原马；原马是马属动物进化中的一个重要阶段或环节，当时因为气候干旱少雨，很多种类马不能适应新的气候环境而死亡，仅原马及与原马相似的马种生存下来了；到了距今1 000万年的上新世时，原马演变成为上新马，即生物史上的著名的“三趾马”，三趾马的体躯结构已与现今马类非常接近；三趾马到后来演变成了真马，真马生活在距今300万年的更新世，后来由于气候的关系，真马只在旧大陆分布，生活在美洲的真马则因气候寒冷而彻底灭绝了。根据古生物学的研究，中国大地上有许多马的化石出土。在距今5 000万~6 000万年的始新世中期，就曾经有过原始马类的动物的出现。山东发现过始新世中华原古马，稍后发现了衡阳原古马，它们都只有猎狗般大小，前脚三趾，后脚四趾；到距今3 000多万年前的中新世，在今江苏和内蒙古等地发现有安琪马；距今1 000万年前的上新世，在华北许多地区发现齐氏中华马；从上新世末到更新世初，我国三趾马广泛分布于现今的河南、山西、陕西、内蒙古、甘肃等地区，其中最为著名的是贺风三趾马。更新世（注：更新世，故地理学名词，是第四纪的第一个世，距今260万年至1万年）中期，中国北方出现了三门马、黄河马、北京马，南方出现了云南马等。更新世晚期，中国大地上到处有野马和野驴，其中又以西部和北部最多，如甘肃庆阳、河北阳原、河南新蔡、辽宁建平、山西许家窑、北京山顶洞及内蒙古、宁夏的河套地区等，都发现了距今20万年至2万年左右的野马和野驴。全新世以后，野马和野驴依然频繁出现在中国大地上，现今世界上唯一存在的蒙古野马就生活在中国西部的高原上（图2－16）。

图2－16　三趾马复原骨架

国外的学者认为，马的驯化可能在中亚和西亚的干旱的草原上，后来扩散到世界各地。世界上最早的可以被认定的驯化马出土在乌克兰青铜时代的遗址中，时间距今约3 500年。马的驯化在中国可能出现得很早，但是考古发现的关于马的遗存则相当晚。甘肃永靖马家湾曾出土过马骨架，但是只鉴定到属这一级，不能更进一步地确认。属于新石器时代的马家窑文化的甘肃临夏马家湾遗址发现了零星的马骨；属于菜园村文化的林子梁遗址发现零星马骨；山东历城城子崖和河南汤阴白营遗址曾出土过马骨，齐家文化的一些遗址中也曾出土过马骨，如甘肃的大河庄、吉林扶余长岗子等曾出土过马骨。到了青铜器时代，在甘肃永靖张家嘴遗址的辛店文化层里发现了3枚马牙。南方的云南通海黄家营、马龙仙人洞、麻栗坡小河洞等都出土过马的骨骼，经过鉴定，与现代马的骨骼牙齿特征没有太大的区别。而大量发现马骨的是新疆维吾尔自治区和静县察吾沟1号、3号遗址，发现了动物骨骼1 747块，主要是动物的头骨，分别来自于68座墓葬，其年代约为距今2 600年，动物的种类主要是属于奇蹄目的马，不过这些马的骨骼难以判断是属于家马还是野马。能够确定为家马的是河南安阳殷墟出土的马的骨骼，一同出土的有马车，马已被人们驯化的证据十分确凿。甲骨文中也有把马畜养在栏圈中的象形文字。马从驯化到挽驾役使，当非一日之功。而据古文献所载传说，马的役使可以追溯到黄帝尧舜时代。《易经·系辞》："黄帝尧舜……服牛乘马，引重致远。"《史记·五帝本纪》："帝尧'彤车乘白马'。"《通典·王礼篇》："黄帝作车，至少皋始加牛，及陶唐氏制车，乘白马，则马驾之始也。"

鉴于中国马的驯化时间从考古学的角度来判断是相当晚的这一事实，许多学者不太囿于这种可能明显有悖于事实的结论，因此大胆地提出了自己的看法。如有的报道认为，甘肃永靖大河庄出土了马的下臼齿，经鉴定发现与现代的马没有区别，可以确认为是被家养的马，因此可以认为我国马的驯化历史有近5 000年了。又如谢成侠教授认为马的驯化历史更长，可能距今六七千年前，可追溯到仰韶文化时期。

在工业化之前的冷兵器时代，骏马是战争、运输和通信中最为迅速有效的工具，强大的骑兵也是帝王们夺取政权、守疆攻城最必不可少的军事条件。人们都非常注重马种的选育，也选育出一些优良品种，如体态匀称、优美，线条流畅，马尾细如丝状，并且较长，奔跑时体态飘逸，形象俊美，适应干旱沙漠气候的阿拉伯马；以力量、勇气和激情完美结合的西班牙马，以及产于英国，勇敢，爆发力强，速度赛马良种的纯血种马。

当今世界上的纯种马只有汗血宝马、阿拉伯马和英国马，其中汗血宝马是最纯的马种，阿拉伯马和英国马都有汗血宝马的血统和基因。汗血宝马，产自土库曼斯坦科佩特山脉和卡拉库姆沙漠间的阿哈尔绿洲，至今已有3 000多年的驯养历史。汗血宝马通常体高1.5米左右，一般3岁成熟，5岁生仔，怀胎11个月，一年产一仔。汗血宝马头细颈高、四肢修长、皮薄毛细、轻快灵活，步伐轻灵优雅、体型纤细优美，再衬以弯曲高昂的颈部，勾画出它完美的身形曲线。据史料记载，其奔跑时脖颈部位流出的汗鲜红似血，因此称之为汗血宝马。史书记载汗血宝马“日行千里”，又名“大宛马”“天马”。目前，汗血宝马的最快速度纪录为 84 天跑完 4 300 千米。德、俄、英等国的名马大都有汗血宝马的血统。

中国对汗血宝马的最早记录可以追溯到 2 000 年前的西汉，汉初白登之战时，汉高祖刘邦率 30 万大军被匈奴骑兵所困，凶悍勇猛的匈奴骑兵给汉高祖留下了极深的印象，而当时，汗血宝马正是匈奴骑兵的重要坐骑。因此，汉初时匈奴骑兵令汉王朝甚是头疼。到汉武帝元鼎四年（公元前 113 年）秋，有个敦煌囚徒在当地捕得一匹汗血宝马献给汉武帝。汉武帝称其为“天马”，并作歌咏之，歌曰：“太一贡兮天马下，沾赤汗兮沫流赭。骋容与兮万里，今安匹兮龙为友。”

为了得到汗血宝马良种以改良本地马匹，汉武帝曾特意铸造金马，欲与汗血宝马交换，结果被大宛国王拒绝。汉武帝大怒，两次西征大宛国，并许诺“获汗血马来，作西极天马歌”。

2001 年，在中国百姓视野中消失了千年的梦幻之马汗血宝马（图 2－17）——阿赫达什（宝石之意），从它的故乡中亚土库曼斯坦，由空中穿越古丝绸之路，来到中国。这匹马是土库曼斯坦总统作为中土和平友好的象征赠送给我国领导人的。此马出身名门，其父于 1995 年在法国的世界马匹速度赛中获得冠军，并被一位“石油大王”以 1 000 万美元的高价拍走。

**图 2－17 汗血宝马**

驴的驯养——张果老倒骑毛驴的故事家喻户晓，驴在中国自古就有着重要的地位。驴可耕作和乘骑使用。每天耕作6~7小时，可耕地2.5~3亩。在农村还可乘骑赶集，适于山区驮运及家庭役用。驴肉又是宴席上的珍肴，其肉质细味美，素有“天上龙肉，地上驴肉”之说。驴肉有补血、补气、补虚、滋阴壮阳的功能，是理想的保健食品。驴皮可制革，也是制造名贵中药阿胶的主要原料。

驴在动物分类学上属于奇蹄目、马科、马属、驴种。家驴是由野生的驴驯化而来的，非洲野驴是世界各地广泛饲养的家驴的野生祖先，产于非洲东北部。据研究，家驴和野驴属于同源动物，两者的染色体均是31对62条，都是由更新世与人类同时在地球上出现的真马发展起来的。野驴主要的生活年代是在更新世，中国的北部地区较为广泛地分布着世界两大驴种之一的亚洲野驴（又名骞驴），如甘肃庆阳、河北阳原、河南新蔡、辽宁建平、山西许家窑、北京山顶洞及内蒙古和宁夏的河套地区等，都发现了距今10万年至2万年左右的晚更新世骞驴。国外学者相信，所有的家驴的驯养发生在非洲的北部。对驯养贡献最大的是一种努比亚驴，这是一种来自埃及的石板色、长耳、有特殊肩纹和无条纹腿的驴。另外的种质来源是索马里驴，也就是条纹野驴提供了家驴腿纹的遗传性状。国内的学者也有认为家驴来自于西方，以后再经过中国的西部地区传入。也有人认为，中国的骞驴分布如此之广，数量之多，历史又相当悠久，家驴可能起源于中国，即便不是起源于中国，但是也会受中国驴的影响。显然，现在要对中国的驴起源于何时的问题下结论为时尚早，因为缺乏必要的证据。已有学者认为，驴的驯化可能早至距今4 000多年的齐家文化时期，甘肃永靖秦魏家遗址出土的驴的骨骼已经被鉴定为家养动物。此外，据《史记·匈奴列传》所载，“唐虞以上，有山戎、猃狁、荤粥，居于北蛮，随畜牧而转移，其畜之所以多，则马、牛、羊。其奇畜，则橐驰、驴、骡、駃騠”。唐虞时代，是相当早的，距今应在4 000年以上，这虽然是传说，但是可以从侧面反映中国的家驴，可能和马一样，也是在本地驯化而来的。

鸡的驯养——鸡属鸟纲、雉科、原鸡属，是人类较早驯养的动物之一。在距今4 000多年前的龙山文化时期，就发现了家鸡的骨骼，而我国最早的甲骨文中也有“鸡”字。这说明在3 000多年前养鸡已相当普遍了。

鸡是由原鸡驯化而来的。原鸡有红色原鸡、绿颈原鸡、灰纹原鸡和黑尾原鸡四种类型，达尔文认为鸡起源于红色原鸡（“一元说”），但也有人主张四种原鸡都是鸡的祖先（“多元说”）。原鸡是热带林区的鸟类，栖息在海拔1 000米以下的原始森林、麻栗林和次生的竹子和阔叶树的混交林中，在稀疏的树林或灌木林中也能发现它的踪迹。雄原鸡的啼声似“茶花两朵”，当地人又称它为“茶花鸡”（图2－18）。原鸡现分布于南亚次大陆，由巴基斯坦往东一直到中南半岛并向南达爪哇岛和苏门答腊岛；在我国的云南省、广西壮族自治区和海南省均有分布。早在6 000年前的西安半坡仰韶文化遗址也曾发现鸡骨，经鉴定属原鸡属鸟类，说明那时原鸡属鸟类在黄河流域亦有分布。

图2－18　茶花鸡（原鸡）

关于鸡的起源地，达尔文首先提出起源于印度，在《动物和植物在家养下的变异》一书中有“鸡是西方的动物（注：达尔文指的西方是印度），是在公元前1400年的一个王朝引进到东方的”。后中国科学院动物志编辑委员会对此进行了考证，这里的西方是指中国的“蜀、荆”等地，东方是指中国的东部。说明家鸡的起源地在中国。

原鸡的身体较家鸡小，体重只有500～1 000克。每年只在繁殖季节产蛋，一般产蛋4～8枚，多的可产12枚。在村庄附近的农田边，原鸡和家鸡常混在一起寻食。由家鸡孵育出来的原鸡雏鸟，能随着鸡一起活动，但仍保持着夜间栖息在树枝上的习性，并经常选择在村庄附近的树上作为栖息处。如果不加管理而任其自由活动，则由于野性未驯而离开母鸡回到山林中去。

经过劳动人民的长期培育，原鸡无论从羽色、体重、产蛋数等，都发生很大变化，培育出许多各具特色的品种。如有观赏性能极好的斗鸡，它体格修长坚实、身体灵活，专供娱乐和游戏。在缅甸有种矮腿鸡，腿短得几乎看不到，身体就像直接贴在地面，走路好比在跳，所以叫“跳鸡”或“爬鸡”。在日本有一种全身素白的长尾鸡，它不好动，经常站在高高的架子上，尾羽长达7米，就像美丽的姑娘披着头发，非常好看。

原产于江西省泰和县武山地区，集观赏和药用价值于一身的丝羽乌骨鸡（简称乌骨鸡、泰和鸡、武山鸡），属药用、观赏型品种。1915 年泰和乌鸡在“巴拿马万鸡大选赛”中，一举夺得金牌。似凤非凤，似鸡非鸡，其奇美独特的外貌，博得了参展各国的好评，被列为“观赏鸡”而誉满全球。其“十全”特征包括：丛冠、缨头、绿耳、胡须、丝毛、乌皮、乌骨、乌肉、毛脚、五爪。它集药用、滋补、观赏于一体，为历代皇宫贡品。经检测，其含有 19 种氨基酸，27 种微量元素，具有保健、美容、防癌三大功效，是医治妇科病药物“乌鸡白凤丸”的主要原料，在我国被作为药用鸡，经济价值高。丝羽乌骨鸡早在元代初期《马可波罗游记》、明代李时珍《本草纲目》、清代《万安县志》和《泰和县志》中就有翔实的记载。1934 年，江西农学院即开始研究丝羽乌骨鸡。1979 年，农业部投资建立泰和鸡原种场进行本品种系统选育。2000 年，丝羽乌骨鸡被列入国家级畜禽品种资源保护品种。江西泰和县丝羽鸡原种场被列为国家级保种场。中国农业科学院家禽研究所国家地方禽种资源基因库保存有该品种资源。

鸡是世界上人类饲养最普遍的家禽，驯化历史至少有 4 000 年，但直到 200 年前鸡的肉和蛋才成为大量生产的商品，现在主要有蛋用型、肉用型和兼用型等品种。由于鸡的驯养比较早，与人们的生活关系也极为密切，尤其古代没有计时器，早晨的鸣叫向人们宣告新一天的开始，不仅作为庄户人家的时钟，也是公共生活的时钟。战国时代，著名的函谷关开关时间以鸡的叫声为准，当时落难到此的孟尝君，面对紧闭的关门，愁眉不展，忧心忡忡，幸而他有一个会“鸡叫”的随从一展“歌喉”，鸡都跟着叫了起来，关门被骗开，孟尝君得以逃脱。中国古代也特别重视鸡，称它为“五德之禽”。《韩诗外传》说得好，鸡头上有冠，是“文德”；足后有距能斗，是“武德”；敌在前敢拼，是“勇德”；有食物招呼同类，是“仁德”；守夜不失时，天时报晓，是“信德”。所以人们不但在过年时剪出鸡的形象贴在家里各处，还把新年首日定为鸡日，鸡的神圣意义在中国创日神话中有幸充当创日第一日所造之物，中国在饲养鸡的过程中还有很多传说。

劳动人民在长期的生产活动中，培育出许多各具特色的品种，标准品种的代表有：美国的洛岛红鸡（为蛋肉兼用型，是现代高产配套杂交褐壳蛋鸡的祖先）、洛克鸡（有白洛克和红洛克，为肉用型鸡，是现代肉鸡的母系鸡）、科尼什（肉用型，是现代肉鸡的父系鸡），英国的白来航鸡（蛋用型，是现代高产配套杂交白壳蛋鸡的祖先），以及中国的固始鸡、郑州红鸡、狼山鸡、藏鸡、盐津乌骨鸡、淮北麻鸡和西双版纳斗鸡等。为了适应现代养鸡业的需要，利用现代育种技术，培育出许多高产品种。有肉质肥嫩、体重4.5千克以上的肉用鸡；有年产蛋300多枚的蛋用鸡。利用现代育种技术培育出的高产杂交品种又有几十个。养鸡专家们正在鸡只矮化上下工夫，缩短肉鸡上市期，提高产蛋率和饲料转化率。养鸡业也正在向规模化方向发展。

家蚕的驯养——蚕属于昆虫，其正常生活周期必须经过卵、幼虫、蛹和蛾的变态过程。人类利用蚕，所需要的是幼虫阶段的后期，由丝腺分泌的丝线结成的茧，用作织物的原料。根据研究，家蚕是由野生的桑蚕经过长时间驯化而成的。学者们对蚕的染色体进行研究后发现，家蚕和野蚕的染色体均是28个，这就为两者是同一祖先提供了生物学方面的证明。不过日本学者研究认为野蚕的染色体是27个，但是二者是杂交可育的，二者交配时，野蚕的一条大染色体与家蚕的二条染色体配对。因此，有人认为家蚕的这两条染色体是由野蚕的一条大染色体横断而成的。家蚕与野蚕在幼虫的体态、体色、茧形、茧色及胚胎期的形态等方面都极其相似。家蚕某些品种的食性、孵化、眠起、密集性等也与野蚕相仿。最近已经分离出来了家蚕和野蚕的丝素mRNA（信使RNA），并完成了部分的测序分析，该两种RNA的分子大小在变性条件下与它们的核苷酸序列一样没有差别，只是某些密码子的第三核苷酸上有些轻微的饰变。这些研究和分析表明，家蚕和现在的野蚕完全可能有着共同的祖先，它们之间的现有区别，是由于古代人们实施了长期的人工干预，如采用人工喂养、对茧的大小进行选择等措施，逐渐形成的。

世界上的家蚕起源于中国已是定论。关于家蚕在中国的起源问题，传说和文献给人们提供了一些线索。一说伏羲氏最早驯化蚕，《皇图便览》说："伏羲化蚕"；又南宋罗泌的《路史·注》引文子云："太古太昊，伏羲氏化蚕桑为帛。"《周易·系辞下》说黄帝尧舜"垂衣裳而治天下"，疏云："以前衣皮，今衣丝麻布帛，所作衣裳，其制长大，故曰垂衣裳也。"《史记·五帝本纪》称"黄帝淳化鸟兽虫娥”，所言的“虫娥”即是指蚕或与蚕相似的经济类昆虫，后来又有一些更为具体的传说，如南宋罗泌的《路史》注引《淮南王蚕经》云：“西陵氏劝蚕稼，亲蚕始此。”文中的西陵氏以及包括《礼记·月令》《周礼·天官》等有一些关于黄帝元妃嫘祖发明养蚕的传说，并把嫘祖作为蚕神来供奉。不过，传说和先秦文献所记都没有较准确的家蚕被人工养殖的时间，相比之下，考古发现能够提供值得信赖的依据。

首先从纺织工具的情况来看，黄河流域的磁山、裴李岗以及仰韶文化各期的遗址中，曾经不止一次地出土了纺轮（缚）和骨针等原始纺织工具，说明至少8 000 年前，当时人们已经能够利用自然界的一些物质作原料，制作衣物。半坡遗址曾出土了大量的陶制、石制的纺轮，轮盘直径为26 ~70 毫米，孔径为3. 5 ~12 毫米，厚度为4 ~20 毫米，重12 ~66 克，说明到了半坡文化所处时代，人们已经能够大致掌握不同粗细的纱线纺织技术。当然，发明了纺织技术并不能代表就能纺织丝类，即能利用蚕的茧作为纺织原料。即使当时的人们能够利用一些茧类作为纺织原料，也不能就此认为当时的人们已经开始养蚕了，是否养蚕还需进一步的考证。

距今5 600 年前的黄河流域的山西省夏县西阴村遗址中，发现了有经人工“截断的蚕蛹和一个纺坠。蚕茧的残长约1. 3 厘米，最宽处为0. 71 厘米，经美国1928 年由SMITH – SONION 学院鉴定，认为是蚕的蛹”。又据日本人布目于1968年用丝片仿制复原，得知茧长1. 52 厘米，茧幅0. 71 厘米，割去的部分占17% 。这样可以初步判断出当时的西阴村人已经开始利用蚕丝作原料制作衣物了。1980年在河北正定距今5 400 年的南杨庄遗址出土了两枚陶蚕蛹，长2 厘米，腹径0. 8 厘米，灰黄色。该两枚陶蚕蛹虽然不是真实的蚕蛹，但是经中国科学院动物所的郭郛教授鉴定，结果认为两枚陶蚕蛹的大小接近当时的蚕蛹的大小，长宽的比例也非常接近当时蚕蛹的比例，特别是蚕蛹中部的一条非常明显的胸腹之间的曲线，线条流畅，自然生动，酷似蚕胸腹部之间的横走缝线。说明这两个陶蚕蛹是以实物的蚕蛹为模特制作而成的，或者是非常熟悉蚕蛹的工艺师制作而成的。该遗址还发现了“加捻牵伸的陶纺轮，以及既可理丝又能打纬的薄刃条形骨匕70 件。”南杨庄遗址距今5 400 年左右，与半坡遗址的年代相近。此外，1958 年在山西芮城西王村仰韶文化遗址中，也曾发现了一件蛹形陶饰，形制与南杨庄陶蚕蛹很相似。这些遗址中出土的遗物，尽管不能直接地表明当时人们已经利用蚕茧，但是可以作为从侧面间接证明当时蚕茧已成为纺织原料了。长江流域的距今约7 000年的河姆渡遗址，出土了一个牙雕小盅，其外壁雕刻有编织纹和蚕纹图案，刻有四条似蠕动的虫纹，其身上的环节数均与家蚕相同。同时出土的有纺轮，木制的刀、匕、小棒、骨针、织网器、木卷布棍、木径轴、骨机刀等纺织工具，可能是一种原始腰机的织机组件。不过，上述的发现只能间接地证明当时已开始利用蚕茧作衣物。而直接能证明蚕已经被人工饲养并利用其产品的是在1958年发掘的浙江吴兴钱山漾遗址出土的丝织物，在该遗址的第二次发掘时，其探坑22出土不少丝麻织物，丝织品中有绢片、丝带、丝线、丝绳等，大部分都保存在一个竹筐里。该遗址的年代据测定为公元前（2 750 ± 100）年，树轮校正距今5 260 ± 135年。残存的绢片长2. 4厘米，宽1厘米，尚未炭化，细丝带已经揉作一团，无法正确确认其长度，宽约0. 5厘米，纺织方法与现代草帽辫一样，有着两排平行的“人”字形织纹，体扁，但靠近尾端的一节呈圆形，丝线已拧成一团，较粗。据浙江省纺织科学研究所鉴定：确认为长丝产品，经纬向丝线至少是由20多个茧缫制成的，没有加捻。绢片为平纹组织，密度相当于每厘米有40根比较均匀的经纬纱，反映当时已有比较完备的织机。丝带为带子组合，观察为10股，每股混单丝3根，共计单纱30根编织而成。对该遗址出土的绢片进行鉴定，丝纤维的显微切片摄影表明一对单丝的截面均成三角形，从而断定它不是柞蚕丝、椿蚕丝和天蚕丝等野蚕丝的截面，而是典型的桑蚕丝结构。由此可知，钱山漾遗址的主人们，已经掌握了相当高的织丝技术，继而可以推断，他们从事育蚕缫丝，必定是发生在此前的很长一段时间。

蜜蜂的驯养——科学家们研究发现，早在1. 3亿年前就诞生了古代蜜蜂，它们与马蜂同源同宗，起源于我国华北古陆（今山东莱阳）。在河南安阳殷墟甲骨文中有蜂字的原形，并有蜜字的记载，由此证明，我国在3 000年前就开始饲养中蜂了。东汉时期，《高士传》记载了我国历史上第一位养蜂和传授养蜂技术的人——姜岐，隐居山林，以畜蜂豕（猪）为事，教授者满天下，营业者三百人，民从而居者数千家。西晋《博物志》首次记载了将居住在空心树木中的蜂群搬回家饲养的方法——木桶养蜂法，还用“蜜蜡涂器”诱引野生蜂群。《蜜蜂赋》中用“繁布金房，迭构玉室”，描述了蜂巢的巧妙结构；“应青阳而启户”，说明了蜜蜂喜暖，巢门四季均应向阳；“散似甘露，凝如割脂”形容了液态和固态蜂蜜。唐代采用蜂蜡加工成蜡烛和蜡丸，以及用于蜡染手工业。南宋《尔雅翼》中还记录了多种蜜源植物和蜂蜜种类，有“色黄而味小苦”的黄连蜜、“色如凝脂”的梨花蜜、“色小赤”的槐花蜜等。《收蜂诗》用“空中蜂队如车轮，中有王子蜂中尊”形象地描述了分蜂情景，用“前人传蜜延蜜住，后人秉艾催客奔”阐明了捕捉分蜂的技术。元代《农桑辑要》《农桑衣食撮要》《王祯农书》中，记载了当时的养蜂水平：已发明了无框蜂箱饲养中蜂，如蜂窑、蜂笼等；积累选址建场、蜂群排列、箱具要求、四季管理、蜂群增殖、敌害防治以及取蜜原则等经验。明代和清代，《本草纲目》中指出“蜜蜂嗅花则以须代鼻”的生物学特性；《农政全书》中的“看当年雨水何如，若雨水调匀，花木茂盛，其蜜必多；若雨水少，花木稀，其蜜必少”，是预测植物泌蜜丰歉的理论。我国第一本养蜂专著——《蜂衙小氶》，对历代养蜂技术做了总结。

在长期的进化过程中，马蜂变成了以肉为食的昆虫，偶尔偷吃一点蜂蜜，秋冬蜂王单独蛰伏，春夏筑造革质蜂巢，繁殖建群。古代蜜蜂与被子植物协同进化，由独居蜂演变成群居蜂的现代蜜蜂，专门饮食蜂蜜和花粉，它们以群为单位，建设蜡质蜂巢，过着社会生活。在分类上，蜜蜂属于节肢动物门、昆虫纲、膜翅目、细腰亚目、针尾部、蜜蜂总科、蜜蜂科、蜜蜂亚科、蜜蜂属，根据形态、生殖隔离情况又分大蜜蜂、黑大蜜蜂、小蜜蜂、黑小蜜蜂、西方蜜蜂、东方蜜蜂、沙巴蜂、绿努蜂和苏拉威西蜂 9 个种，这些蜜蜂是为我们生产蜂蜜、蜂蜡、蜂花粉、蜂王浆、蜂胶、蜂蛹和蜂毒的主力军，也是为植物授粉的生力军。我国饲养的蜜蜂主要是意大利蜂和中华蜜蜂。此外，采集花蜜和花粉的还有麦蜂属、切叶蜂属、壁蜂属、无刺蜂属和熊蜂属的昆虫，它们对植物授粉有较大作用。

蜜蜂不但是生物生存进化的成功典范，而且因为储存食物和传播花粉受到人类的特别照顾，截止 21 世纪初，全世界共养蜜蜂近6 000 万群，中国占有 800 余万群。这些蜜蜂具有重要的经济和生态价值。

## 2.5 畜牧业的发展

鲁迅的名句“牛吃的是草，挤出的是奶”不仅反映了牛无私奉献的精神，也道出了畜牧业的真谛。畜牧业就是利用畜禽等已经被人类驯化的动物，或者鹿、麝、狐、貂、水獭、鹌鹑等野生动物的生理机能，通过人工饲养、繁殖，使其将牧草和饲料等植物能转变为动物能，以取得肉、蛋、奶、羊毛、山羊绒、皮张、蚕丝和药材等畜产品的生产部门。畜牧业不仅为人类提供食品、轻工业原料、有机肥等，而且极大地促进国民经济的发展。

从文化的角度来看，人类文明产生的关键是发明植物的种植和动物的喂养。人类倘若不会种植植物和饲养动物，将永远处于渔猎采集的原始阶段，文明也就无从产生。从攫取性的渔猎生产过渡到生产性的农牧业生产，是人类社会的一次大革命。这次大革命给人类社会带来了极大的变化，居住方式也开始由游走过渡到定居，从而逐步告别动物界遗留下来的本能的生产活动和居住方式。对动物的圈养促成了畜牧业的产生，而畜牧业的发展是与人类文明的发展相一致的，人类文明程度越高，畜牧业就越发达。当前，畜牧业发展程度已成为反映农业生产水平的重要标志。

中国有十分丰富的家畜资源，世界上所有的家畜种类，在中国几乎都有分布。把野生动物驯化成为家畜是一个漫长过程，但可从新石器时代文化遗址出土的兽骨、原始洞壁或陶器上的刻绘，以及某些古代传说等进行大体推断。

中国古代把马、牛、羊、鸡、犬、豕（猪）称为“六畜”。其实，历史上的家畜并不止这六种，据《尚书·禹贡》等古文献记载，象也曾是家畜之一；边疆少数民族地区自古就驯养骆驼、驴等。所谓“六畜”是指古代最早驯化的主要家畜。也有人认为养猪的历史最早，在已经定居的原始社会里可能最初饲养猪，而在营游牧生活的社会则不然。黄河流域及其邻近草原，应是某些畜种的发源地。过去曾有人认为中国的水牛、绵羊、鸡、骆驼和驴等都来自“西方”，这是自古把中国西北和西南边疆地区视为西方的误会。其实，居住在这些地区的各族人民对许多畜种的形成都做出过重大贡献。

中国古代畜牧业在其发展的过程中，取得了不少重要的科技成果。首先是相畜术。西汉时已有《相六畜》三十八卷，大多是集春秋、战国时期相畜专著而成。虽早已失传，但散见于后世古农书中的有关内容，经《齐民要术》承先启后的汇集和唐、宋时代的发挥充实，仍能为后世所用。传说伯乐以相马闻名，留长孺和荥阳褚氏分别是相彘和相牛的名手。相禽、相牛也有专门著作。近年还在山东临沂县银雀山西汉前期古墓中发现《相狗经》竹简残片，同时也养其他家畜。都说明了古代相畜技术的发展和对家畜选种的重视。饲养对象以马为主，其次是阉割术，各种家畜的阉割术在先秦时代已在应用，逐渐从猪普及到鸡和羊等。在家畜饲养方面，甲骨文表示的牢、家和厩，足以证明家畜早已处于舍内；饲料采用刍秣。刍是刈割后经过加工的草，秣是精料，以粟和菽（豆）为主。汉武帝时从西域带回的苜蓿种子，由关中逐步移植推广到北方广大地区，为家畜提供了优良的饲料来源。凡此都说明古代饲养管理水平的提高。唐代或以前以烙印、烙角作为马牛登记的标记，这也是家畜管理制度上的重要创举。在家畜繁殖方面，2 000 多年前已十分重视配种的季节性。据《礼记·月令》记载，当时过了配种季节，就把种畜隔离，这已不是粗放的群牧管理。《齐民要术》说："服牛乘马，量其力能，寒温饮饲，适其天性，如不肥充繁息者，未之有也。"更是科学地说明了饲养与繁殖的密切关系。至于家畜的引种和改良，自西汉通西域后，已有大宛马和其他畜种引入。……戎事乘骊，隋、唐时代，西域马、羊等良种更是源源而来。《新唐书·兵志》说："既杂胡种，马乃益壮。"这说明了引入良种对于改良中国原有畜种的重要作用。

19 世纪中叶，海禁洞开以后，中国固有的优良家畜品种和毛皮工艺产品引起了外国的重视，一些猪和鸡的良种被介绍到海外，各式裘皮和地毯也纷纷出口。到 20 世纪 30 年代，以蛋类、生皮、羊毛和猪鬃为主的畜产品对外贸易，在出口总额中跃居首位，超过了传统出口物资丝茶的出口额。早在 20 世纪初，已有人主张学习应用欧美各种新的技术。如罗振玉就曾于 1900 年建议引入荷兰、瑞士乳牛，兴办牛乳业，以及进行马种改良，研究牧草培育，引进来航鸡等。到 20 世纪 20 年代以后，开始在农科高等学校相继设立畜牧系和畜牧兽医系，并派人出国留学，由此培养的人才后来成为发展中国现代畜牧业的中流砥柱。在畜种改良方面，为适应毛纺织工业的原料自给以及军马的需要，在察哈尔、北京门头沟、安徽石门山、奉天（辽宁）和山西太原等地曾设立畜牧试验场，其中以山西省的绵羊改良成绩较为显著。20 世纪 30 年代前期，又先后在南京东郊外创办句容种马牧场和中央种畜场。引入国外良种，进行纯种和杂交的繁育试验，采取人工授精新技术和进行牧草栽培试验。此外，上海和南京等大城市的私营牧场还曾从国外引入一些乳牛和猪、鸡良种。但政府部门对畜牧业的管理一直未获加强。中华人民共和国成立以后，畜牧业生产得到了快速发展。

十一届三中全会以后，中国出台了一系列促进国民经济发展的方针、政策，作为农业支柱产业的畜牧业得到了飞速发展，涌现出许许多多的养殖专业户和养殖场。畜牧业由过去的家庭零星饲养向规模化、集约化和现代化方向发展，使中国成为畜牧业大国，家禽存栏量、禽蛋产量连续多年处于世界领先地位，猪的存栏量处于世界前列。畜牧业生产结构更加完善，畜产品结构更加合理，产品数量和质量都有很大提高。传统畜牧业正在向现代化畜牧业迈进，不断使用现代工业装备畜牧业，如舍内饲养、环境控制以及饲喂、饮水、清粪和产品采集的机械化或自动化操作等，使畜禽生产环境得到极大改善，生产性能充分发挥，劳动效率极大提高；不断采用现代科学技术，如育种技术、饲料营养技术、科学饲养管理技术、产品储藏和加工技术、疾病防治技术等，极大增加了畜禽的生产潜力，维护了畜禽的健康，提高了产品的产量和质量；不断采用现代管理方法来管理畜牧业，如计算机应用到畜禽生产管理、畜牧信息管理和宏观畜牧经济分析等方面，以及专业人员参与管理等，不断提高管理效率和畜牧业整体效益，使畜牧业逐渐走上高产、高效、优质、低耗的发展道路。

动物是由低等向高等逐渐演变发展而来的。由单细胞到多细胞，由单性繁殖到异性繁殖……那么，假设我们把人类当作一种独特的动物，人类也是由低等向高等逐渐演变的，这种演变叫作进化。动物进化的主要原因是自然环境的变化，随着自然环境的变化，逐渐演化出适应各种环境的动物。

世界上所有的动物，都可以被归入驯化动物和野生动物两个大类。从大约公元前 8 000 年对羊和狗的驯化开始，到公元前 2 500 年对骆驼的驯化为止，人类得益于驯化动物数倍于野生同类的畜产品生产能力，逐步走上了从采集、狩猎向农牧业生产的进化之路。特别是近年来科学技术的发展，畜牧业成为经济结构中的支柱。“可驯化的都被驯化了，不可驯化的动物各有各的不可驯化的理由”。近年来，虽然驯化动物的名单上增补了鸵鸟、梅花鹿、马鹿等寥寥几个新成员，但绝大多数野生动物仍然无法或者不值得被人类驯化。动物的采食量、生长速度、繁殖能力、适应能力以及凶残程度等都是影响动物驯化的“关卡”。

# 3 动物自身的奥秘

人类作为动物大家族的一员，200 万～300 万年前与猿类分道扬镳，经历了诸多演化而转变为人类，随之人类文明也渐渐出现。自从地球上出现了人类，地球也由一颗“万类霜天竞自由”的蛮荒星球转变为具有文明的星球。自然进化过程中产生了人类，而人类通过自身的活动又反过来对这颗蓝色星球产生着深远的影响。人类文明产生过程中逐步产生了农业文明，从刀耕火种到现代化的转基因技术，从简单的种植粮食、驯化野生动物来获取食物到园艺栽培、饲养宠物以陶冶性情，人类无时无刻不在利用这个星球的生物资源。其中，动物与人类有着更密切的关系，在人类的生活中扮演着更为重要的角色。动物提供食物，奉献皮张，受人驱使，陪伴人类，除了给人以物质的回报外，很多时候动物还是人类精神上的伴侣。

野生动物奔走于山野丛林、大漠高山、极地深海，它们似乎很少出现在人类的视野中，但是这些动物在生态平衡中具有重要的作用，每一种动物在自然界的位置都是独一无二的。在人类急剧扩张的情况下，很多野生动物的生存受到了影响，有些甚至已经灭绝，或者处于灭绝的边缘。从历史的观点来看，地球上没有任何一种动物能够长期地统治整个地球，人虽为万物之灵，无论人类改造自然的能力有多强，毕竟还是动物，只不过是一种具有高级智慧的哺乳动物。动物有其自身的奥秘，我们了解动物，研究动物，学习动物，以便可以更好地与动物相处，保护生物资源，促进人类社会的可持续发展。

## 3.1 恒温和变温

2003 年的春季，传染性非典型肺炎的肆虐给我们留下了深刻的印象，测量体温成了每天最重要的事情，有的学校甚至要求学生们每天测量4～5次。体温真有那么重要吗？它究竟意味着什么呢？

当我们听到心跳和呼吸的声音，我们已经能够确定生命的存在了，其实体温也是生命迹象存在的标志之一。体温的存在也许就是我们为自身生命所设置的一条警戒线，一旦体温超出或低于一定的范围，就相当于为我们的健康发出了警报。

自然界中，动物有着它们各自的体温，但它们的体温变化却有着极大的差异。如人的体温为35～36.8℃，老虎的体温为37.5～39.5℃，狗的体温为38.1℃，猪的体温为38～39.5℃，鸽子的体温为42.2℃，鸡的体温为41.5℃左右，鹅的体温为41.0℃，无论外界温度怎么变化，都能保持体温的相对恒定。而青蛙，外界温度高时体温为25℃，外界温度低时体温只有15℃；蛇，外界温度高时体温为40℃，外界温度低时体温只有35℃，它们的体温可以随着外界温度的变化而变化。所以，我们将体温不随环境温度变化的哺乳类、鸟类等动物叫作恒温动物（温血动物），而体温能够随着外界温度变化的无脊椎动物、鱼类、两栖类和爬行类等动物叫作变温动物（冷血动物）。

在炎热的夏天或严寒的冬天，气温相差40～50℃，为什么恒温动物的体温仍能保持相对稳定，并不随环境温度的变化而改变呢？这主要是因为它们体内有完善的自身体温调节结构可以调节散热和产热，使散热和产热始终保持动态平衡，保证体内的热量不过多，也不过少，体温不过高，也不过低。

体温调节是由大脑皮质和下丘脑体温调节中枢作用的结果。体温调节中枢支配着两种调节作用，即产热和散热的作用。两者在功能上相互联系、相互制约，不断取得平衡而维持体温的相对恒定。当外界温度降低时，皮肤的感受器受到寒冷的刺激，反射性地作用于体温调节中枢，同时血液温度通过体表时的降低，也可直接作用于体温调节中枢，使皮肤毛细血管收缩、出汗停止而减少热的发散；还可使肾上腺和甲状腺的功能加强，以动用肝糖原和刺激细胞代谢而增加热的产生，使机体不致因周围环境温度降低而使体温下降。

当外界温度升高时，皮肤的感受器受到热的刺激和血液温度通过体表时的增高，分别作用于体温调节中枢，使皮肤毛细血管扩张，汗腺分泌增加而出汗多、呼吸次数增加、血循环加快等，从而增强热的发散；此外，还使体内氧化作用相对降低而减少热的产生，使机体不致因周围环境温度升高而使体温升高。

同时，我们观察恒温动物，也会发现很多有趣的现象，如冬季，被毛或羽毛会逆立，夏季，被毛或羽毛平整光滑。这是因为被毛或羽毛可以起到保温和隔热的作用，冬季外界温度低时，通过被毛逆立来增加被毛厚度，减少体内热量的散失；而夏季外界温度高时，起到隔热作用，避免外界热量传导给机体。寒冷时，会到温暖的地方去，活动量会增加，采食量也会增加，饮水量会减少；而炎热时会到阴凉或凉爽的地方去，减少活动量，甚至嗜睡，采食量也会大大降低，喜欢在水中活动，等等。这些都是热调节的一部分，都是为了保持体温平衡。

但是，动物体温调节机能也不是无限度的，如果环境温度超过其调节范围，不能使产热和散热保持动态平衡，就会使体温升高或降低，达到致死程度，就会引起动物的死亡（热死或冻死）。

两栖类、爬行类和鱼类等变温动物为什么体温会随着环境温度的变化而变化呢？如夏天的中午，蛇的体温比较高，可到了夜晚，它的体温就和周围环境的温度一样低了。这主要是因为它们体内没有完善的体温调节结构，它们主要靠寻找凉爽或温暖的环境来改变自己的体温，而不能直接控制自己的体温，即它们缺乏维持一定体温的生理功能。

如蛇、扬子鳄等动物，早晨由于温度低，会在向阳处，而到了中午会到阴凉处，几乎是白天活动，夜间休息。如蝴蝶，它们是怎样在阳光下抵御暴晒，又在深夜保持体温的呢？生物学家发现，蝴蝶体表覆盖着一层细小的鳞片，当阳光过于强烈时这些鳞片会自动张开，减小阳光辐射角度，减少对热能的吸收；当气温降低时鳞片就贴紧体表，增加对阳光热能的吸收并防止体内热量流失。

蜜蜂是变温动物，其个体体温接近气温，随所处环境温度变化而变化。英国研究人员发现，体型稍大的蜜蜂总喜欢停留在一些温度较高的花朵上以此来提高体温，蜜蜂能够通过识别花朵的颜色来寻找温度更高的花朵。蜜蜂需要将体温提高到30℃左右才可以飞行，而停留在表面温度较高的花朵上，它们就可以不通过消耗身体的能量来提高体温。但蜂群对环境有较强的适应能力，具有一定数量的蜂群和充足的饲料，在－40℃的低温下能够安全越冬，在最高气温45℃左右的条件下还可以生存。

酷暑炎夏，蜂巢温度超过蜂群正常温度时，蜜蜂常以疏散、静止、扇风、洒水和离巢等方式来降低巢温，长时间高温，蜂王会减少产卵量以减轻工蜂的负担，在不能耐受长期高温的情况下会飞逃；冬季严寒，蜂巢温度降至蜂群正常温度时，蜂王会停止产卵，蜂群停止繁殖。蜜蜂通过密集、缩小巢门、加强新陈代谢等方式来升高巢温。蜂群在整个生活周期内，都是以蜂团的方式度过的，冷时蜂团收缩，热时蜂团疏散。在冬季外界气温接近 6～8℃时，蜂群就结成外紧内松的蜂团，内部的蜜蜂比较松散，它们产生的热量向外层传递，用以维持蜂团外层蜜蜂的温度。蜂团外层有 3～4 层蜜蜂组成，它们相互紧靠，利用不易散热的周身绒毛形成保温的“外壳”，使蜂团中心温度始终保持在 14～24℃。

## 3.2 牛蹄和虎爪

“牛有蹄，虎有爪”，这是人所共知的常识，那么为什么牛有蹄，而虎有爪呢？还是先从牛说起吧，牛最早起源于具有五趾的食虫目动物，在进化过程中，牛的祖先的第一个趾（相当于人类的大拇指）退化掉了，中间的第三趾和第四趾因为适应奔跑和负重的需要而发达起来，趾端前缘部分演化为角质化的蹄子，这就是偶蹄类动物，偶蹄类动物包括猪、牛、羊、鹿和骆驼等。第二和第五趾也发生了退化，但没有消失，移到了第三、第四趾的后面，成了悬蹄——只有蹄的样子，与地面不接触，成了一种摆设。若动物第三趾（相当于人类的中指）发达，而其他趾退化，形成了奇蹄类动物，马、驴为奇蹄类动物。奇蹄和偶蹄类动物属于草食类或杂食类动物，在生态链中属于弱势群体，经常受到食肉动物的威胁，蹄子主要是行走奔跑之用，偶尔作为防御武器，但效果不佳。

有蹄类动物的主要天敌是谁？主要是长着尖牙利爪的食肉类动物。食肉类动物的五个趾很少退化，趾的末端进化成了锋利的尖爪。有了尖利的爪子，追踪猎物时紧紧地抓住地面而不至于摔倒，而在爬树时更是所向披靡，当捕到动物时，利爪又可以作为固定工具，防止猎物逃脱。狮、虎、豹和猫都属于猫科动物，它们爪子在使用时可以伸出来，而不用时候就回缩到肉垫中，防止爪子的磨损。

我们细致研究老虎捕获猎物的行为，可以发现爪的威力。老虎遇到猎物时会伏地，并且寻找掩护，慢慢潜近，等到猎物走近攻击距离内，就会突然跃出，攻击猎物背部，这是为了避免遭到猎物反抗所伤到。老虎会先用爪子抓穿猎物的背部并且把它拖倒在地，再用锐利的犬齿紧咬住它的咽喉使它窒息，或者咬断颈椎，直到猎物死亡才松口。这种攻击方式也是猫科动物最典型的攻击方法。

有蹄类动物和食肉目动物都属于哺乳动物。哺乳动物顾名思义就是可以分泌乳汁喂养后代的动物。鸟类和爬行类动物产卵以后，胚胎在母体外发育；有些爬行动物是卵胎生的，胚胎在母体内发育，但是它们的营养物质还要依靠卵自身含有的卵黄，和母体没有或者只有很少营养的联系。哺乳动物是胎生的，受精卵在母体子宫内发育，且有胎盘作为母体与胚胎之间的纽带。胚胎从胎盘上的血管由母体直接汲取营养，一直到发育成熟才脱离母体。鸡胚孵化后，小鸡出壳就可以采食固体食物。对于哺乳动物来讲，却没有这个能力，为了使后代有更高的存活率和更快的生长速度，哺乳动物在进化过程中，产生了乳腺这种特化结构，“哺乳动物”的称呼很大程度上由此而来。哺乳动物有很多腺体，体表和体内都有。腺体是能分泌液体的一组细胞，它们能分泌唾液、汗液、油脂、消化酶、激素、乳汁和外激素等。例如，汗腺可以帮助动物散热，乳腺分泌的乳汁用来喂养幼崽。乳腺可能由汗腺特化而来，分泌乳汁。乳汁是一种富含脂肪、糖类、蛋白质、矿物质和维生素的一种液体，在幼仔可以独立消化和吸收固体食物的营养物质前，哺乳动物会持续地喂奶。不同动物每胎产的幼仔数目和哺育幼仔的时间有很大差异。

有爪的动物不限于哺乳动物，鸟纲中很多也有利爪。鸟类与哺乳动物均来自于爬行动物，不同的是，鸟类的前肢演化为可以飞翔的翅膀，具有在空中翱翔的本领，因此它们的生存环境也得到很大扩展。家禽一般具有适于飞翔的身体构造。经过人类的驯养，大多数家禽不再具有飞行的能力，但是禽类的特征还保留着。全身有羽毛覆盖，这种羽毛与哺乳动物的毛发不同。禽类的头小，没有牙齿，不能够咀嚼食物。骨骼中有气室，骨骼大量愈合，这样禽类的骨骼既轻便又坚固。胸肌与后肢肌肉非常发达，有利于飞翔和在陆地上奔走。飞行的肌肉附着在一块巨大的胸骨之上，这块胸骨看起来像是船的龙骨，龙骨是飞行肌肉的附着点。鸵鸟不会飞行，就因为没有这块龙骨。肺小而有气囊，可以实现连续地向体内供应氧气。没有膀胱，雌性仅仅左侧卵巢和输卵管发育，减少体内不必要的冗余。产蛋而无乳腺，幼雏出壳后需要亲鸟抚养。排粪、排尿和产蛋共用一个通道。禽类眼大、视力绝佳，视叶与小脑很发达。

大多数鸟类有四个趾，第五趾退化消失，在外表上表现为四个爪，第一趾在进化过程中移到后面，与另外三个趾形成合抱样。鸟类后肢通常用来跳跃、行走、奔跑和栖息。在第一趾上连有一根趾屈肌肌腱，这根肌腱对于鸟类栖息在树枝上非常重要，即使在睡觉时也不会松脱，所以不用担心鸟儿会从电线或细枝上掉下来。

鸟类中猛禽类的爪还有一个重要的作用就是捕食食物。在广阔的北半球，有一种性情凶猛、身强体壮的大鸟，最可怕的是那双利爪。要是被其利爪抓到了，轻则血管破裂，肌肉撕烂，重则一命呜呼。这种鸟就是猛禽中的“战斗机”——金雕（图 3 - 1）。金雕喜欢捕食大型的鸟类和中小型的兽类，例如雁鸭类、雉鸡类、松鼠、狍子、鹿、山羊、狐狸、旱獭、野兔等，有时也吃鼠类等小型兽类。通常单独或者成对地活动，偶尔也会二十几只集体活动，最擅长翱翔和滑翔，常在高空中一边呈直线或圆圈状盘旋，一边俯视地面寻找猎物，两翅上举呈“V”字形，用柔软而灵活的两翼和尾来调节飞行的方向、高度、速度和姿势。发现目标后，会以每小时 300 千米的速度，以迅雷不及掩耳之势从天而降，并在最后一刹那戛然止住扇动的翅膀，然后牢牢地抓住猎物，将利爪戳进猎物的头骨，使其立即丧命。无论是天上的小型飞鸟还是地上的野兔和鼠类，在鱼鹰（学名鹗）的眼里，都比不过水中的鱼儿鲜美。从空中俯冲入水中去捕食灵活游动的鱼儿，当然需要高超的技巧！鱼鹰高空中飞翔一圈，舒展一下筋骨，之后来到了一片水面上空，缓慢地扇动着翅膀，低低地飞着，然后迅速地振动双翅，迎风悬停在空中，仔细观察着水中猎物的情况。发现目标后立即两翅折合，急速降到水面，伸出两只利爪迅速将鱼抓起，一边用双爪提着“战利品”腾空飞起，一边在空中抖落着身上的水珠。或潜入水中捕猎，直到 1 米以下，而在水面上常常只能看到一个翼尖。鱼鹰利爪像钳子一样牢牢地抓住黏滑的鱼的身体，然后会飞到水域附近的树上开始享用美食，用利喙撕裂后吞食。“关关雎鸠，在河之洲，窈窕淑女，君子好逑”。诗中提到的“雎鸠”，就是鱼鹰。

**图 3－1 金雕**

## 3.3 被毛和羽毛

实际上，哺乳动物的特点不限于蹄和爪，与它们的祖先——爬行动物相比，哺乳动物在进化上有了很大的进步。在它的身体表面长有一层被毛，不要小看这层被毛，对于哺乳动物的生存至关重要。哺乳动物有了被毛，加上完善的体温调节机制，使得它们分布范围和生存环境有了极大的扩展，从－70℃的南极到60℃的非洲热带沙漠，都可以见到哺乳动物的身影。

被毛是由死亡的细胞组成（一种角蛋白），露出皮肤的称为毛干，埋在皮肤里称为毛根，因此需要周期性的换毛。一些动物，如人类换毛是逐步发生的，不怎么受到注意。其他动物，换毛发生较快，可以迅速改变被毛的组成特性，适应环境变化。很多哺乳动物在秋天需要有一层较厚的绝热层毛被，同时毛的颜色也会发生变化。例如，北极狐在秋季换毛时变为白色或者奶油色，可以帮助它们在冰雪环境中隐藏自己，到了春天，北极狐的毛改换为灰色或黄色的被毛。

被毛对于触觉也很重要。毛的机械性移动可以刺激存在于毛囊部位的神经细胞。刚毛可以演变为粗毛干的触毛。触毛多分布于腿部、鼻端、口周和眼周。它们的毛根富有神经，对于物体的位移很敏感，猫科动物的触须即是触毛。

存在于毛干之间的空气层和毛发与皮肤间的空气是有效的绝热层。在毛囊的周围存在着竖毛肌。当竖毛肌收缩时，毛发竖立，增加了被毛中的空气量，提高了绝热性能。竖毛肌在植物神经系统下控制，也控制着动物的“战斗或逃跑反应”。在遇到危险环境时，存在于脖子和尾巴上的毛发可以竖立起来，使自己显得更加强壮。

毛发颜色依赖于沉积在其中的色素（黑色素）和毛干中的空气含量。很多动物被毛的上部是深色的，下部是浅色的。这种模式可以在很多情况下不那么惹眼。一些动物利用警戒色来展示它们的防御功能。

在热带地区，大型动物（如大象和河马）的被毛减少，在水生环境中的动物（鲸类）的被毛大部分都退化了，依靠脂肪来隔热保温。只有很少的动物没有被毛，如鼹鼠等。

野猪具有黑褐色粗毛，以便于隐蔽。家猪在人类的选择和育种过程中，毛色发生了很大变化。趋向于纯色发展，有白色、黑色或棕色，对于家猪来讲，毛色已经不具有隐蔽和警戒的意义。家猪被毛稀疏，依靠沉积在皮下的大量脂肪来保温。皮下脂肪对于保温来说是件好事，但是在炎炎夏日，就成了负担。猪的汗腺非常少，很难通过排汗来调节体温，因此在烈日炎炎的季节，喜欢寻找阴凉的环境，如树荫下，或喜欢用嘴拱掉温度高的表层土，然后卧在凉爽的下层土上，或者到水坑内、池塘中洗澡等，这些都是为了增加体热的散失。养猪生产中，利用猪喜欢在潮湿的角落里排泄废物的行为规律，把猪圈分为休息区与排泄区两部分；排泄地点略低于猪床，周围用水泥垒砌，里面放一定量的水，并把饮水器设在其中，诱使该群猪在该区域排泄，这样就成了猪的厕所，一方面可以排泄粪尿，一方面又可以让猪在其中泡澡，每天换水一次，既可防暑又不至于身上太脏，便于人工清理。

牦牛有“高原之舟”之称，它身体密布长毛，这些长毛保证它们在青藏高原寒冷条件下保持正常的体温（图 3 - 2）。牦牛生活的高山草原气候寒冷，湿润。每年冷季长达 8 个月之久，植物生长时长仅有 120 天左右，且无绝对无霜期，年平均气温在 0℃以下。牦牛对寒冷气候适应，自然选择对被毛的演化起到了主要作用。牦牛被毛长度、细度不等且随季节变化，但被毛季节变化显著。进入冷季后粗毛间密生绒毛，身体各突出部位、腹部及臀部的粗毛（裙毛）密长，连同尾毛一起裹着后躯，腹部、胸部及前肢，像围裙一样保温和保护着这些部位免受冻害。此外，牦牛体表皱褶少，皮下组织发达（容易沉积脂肪），汗腺发育差，减少体表蒸发。这就降低了牦牛体内热量通过辐射、对流、传导和蒸发等方式的散失，有利于保存体内热量。

**图3-2 青海大通牦牛**

尽管毛发可以保持体温，但哺乳动物还是需要有体内的反馈机制以促使身体在过热时候进行散热。哺乳动物可通过喘气和汗腺活动来散热。喘气时，水分通过鼻子和口腔散发，同时带走了一部分身体热量。汗腺则通过皮肤表面分泌水分来协助调节体温。水分蒸发时候，身体热量便被带到周围空气中。

鸟类的被毛与哺乳类动物有很大不同，体表覆盖着一层厚厚的羽毛。体表羽毛根据不同部位和羽毛排列方式分为翼羽、尾羽、颈羽、胸羽、背羽等，翼部羽毛长（或翅膀）而坚硬（由主翼羽、覆主翼羽、轴羽、副翼羽、覆副翼羽构成）。羽毛不仅有着保温和隔热的功能，而且也是鸟类飞行的工具，有时也成为捕获猎物的帮手。如身手矫捷的“白眉大侠”（身材较大，体表为褐色，颈部雪白，眉纹是白色，很像传说中的“白眉大侠”）——猎隼，可以像歼击机一样的飞行速度很快追上一只正在飞行的山雀，还没等它反应过来，便用大翅膀猛击它，直至山雀失去了飞行能力，从空中坠下，紧接着俯冲下来，享用猎物。

羽毛也会被磨损脱落，每年的夏末，秋季，或在冬季到来之前会脱去旧羽，换上“新装”。不过换羽期间不会脱去所有羽毛，羽毛脱换的程度是由翼部的主翼羽脱换情况确定的。

刚出壳的雏鸟体表很少有羽毛，只有非常柔软的绒毛，随着雏鸟的生长，羽毛也会生长，并且进行脱换，这样等身体发育成熟后也获得了一身丰满的、色彩艳丽的羽毛。羽毛是一种轻质的特化蛋白鳞片，不仅有利于隔热保暖，而且有利于飞行。

蛋鸡在换羽过程中会出现停产，这是由激素控制的，即控制换羽的激素可以抑制产蛋激素的分泌而使产蛋停止，但也有个别高产的个体边换羽边产蛋。蛋鸡每个产蛋周期结束就会换羽，自然换羽需要很长时间（持续时间长达 3 ~ 4 个月），这样就会严重影响产蛋数量。生产中，为了缩短换羽时间，提高蛋鸡产蛋量，常常采用强制换羽措施（采用断水、断料或使用化学药物使鸡停止产蛋、尽快脱羽的方法）使蛋鸡尽快脱换羽毛，然后开始新产蛋期的“生活”。强制换羽不仅可以人为控制蛋鸡的产蛋时间（根据市场蛋价调节换羽时间）、延长经济寿命（增加产蛋周期）、降低引种费用、提高养殖效益，而且可以解决雏鸡来源不足或育成失败的问题。

## 3.4 牙齿和喙

哺乳动物体表的毛发解决了哺乳动物保温的问题，那么下面的内容就涉及哺乳动物采食的问题。哺乳动物在进化过程中进化出了特化的牙齿，不同的牙齿执行不同的功能。虽然鱼和爬行动物也有牙齿，但它们的牙齿形状和功能都相对比较单一，主要用于撕扯、抓捕或叼住猎物。

哺乳动物的牙齿则有不同的类型，适用于它们所吃的食物种类。牙齿的形状必须与它们的用途相匹配。食肉动物牙齿尖锐而有力，具有食肉齿（上颌最后一枚前臼齿和下颌最前一枚臼齿）。上裂齿的两个大齿尖和下裂齿外侧的两个齿尖咬合时好似铡刀，可以将韧带、软骨切断。犬齿异常粗大，长而尖，相当锋利，在捕杀食物时起到穿刺作用。牛长期采食粗糙的植物性食物，牙齿中的前臼齿和臼齿发达，犬齿多退化。门齿仅下颌门齿发达，上门齿小或者退化消失，仅以硬皮上唇咬合取食。前臼齿和臼齿在构造上均为高冠齿，具有适应研磨的咀嚼面。

兔的牙齿非常独特，为特殊的双门齿型，前排一对大门齿，后排一对小门齿，它的第一对门齿出生就有，而且永不脱换，并不断生长。因此，家兔必须通过啃咬硬物来不断地磨损，方能保持其上下门齿的正常咬合。家兔的这种行为与鼠类相似，通常称为啮齿行为。

牙齿在动物的组织中最硬，容易形成化石，因此通过研究哺乳动物的牙齿或者牙齿化石，科学家们便能判断出它们的食性。因为采食习性的不同，也影响到了动物面部骨骼的发育。草食动物如牛、马等，采食较为坚硬的植物，在进化过程中牙齿尤其是臼齿得到了很大的发展。臼齿的发达要求有骨槽来容纳牙齿的根部，因此，现在看到的草食动物，大多都长着一个长长的面部，有利于采食和咀嚼草茎枝叶。而肉食性动物，如狮虎等，不需要大量时间来对食物进行咀嚼，臼齿具有切割功能，因此，面骨就没有草食动物发达，但在面骨上附着的咬肌发达，面部整体上呈圆形。

此外，为帮助它们获得所需的能量，哺乳动物的体型和四肢末端也发生了特化。草食动物为了快速迁徙和逃避猎食者捕杀，进化为偶蹄或奇蹄，奔跑的时候增加与地面接触面，减少对内脏和脑部的震动。偶蹄目中反刍兽和奇蹄的马驴腿长、颈长，善于奔走。偶蹄目的非反刍兽类如猪、河马则四肢短，体型粗壮，其生活与水域的关系更密切些。肉食类动物体型矫健，肌肉发达，指端进化成为角质锋利的钩状爪子，用来固定和撕扯猎物。灵长类动物可用成对生长的拇指捡起物体、果实和其他食物。而鲸类为了适应水中的快速游动，进化出流线型的体型，其四肢退化为鳍状。

最重要的是，在地球存在46亿年的历程中，哺乳动物之所以成功，其中一个原因在于它们具有发达的脑部。脑部的发达，可以对外界环境的刺激做出及时反应并调整自身活动来适应外界环境，同时可以严格训练后代，传授各种生存技能。哺乳动物可以完成复杂的行为，可以学习和记忆。马戏团动物表演和役用动物拉车犁地，即是基于此对动物进行训练。人类成为万物的灵长，开始使用工具、出现语言、组建社会、形成文明，无不得益于有发达的大脑皮层。

但鸟类是没有牙齿的，它们却有着特殊的嘴——角质化的喙。鸟类的上下颌骨及鼻骨显著前伸，其外套有由致密的角质上皮构成的喙，为鸟类的取食器官。

角质是某些动植物体表皮的一层组织，质地坚韧，是由壳质、石灰质等构成的，有保护内部组织的作用。

喙是鸟类采食的工具，可以用来撕裂食物，有时喙的长短粗细可以决定鸟的生死存亡。作家毕淑敏在《今世的五百次回眸》中讲到一个故事：在南太平洋的某个岛屿中，飞翔着一种叫声动听的美丽小鸟，叫作莺鸟，它们长着形色各异的喙。岛屿上物产丰富的日子，莺鸟们靠吃多种草籽为生，活得优哉游哉。但是，饥馑来了。干旱袭击了岛屿，整个大地好像是刚刚凝固的炽热火山，赤红的土地，看不到一丝绿色。……能吃的都吃光了，唯一剩下的是一种叫作蒺藜（也叫铁星）的草籽，它浑身是锋利的硬刺，锐不可当。在深深的内核里隐藏的种仁，好像美味的巧克力封死在铁匣中。莺鸟用自己柔弱的喙，啄开一粒铁星，先要把它顶在地上，又咬又扭，然后顶住岩石，上喙发力，下喙挤压，直到精疲力竭才能把外壳拧掉，吃到活命粮草。岛上开始了残酷的生存之战。没有刀光剑影，唯一的声音就是嗑碎蒺藜的噼啪声。很多莺鸟饿死了，有些顽强地生存下来。科学家经过详尽研究，发现喙长 11 毫米的莺鸟，就能够嗑开铁星，而喙长 10.5 毫米的莺鸟，就望“铁星”兴叹，无论如何也叩不开生命森严的大门。0.5 毫米之差，就决定了莺鸟的生死存亡。

象牙喙啄木鸟是世界上第二大啄木鸟，是北美洲最大的啄木鸟。头大，但颈较长，嘴强硬而直，呈凿形，舌长而能伸缩，先端列生短钩；脚稍短，具 3 ~ 4 趾；尾呈平尾或楔状，羽干坚硬富有弹性，在啄木时支撑身体。可以在树上凿孔钩虫，它的喙又长又尖又硬，能一直插进坚硬的木质部，舌头又长又细，长了许多倒刺，表面布满一层黏液，可以准确无误地把害虫钩出来。主要吃隐藏在树干内部蛀食的天牛、透翅蛾、吉丁虫等害虫，被称为“森林医生”。

驯化后的家鸡，过长的喙也会给生产带来一些不必要的麻烦，如发生啄癖，表现为啄肛、啄羽、啄蛋、啄脚趾等，轻者把鸡啄伤，重者把鸡啄死。当然，发生啄癖的原因很多，有饲养的、环境的、管理的及品种的等。如果找到发生原因，我们可以采取措施，但往往发生原因不易找到。为了减少这种不良习性给生产带来的损失，人们要采取一种措施——断喙，就是在鸡出壳后 10 日龄左右，将喙断去一部分，待鸡长成后，喙不会那么长、那么尖，避免或减少啄癖的伤亡。

## 3.5 4个胃和1个胃

“民以食为天”，动物更是如此。动物的生存依赖它们获得的食物，食物的丰歉程度，决定着动物个体的生存和种族的强盛与否。在进化过程中，针对食物对象不同，动物消化系统也发生了巨大的变化。

牛、羊有4个胃，分别是瘤胃、网胃、瓣胃和真胃，属于反刍动物。前3个胃主要对采食的草料磨碎和进行微生物发酵，真胃和其他动物的胃一样，可以分泌胃酸，具有消化蛋白的能力。成年牛的胃容量占其消化道的70%左右，小型牛的胃容量为114~160升，中型牛为136~172升，大型牛为172~272升，其容量之大，远远超过其他家畜，因此牛对饲料的采食量也比其他家畜大。瘤胃一个胃就占了胃总容积的79%，牛在舍饲自由采食情况下对稻草昼夜采食量占体重的1.5%~2.6%，对青草昼夜采食量占其体重的3%~4%。在喂牛时，除了考虑满足其营养需要外，还应有一定的容积才能满足其需求。

瘤胃为数量巨大的微生物提供了非常理想的环境，瘤胃的细菌数量在（25亿~50亿）/毫升，原虫数量在（20万~50万）/毫升。可不要小看这些微生物，它们并非有害的，对于牛、羊的生存是必需的。微生物使反刍动物可以利用粗饲料（主要成分是纤维素，淀粉和蛋白质含量很少）和消化纤维。微生物把饲料中的纤维素和戊聚糖分解成可以利用的有机酸——乙酸、丙酸和丁酸（挥发性脂肪酸），这些挥发性脂肪酸可以被瘤胃壁大量吸收，可以满足反刍动物60%~80%的能量需要。这就是反刍动物可以几乎完全依赖粗饲料而生存的原因。瘤胃微生物可以合成制造出所有的B族维生素和所有必需的氨基酸，甚至可以利用非蛋白氮混合物，如尿素、氨化物或劣质饲料蛋白合成氨基酸。从瘤胃流出的微生物最终在后部胃肠道被逐步消化。

瘤胃微生物消化与单胃动物相比，产生了更多的气体，其中甲烷占30%~40%，而二氧化碳占65%。瘤胃发酵一天产生600毫升气体，这些气体必须排出，否则就会导致瘤胃臌气，危及牛的生命。气体以嗳气的形式很快被自由排出，也有少部分通过瘤胃吸收进入血液后在肺部随着呼吸排出。

据研究，全球温室气体排放总量的20%来自于畜牧业，而此中祸首是畜群排放不止的甲烷。遏制全球变暖，畜群也必须减排。1头牛一年至少产生100千克甲烷，是1头羊的10倍。在欧洲，食草动物甲烷排放量占农业甲烷排放量的70%，这个比例还会升高，因为人类对畜产品的需求正在呈爆炸的增长。据估计，到2050年肉和奶的产量将比21世纪之初时翻一番。在这种背景下，反刍动物甲烷减排研究成为热点。

那么甲烷是如何在牛胃内产生的？牛吃下的草料经其瘤胃中的某些微生物分解产生氢气，正好被甲烷菌利用，将消化产生的二氧化碳还原为甲烷。这个过程会消耗食物2%～15%的能量。但是甲烷被作为废气排出，这些能量等于被浪费掉了，针对甲烷产生的原因，科学家们正在研究更好的解决办法，如通过基因筛选，获得生产甲烷量较低的牛品种；选择合适的饲料，如以大麦替代80%草料，羊摄入能量时甲烷的排放量减少了一半。同样，当6%的草料为能量相等的亚麻籽油替代时，牛只的甲烷排放量可以减少27%～37%。另外，用嫩草喂养也能减少消化中产生的甲烷。该方案的经济可行性及其对环境的影响正在研究中。澳大利亚的一家生物公司还在研发一种转基因草种，也有望减少消化产生的甲烷；改变瘤胃中的微生态系统。某些植物如苜蓿或丝兰的提取物似乎能够杀死在消化过程中为某些甲烷菌提供支持的微生物；给动物注射疫苗，诱使反刍动物的免疫系统来摧毁体内的甲烷菌，澳大利亚正在测试一种疫苗，在不同地区获得效果反差甚大。科学家们正在寻找一些能够把尽可能多的菌株一网打尽的靶标；向袋鼠学习消化。袋鼠在消化过程中释放的绝大部分氢气都被乙酸菌吸收，因此只产生极少量的甲烷。虽然乙酸菌在反刍动物体内也存在，但是却被大量的甲烷菌湮没。研究人员的思路是促进乙酸菌在反刍动物体内的生长。

目前，人们已经掌握了一种减少甲烷排放的方法。那就是强化饲养，特别是以富含能量的精饲料取代牧草来达到这一目的。以该方法饲养的加利福尼亚奶牛，其甲烷的日排放量是新西兰奶牛的1.5倍，不过产奶也更多。折算下来，每升牛奶对应的甲烷排放量反而比新西兰奶牛减少37%！缩短牲畜的生命周期（将肉牛的屠宰时间提前，或选择产奶时间更早的奶牛）也可以降低单位产肉/奶量所对应的甲烷排放量。那么说这个强化饲养就是解决之道？问题是绿色食品的概念已经渐入人心，消费者对此未必买账。此外，从饲料生产到最终的畜产品，这一方案究竟会对环境产生怎样的整体影响，依然有待进一步研究。此法从养殖者的角度来讲，如果没有任何补偿措施的话，他们既不愿也无法承受改变饲料所带来的成本压力。归根结底，这不单是个科学问题，更是个经济问题。

牛、羊等动物卧倒休息的时候也不会闲着，它们不时地把吃进胃内的草料返回口里，不停地咀嚼后再吞咽进去，这种现象俗称“倒沫”或“反刍”，并把具有这种特殊生理现象的动物都称之为“反刍动物”。反刍动物通过反刍咀嚼加工食物和消化吸收饲料中的养分。牛、羊的祖先生活在草原上，是许多大型肉食动物猎杀的对象，为躲避天敌的捕食，它们尽可能地缩短摄食时间。为采食大量饲草和抢时间采食，牛、羊在摄食时，一般不经过充分咀嚼，就匆匆吞咽进入瘤胃，在瘤胃内浸泡和软化。通常在休息时返回到口腔再仔细地咀嚼，而后吞进胃里消化吸收，一个食团一般要反复3～5次。牛、羊每天都花大量时间用于反刍。反刍时间与采食牧草的数量和质量密切相关，牧草采食量大，粗纤维含量高，反刍时间长；反之，则时间短。牛采食后经过0.5～1小时出现反刍，每一次反刍的持续时间平均为40～50分钟，间歇一段时间再开始第二次反刍，每天反刍14～17次，幼牛的次数则更多。羊吃草之后，稍作休息，便开始反刍，正常情况下，羊日反刍时间为3～4小时。牛、羊等动物的反刍行为是生长发育到一定时期时才出现的。犊牛大约在出生后第3周出现反刍，羔羊出生后约40天出现反刍行为，这时犊牛和羔羊开始选食草料，瘤胃内有微生物滋生，腮腺开始分泌唾液。如果训练犊牛和羔羊提早采食粗饲料，则反刍行为可提前出现。

在青绿饲料缺乏的冬春季节，牛类多以干草为食。品质较优的是豆科和禾本科牧草，即使牛在冬季可以采食到充足的干草，但因获得的营养物质有限，度过冬季后还是要掉一层膘，影响来年的生产性能。那么有没有好办法把夏秋季节的鲜嫩多汁的青绿饲料保存下来，供冬春季节的牛群来食用呢？现在已经有了较好的办法，就是饲料青贮，这和人类腌制酸菜原理有点类似。

青贮是一种通过发酵来保护饲料的古老方法。哥伦布发现印第安人用窖藏方法保存谷物。在几个世纪以前，地窖就成为保存谷物或绿色饲草的方法。1910年，青贮已经开始用作奶牛的饲料，直到现在，很多奶牛场还在使用青贮饲料。

与田间晒制的干草相比，青贮的工艺成本更高，但青贮可以更好地保存牧草中的营养物质。20 世纪初美国每年青贮制作量为 12 万吨。自 1980 年以来，出现各种各样的青贮窖，防腐剂的使用也越来越普遍。大多数的青贮不是用于出售，而是牧场自己使用。

青贮过程就是排出氧气、通过微生物发酵使牧草酸化。整个青贮过程需要 3 周左右，起初牧草细胞继续呼吸，消耗掉青贮容器中的残存的氧气，产生二氧化碳和水，释放能量或热量，同时好氧的酵母菌和霉菌大量繁殖。如果青贮条件适宜并且管理适当，这种好氧发酵阶段非常短，青贮饲料的温度很少超过 38℃。如果青贮原料装填太慢，封闭不严等将延长好氧阶段，会使营养损失增加并产生过多的热量。

当青贮容器中氧气消耗完毕时，霉菌和酵母随之死亡，厌氧菌大量繁殖，植物体表的一些酶继续发挥作用。糖类转化为乳酸、乙酸和少量的其他酸类、乙醇、二氧化碳等，植物蛋白将降解。如果酸度进一步降低，所有细菌将死亡，青贮饲料进入稳定状态，这时候青贮玉米和谷物的 pH 值可降至 3. 5 ~ 4. 5，而青贮牧草的 pH 值可降低到 4. 0 ~ 5. 0。

正常的青贮发酵需要糖、无氧条件、合适的水分和细菌。用于青贮的玉米和谷物的最佳含水量为 60% ~ 70%，豆科或禾本科牧草为 50% ~ 70%。青贮防腐剂的作用是加速发酵，通过对原有糖类的补充或添加酶类物质促进淀粉、纤维素和半纤维素等复杂糖类降解为简单糖类，通过增加总糖类的浓度来加速发酵。可以制作青贮的作物，有玉米、高粱、禾本科（猫尾草、牛茅草）、豆科牧草（苜蓿、三叶草等）、谷物（燕麦）。

与成年牛相比，新生犊牛在生理上还不具有反刍功能。真胃占的比例最大，是胃的主要功能单元。牛奶进入真胃后，在凝乳酶的作用下凝集，像单胃动物一样进行消化。喝下的乳汁如果进入瘤胃，牛奶不能被消化而腐败。这将导致细菌在瘤胃中增殖并且产生毒素而使犊牛发生严重的腹泻，犊牛腹泻是一种可以快速致死的疾病。但也不用担心，牛进化过程中，产生了食管沟这个结构，可以形成一个瘤胃旁路小管，自然仰头吃奶的哺乳姿势，使得牛犊吸入的奶避过未完全发育的瘤胃，缩短间距直接通入到瓣胃，再进入到真胃中，这样就减少了犊牛腹泻的发生。

随着人类对牛奶需求量的增加，很多犊牛在出生后就和母牛分开，奶牛产的奶一部分用来喂小牛，大部分都被人类消费了。在最初的阶段，饲养者把挤出的奶盛放在桶中让犊牛饮用，导致了很多犊牛腹泻的发生。后来研究才发现，犊牛低头喝奶时，食管沟不能完全闭合，牛奶进入了瘤胃，造成异常发酵，引发腹泻。动物行为学家们最终发现，把奶桶的位置抬高，加上一个出口，这样犊牛仰头喝奶，食管沟可以充分闭合，牛奶直接到达真胃，就消除了因人工哺乳造成的犊牛腹泻。

被称为“沙漠之舟”的骆驼属于反刍哺乳动物（中国目前留有少量珍贵的野生双驼峰，为国家一级保护动物），具有独特的器官构造、功能和生物学特性，以适应特殊的沙漠环境。骆驼的体征怪异：鼠耳、牛脊、虎背、兔唇、龙颈、蛇眼、马鬃、羊胸、猴毛、鸡腿、猪尾、狗鼻（指嗅觉），十二生肖中的动物特征在骆驼身上都有体现。骆驼胃为多室混合胃，结构复杂，一般可以分为瘤胃、网胃和真胃三室，没有瓣胃。瘤胃甚大，呈肾形，自瘤胃向下向右有两个大的网状区是为前后两水囊，能储存很多水，所以骆驼极耐饥渴，可以十余天甚至更长时间不喝水，当喝水时又可以一次喝下100多升水。瘤胃黏膜平滑而无乳头，除水囊区外，全无腺体；第二室是吃干草的胃囊；第三室是消化吸收功能的胃囊。骆驼食性极广，能吃沙漠和半干旱地区的所有植物，包括其他食草动物不吃的盐碱植物；驼峰可以用来储存食物转化的脂肪，食物丰富时驼峰直立而滚圆，食物不足时驼峰就会干瘪和下垂。

同牛一样，马也属于草食家畜，但是马没有前三个胃，更没有反刍功能，那么它如何消化草料呢？马的肠道长，容积较大（比牛的大约1倍），可以对草料进行充分消化。大肠容积更大，容量有30余升，其功能与反刍动物的瘤胃相似。马盲肠中含有大量微生物，便于分解粗纤维。由盲肠消化吸收的粗纤维，可占食物总纤维量的一半。马肠道的直径大小极不均匀，盲肠的膨大部和大结肠内径相当粗大，可达30厘米；但小肠和小结肠内径却只有5～6厘米，尤其是在一些肠道入口处（盲结口、回盲口、结肠起始部）更细，在喂养失宜和饲料骤变，劳役过重，缺水和气候突变的情况下，容易形成便秘或肠套叠。

马的胃容积小，入口贲门紧缩，出口幽门通畅，采食4小时后，胃内容物基本可转移到肠道。所以，喂马一次量不应超过胃容积的2/3，且饲喂间隔不宜过长，适于定时定量，少喂勤添。马的呕吐中枢不发达，不能呕吐，一次采食过多的饲料，容易造成胃扩张，严重者有胃破裂的危险。马采食较慢，白天作业时间较长，夜饲很有必要。据统计，夜间饲喂可增加1/3～1/2的食草量，特别在夜长天冷的冬季更是如此，故此民间有“马不吃夜草不肥”一说。

兔和鹅不属于反刍动物，没有瘤胃，为什么能够消化吸收大量的草？原因是它们都有特别发达的盲肠，具有和反刍动物的瘤胃相同的功能，使它们与牛羊等反刍动物一样，具有以草为生的特殊生理机能，同样属于食草畜禽。

兔的胃腺能分泌消化酶，较好地消化草中的营养物质。鹅的肌胃发达，比鸡的肌胃大约两倍，是鸭肌胃的1.5倍。其肌胃的收缩力比鸡、鸭大得多，能有效地裂解植物细胞壁，使饲料易于消化吸收；兔和鹅的盲肠特别发达。在所有的家畜中，兔的盲肠所占比例最大，其长度与体长相近，约占消化道总容积的一半。草中未被胃吸收的营养物质进入盲肠，在盲肠中微生物对纤维素进行分解和消化，成为可被吸收的物质，由大肠壁吸入机体。鹅的盲肠也比鸡、鸭等禽类发达，内含大量的厌氧纤维分解菌，能将纤维发酵成脂肪酸。因此，鹅对青草粗纤维的消化率可达45%～50%。

兔除了上面提到的两点特殊生理机能外，还有一种特殊的本能——吃自己排出的软粪。兔排泄的粪有两种类型，一是大肠中产生的硬粪，即常见的粪球；二是盲肠中产生的软粪。盲肠内的微生物不仅帮助消化草中的纤维素，还可合成B族维生素和某些氨基酸而被肠壁吸收，未被吸收的部分在盲肠中形成“软粪”即“盲肠营养物”，约占总粪量的10%。软粪像葡萄状成串排泄，由胶冻状的膜包围，多在夜间排出，软粪一经排出便被兔直接在肛门口吃掉，进行重新消化、吸收。兔吃软粪，不仅可满足兔对B族维生素的需要，而且软粪中还有未被吸收的氨基酸等营养物质。吃草是兔和鹅的重要生活习性。养兔和养鹅应以草为主，适当补充些精料，以提高生产性能。切忌违背兔和鹅固有的生理特点，盲目追求快的生长速度，变为以喂精料为主、草为辅的方式，以致兔和鹅代谢机能紊乱，引发腹泻甚至死亡。

一般来说，肉食性的动物身体强壮、行动敏捷，都具有许多显著的特征，使它们在动物王国中与其他动物有所不同。它们的消化系统都是非常简单而短小——只有身体长度的3倍。这是因为肉类腐败得很快，而假使这些腐败物在体内停留太久将会毒化血液。所以它们就演化出较短的消化管道，以便排出腐败的肉类所产生的细菌，并且它们的胃部所积聚的胃酸量，是非肉食动物的10倍。食肉动物牙齿尖锐有力，具有食肉齿，可以将韧带、软骨切断。犬齿异常粗大，长而尖，颇锋利，起到穿刺作用。这类动作反应迅速，动作敏捷，强而有力。食肉类动物体型矫健，肌肉发达，四肢的指端具有锐爪，以利于捕捉猎物。生活方式为掠食性，猎物多为有蹄类、鼠类、鸟类以及某些大型昆虫等。捕杀方式多种多样，或隐伏要路等待，或嗅迹跟踪、潜伏靠近，以利齿和锐爪为武器进行突然袭击。另一种攻击方式是长距离的追逐捕杀。狼和豺等动物更发展成类似集体分工的围猎方式。猫类和灵猫类次之，除肉类外，还食用部分植物果实；熊类和浣熊类进食植物性食物的比重增大，近于杂食；鬣犬类取食尸体或腐肉，缟鬣犬则以蚂蚁为主食。唯一的素食者为大熊猫，以嫩竹和竹笋为主食。绝大多数食肉动物单独生活，每个成体往往占据一定面积的活动区域，作为独自寻食的游猎区，并竭力守卫自己的“领地”。

在12 000年前，食肉类动物中的狼在被人类的第一个永久性住所吸引，逐步接受人类的驯化，变成了犬类，成为杂食性动物。与人类相比，犬的味蕾少得多。尽管犬的味蕾限制了味觉，但它们的味觉还可以分成好、中、坏三种，所以任何能提供能量的东西它们都会吃。这种对食物毫不选择常与呕吐反射相结合。当犬吃进难吃或者有毒的物质后，会通过呕吐反射将它们吐出。作为杂食性动物，除吃肉以外，犬也吃其他东西，犬更喜欢动物性食物，如肉、骨头和鱼类饲料等。

犬的胃较大，有很强的伸缩性，相比肠道有些短小。这种胃肠结构适合犬这样的随机捕食和食腐性动物。食物在胃里粉碎，大部分消化工作还是在肠道内进行。在野外，犬会用所有能吃的东西来填饱肚子。这些食物的营养成分可以在一定时期内为犬的身体提供能量，为每次只有一小部分食物进入肠道内被消化，所以在犬胃底部沉积大量未被消化的食物。这种贪吃的天性对于营养丰富却缺乏运动的家犬，可以导致严重的肥胖问题。

犬有埋藏食物的特点，这与未完全退化的储食行为有关。犬在采食过程中还具有很强的次序行为表现。成年犬群体进食，无论是公犬还是母犬都会发生争斗，故成年犬要单独喂养。在饲养管理中，常用食物奖励的方法，引导犬表现出其他有益的行为。犬还有自动调节所需营养物质的能力。当犬体内某种营养物质缺乏时，犬会自动地进食一些非常规的东西加以补充，如青草、煤炭渣等物质。这是犬在长期进化过程中形成的一种适应环境的行为。犬对缺水的忍耐能力较差。一般情况下，只要3天不饮水，犬就会出现不良反应。因此，在饲养时要时刻给犬准备清洁的饮水。

犬可以吃青草、浆果甚至于食草动物的粪便，这看起来让人很难接受。从生物学上来讲，这种行为很正常，不过会增加患肠道传染病的危险。因此，还是让犬不要轻易食用这样的食物。然而，犬到处乱吃，却进化出了一个完善和灵敏的呕吐反射。从小犬断奶开始，母犬便先吃进固态食物，然后吐出来让小犬吃。呕吐虽然不雅，却是犬类动物进食中不可缺少的一环：不只是吃，还要吐出来。

在进化过程中，人类吃东西变得慢条斯理，细嚼慢咽。而犬本质上是狼，和狼有一样的消化系统。犬群捕捉到猎物时，可以一次吃很多，而在无猎物时，可以忍受几天不吃东西。在野生环境下，犬群的首领先吃，然后才轮到下一级吃，只有头目们吃喝后，才轮到喽啰们享受残羹冷炙。宠物犬继承了群居的本能行为，吃东西时毫无顾忌，尽情享受；而在无猎物时，可以忍受几天。

在这里我们不得不提起可爱的猪。猪也是只有一个胃（单胃动物），但门齿、犬齿和臼齿都很发达，胃是肉食动物的简单胃与反刍动物的复杂胃之间的中间类型。具有杂食性，既能吃植物性饲料，又能吃动物性饲料。“猪吃百科草，只要你去找”。猪吃的饲料很广泛，除了有毒、有苦酸味、发霉变质的饲料不能吃外，几乎所有的饲料都吃，特别喜爱甜食。

猪的消化系统有别于反刍动物，无瘤胃及其微生物的功能，也没有发达的盲肠，无法消化利用富含粗纤维的大量粗饲料，只能以精料为主，如果以粗饲料为主养猪，会影响猪的生长。猪的唾液、胃液和肠液中含有大量的消化酶，可以高效地消化分解精饲料。食物在猪消化道内的消化，起自口腔，依次经过咽、食管、胃、小肠（包括十二相肠、空肠及回肠）、大肠（包括盲肠、结肠及直肠），最后止于肛门。

猪有坚硬的吻突，可以掘地寻食，靠尖形下唇将食物送入口腔。猪饮水或采食流体食物主要靠口腔形成的负压来完成。猪咀嚼食物较细致（恒齿齿式为门齿、犬齿和臼齿，都很发达），咀嚼时多做下颚的上下运动，横向运动较少。咀嚼时有气流自口角进出，因而随着下颚上下运动，发出咀嚼所特有的响声。猪的唾液中含有较多的淀粉酶，这在家畜中是一个突出的特点。唾液淀粉酶的最适pH是弱碱性或中性。食物进入胃内之后，在未被酸性胃液浸透之前，随食物入胃的唾液淀粉酶，仍继续起消化作用。猪的唾液分泌是连续性的，不论是否采食，24小时总在不断分泌，但采食时分泌加强，唾液分泌量每昼夜可多达15升。猪两侧唾液分泌呈不对称性。对某一食物的刺激，左侧腺体的分泌多于右侧，而对另一种食物的刺激，则右侧分泌多于左侧。因此，应避免长期喂给单一饲料，避免造成单侧腺体负担过重，而另一侧腺体却可能因为功能得不到发挥而退化，唾液分泌的质和量随饲料不同而变化。

胃液是胃黏膜各种腺体所分泌的混合液，无色透明，呈酸性（pH值为0.5～1.5），由水、有机物、无机盐和盐酸组成。有机物中主要是各种消化酶，包括胃蛋白酶、胃脂肪酸和凝乳酶。猪胃腺细胞不产生水解糖类的酶。但糖类在胃内也存在一定程度的消化过程，这主要是依靠唾液淀粉酶和植物性饲料中含有的酶来完成的。由胃排入小肠的食糜，在小肠内受到胆汁、胰液和小肠液中各种酶的化学作用，以及小肠收缩运动的机械作用，使其中含有的各种营养物质变成能溶于水的小分子物质。小肠是整个消化系统中最重要的消化部位。胰液由胰腺组织中的消化腺细胞所分泌，经胰腺导管排入十二指肠，无色透明，呈碱性（pH值为7.8～8.4）。胰液分泌是连续的，采食时分泌增加。胰液中含有无机盐和有机物，无机盐中主要是浓度很高的碳酸氢钠和钾、钠、钙等离子，有机物中主要包括胰蛋白酶、胰脂肪酶、胰淀粉酶等。仔猪哺乳期间胰脂肪酶活性很强，断奶之后活性降低。胆汁由肝细胞分泌，是有黏性、味苦、橙黄色的弱碱性液体。在非消化期间，储于胆囊中，消化时胆囊收缩，胆汁由胆管排入十二指肠。胆汁中除水以外，主要包括胆盐、胆色素、胆固醇等，不含消化酶。小肠液是指小肠黏膜中肠腺的混合分泌物，呈弱碱性，含有水、碳酸氢钠和多种消化酶，并混有脱落肠黏膜上皮细胞。消化酶主要包括肠肽酶、肠脂肪酶、麦芽糖酶、蔗糖酶、乳糖酶、核酸酶、核苷酸酶等种类齐全的消化酶。小肠中的食糜，一方面受到小肠液中各种消化酶的水解作用，另一方面小肠也在不断运动，使消化产物与肠黏膜密切接触，以利于吸收，并推进食糜后移，进入大肠。小肠运动是肠壁平滑肌收缩与舒张的结果，肠壁内层环行肌收缩时，胸腔缩小；外层纵行肌收缩时，肠管长度缩短。两层肌肉协同舒缩而表现出各种肠运动的方式，包括蠕动、分节运动和摆动。

大肠液的主要成分是黏液，含酶很少。随食糜进入大肠的小肠液中的消化酶，在大肠内继续进行着消化作用。但食糜中绝大部分营养物质，经过小肠之后均已被消化和吸收，进入大肠的大都是难以消化的物质，主要是植物性饲料中的纤维素。大肠内的微生物可对部分纤维素进行分解和发酵。大肠内的细菌也能分解蛋白质、氨基酸等含有氮素的物质。猪大肠运动方式基本与小肠相似，但速度比小肠慢，运动强度也较弱。大肠内容物被推送到大肠后段后，由于水分被大量吸收，最终形成粪便。从饲料入口腔至消化残渣形成粪便由肛门排出体外所需的时间，可因饲料性质、采食量以及猪体生理状态不同而异。一般情况下，成年猪进食后 18 ~ 24 小时开始排出饲料中的第一份残渣，约持续 12 小时方能排泄完毕。

猪虽是杂食性动物，但对采食的选择性很强。首先，猪的味觉发达，对酸、甜、苦、咸的反应都十分敏感。喜爱甜食，若给猪提供甜度相同的蔗糖水、糖精水以及清水，猪会选择舔舐蔗糖水。颗粒料与粉料相比，猪喜欢颗粒饲料；湿拌料和干粉料相比，猪喜欢湿拌料。其次，与其他哺乳动物一样，猪具有通过调节随意采食量保持体内能量储备平衡的能力，即所谓“为能而食”。然后，猪的采食具有很强的灵活性，当采食难度增大时（例如，顿喂、饲养密度增大、饲槽位置紧张等），猪能灵活地改变采食策略，表现为趋槽次数减少，单次采食量提高，从而尽力维持稳定的采食量。

猪的杂食性相当强，尤其中国地方猪种，具有一定的消化粗饲料的能力。但完全依靠粗饲料喂养猪也是违背猪的生物学特性的。过去我国精饲料短缺，人们主要使用粗饲料喂猪，结果使猪的生长速度很慢，生长周期很长（2～3 年才出栏），人力消耗大。猪和其他大家畜相比，消化时间较短，所以粪尿较多。

与上面提到的这些草食性、食肉性和杂食性动物相比，鸟类别具一格、独具匠心，它们没有牙齿，因此采食属于囫囵吞枣型的，用喙将食物或水啄食进入口腔，抬头仰脖依靠重力作用使食物进入食道；它们的胃与其他动物不同，包含有腺胃和肌胃两个胃。

如鸡的消化系统是由口腔与食道、胃、肠和泄殖腔组成的。鸡没有唇也没有牙齿，鸡舌黏膜的味蕾不发达，只有少量的唾液分泌。鸡的食道宽阔，由于黏膜有很多皱褶，易于扩张，可以通过较大的饲料。嗉囊为食道的膨大部分，呈球形，具有储存和软化饲料的功能；肌胃又称砂囊，呈椭圆形或圆形，内面上皮细胞脱落，分泌物在酸性环境下变成又硬又厚的黄色角质膜，对肌胃有保护作用，是一味中药，又称为鸡内金，可助消化；鸡的肠有大肠和小肠。小肠分为两段，第一段为十二指肠，第二段相当于空肠和回肠，但无明显分界。饲料在肌胃磨碎并与胃液充分混合后进入十二指肠，接受胃液的消化作用。食糜进入空肠和回肠后，由于胰液和肠液的作用完成消化，最终形成单糖、脂肪酸和氨基酸而被吸收。大肠包括一对盲肠和一段短的直肠。盲肠位于小肠和大肠的交界处，鸡的盲肠不发达，对饲料粗纤维的消化率很低。鸡的泄殖腔是排泄、生殖的共同腔道，以肛门开口于体外，粪与尿是混合在一起排泄的，所以鸡排出的粪便稀薄。

鸡的腺胃有许多乳头突起，可以分泌含有蛋白酶和盐酸的胃液，它有溶解蛋白质和矿物质的作用。肌胃是禽类特有的消化器官，容积较大，由坚厚的肌肉构成，收缩力强，可以磨碎饲料。定期饲喂沙砾，能帮助肌胃把坚硬的、大块的食物磨碎，类似牙齿的作用，所以鸡对精饲料消化利用能力较强。因为鸡没有牙齿，当我们扔给鸡一片菜叶的时候，你会观察到鸡不是用嘴吃，而是用喙啄（鸡的喙短而弯曲，有利于啄食），将啄食的菜叶吞入食道进入嗉囊、胃肠进行消化。

## 3.6 信息系统

人类进入21世纪后，通信手段有了空前提高，移动通信和网络通信使得人与人之间的交流更加迅捷，地球真正成为一个紧密联系的大家庭。鸿雁传书、驿站快邮等古老的通信方式渐渐淡出人类的生活。对于动物来讲，古老的通信手段仍未改变，它们感知世界和种群内交流，还是采用视觉、听觉和嗅觉等传统的手段。

动物的视觉何时出现？这要追溯到最简单的单细胞原生动物了。最简单的单细胞原生动物眼虫对光的感受可形成眼点，这样眼虫可以定向地做趋光性运动，以便于寻找食物和躲避自然界的有害因素。等到了涡鞭毛虫，眼点的结构更为完善，借助这种眼点可以通过对光的感受进行捕食。后来进化到了多细胞动物，它们感光器官逐渐复杂多样。如水母视网膜只是有一种由色素构成的板状结构，这种结构可给动物提供光线强弱和方向的信息。随着动物的进化，出现了杯状或者是囊状的光感受器，并具有晶状体，可使光线聚焦。环节动物、软体动物和节肢动物常用纽扣状的眼，或是突出的视网膜，这类光感受器有许多叫小眼的结构，排列在体表隆起之上，仍位于小囊之内。小眼中的光感受细胞为色素包围，光线只能有一个方向进入小眼，故而能够感受光的方向。这种视觉器官在进化过程中，在不同种类动物中表现为特定的形式，如昆虫的复眼。哺乳动物和鸟类的眼是高度特化的器官，有一套完善的折光系统和辅助结构，有利于对外界的视觉信号进行捕捉，并做出反应。人和动物从外界得到的信息，有80%是通过视觉得来的。

马的眼位于头部两侧，稍凸于侧面部，视野成圆弧形，可接受正面、侧面及后面的光线，全景视面可达330°~360°，只有臀部后方才超出它的视野。但是马的双眼视觉，即两视野在中央重叠部分很窄，只有30°左右，不及食肉动物的1/3。马能见到的，主要是平面影像，缺乏立体感，因为对距离的分析能力较弱，跳跃壕沟或跨越障碍是调教马的困难科目。困难之处，不在于马的跳跃动作不良，主要是对起跳距离的判断困难，常常发生惧怕障碍物的现象。已经熟悉的跳跃动作，不经常复习，易于忘记。马除有正侧视野之外，还有一个后视野，后踢就是在其视野范围内的动作，特别是单后蹄后踢有更高的准确度。所以，使役和控制马时，站在马后面，是一个非常危险的位置，对后踢应当特别警惕。

马对静态物的视觉感受不如动态物，采食时对于静态的蛇、兔等小动物常不能发现，当这些小动物突然跳动时，可能已经在很近的距离内，因而可以引起惊群和蛇伤事故的发生。马在绿色光谱的波长范围内能分辨深浅，能根据色觉寻觅更茂密的草地。但是马对红色光的刺激反应强烈，调教、使役中应注意红色物体，防止马惊恐。马也可以根据毛色辨别个体，对毛色有一定的好恶感。在马群中相近毛色者往往聚集在一起，不能用人的视觉来理解马。马辨别主人和鞍具往往不是靠视觉，主要靠嗅觉和听觉。靠近马时，特别是做蹲下动作时，往往会发生马辨认不出来人的形象而发生踢人、咬人事故。

犬的视觉不如人类。在视网膜上，对光敏感的细胞有两种，视杆细胞感知低强度的光，视锥细胞感知色彩。在犬的视网膜中，视杆细胞占了95%，视锥细胞仅占5%，因此犬对色彩不敏感，是色盲。但犬的夜视能力强于白天，对动态目标敏感。犬对远处物体的细微移动要比人眼敏锐得多，而对于近处物体的移动，就不如人类了。人比犬更容易找到飞落到草丛中的网球。然而，犬更容易发现其视野内任何角落目标的细微移动。

鸟类中，肉食类的猛禽如鹰的视力最佳，鹰眼大而深，在视野中心，看到的东西被放大4～8倍不等，且鹰眼的两个视网膜中央凹，单眼纵视，双眼聚视，这样即使在几百米高的空中也可以搜寻到草丛中的兔子、田鼠等动物。人类可以看到红、黄、蓝三色，对于紫外线是看不到的。令人惊奇的是一部分鸟类还可以看到紫外线。瑞士动物行为学家在研究椋鸟雏鸟中，发现椋鸟的雏鸟可以反射紫外线，反射紫外线最多的雏鸟可以得到亲鸟更多的食物。为解开这个谜底，科学家们发现雏鸟反射紫外线和它们的免疫力之间有直接联系。反射紫外线能力越强，雏鸟的身体状况越好，这样父母在体质强壮的雏鸟身上投入的精力最多，生存的可能性就越大，这也是一种竞争机制。

视觉感受到光线信号，而物体振动和动物移动形成的空气振动，则以声波的形式被动物接受。听觉器官是感受声波震动的装置，借助于听觉器官，动物能够获得远距离的信息，借以交往、寻偶、躲避敌害、捕捉猎物，对于生命活动具有重要意义。听觉器官的形成和完善是动物进化的一种表现。陆生动物的听觉器官得到更好的发展。一些陆生甲壳动物已具有听觉感受器的外形。昆虫的步足、胸部和腹部及触角上具有一种由绷紧的薄膜构成的鼓膜听器。软骨鱼类内耳中有与平衡有关的椭圆囊和球囊兼有感受水中声波的功能。大多数硬骨鱼的听觉器官包括侧线器官和内耳的听壶，由于鱼类没有接受声波振动的鼓膜，而只能感受 1 千赫以下的振动。两栖类动物蛙和蟾蜍已经具有鼓膜，并有两个听骨将鼓膜的振动传至内耳，引起圆囊及听壶内感受器的兴奋。爬行动物的听觉器官有了进一步发展，听壶内已经有独立的声感受器。壁虎可以感受高达 10 千赫的声音，哺乳动物的听觉器官达到高度完美的程度。人类的听觉感知范围在 1～20 千赫，若声音振动的频率过高或过低，人类就不能感知了。蝙蝠可以发出频率在 20～120 千赫的高频短波，借此来捕捉飞虫和躲避障碍物。

犬的听觉能力很强。大部分犬的耳朵可以灵敏地转动，捕捉声源的角度为 270°，加上头部的转动，犬能形成 360°的听觉角度来捕捉声波的能力，可以听到 35 千赫的声波，而人类只能听到 20 千赫的声波。犬的耳朵可以在 0.06 秒内确定声音的位置，其听力范围是人类的 5 倍。犬善于捕捉高音，还能在人类听不到的超音速频率范围内探知声音。这种灵敏的听觉与犬的祖先——狼息息相关。但是家犬的灵敏听觉也是有缺点的，它们在听到某种声音时候会产生恐惧感。

兔的耳朵大而长，听觉灵敏，常常竖起耳朵听声响，以便逃奔而避天敌。作为胆小的动物，在遇到敌害的时候，借助敏锐的听觉和弓曲的脊柱能迅速逃走。在家养的条件下，突然而来的喧闹声，陌生人和陌生动物如犬猫都会使得家兔惊慌，以致在笼中到处奔跑和乱撞，同时出现一种声音响亮的顿足声，这种顿足声会使其他家兔同样惊慌起来。家兔在白天一般是很安静的，所以在饲养管理中，动作要稳、轻，尽量避免发出容易使兔群惊恐的声响。同时要避免陌生人和猫犬等其他动物进入兔舍。

除了被动感知外界的声音外，动物们也通过自己发声来传递信息，或是危险，或是食物，或是求偶。“一唱雄鸡天下白”，村舍之中清晨的雄鸡鸣叫最为嘹亮。在散养的鸡群中，公鸡发现食物时，边啄食边刨，发出连续短促的呼叫声来召集母鸡。而鸡产蛋后，总要昂起头来，“咯咯哒、咯咯哒”地向主人宣布：又下蛋了，赶紧准备犒劳我吧。

澳大利亚科学家 Chris Evans 等最近对金色矮脚鸡的鸣叫声进行了研究，这种鸡的叫声与家养鸡的先祖丛林鸡十分类似，让研究人员吃惊的是，鸡在用高音发出“咯咯”声时，并不只简单地表达发现食物的喜悦，而是发出有代表性的信息，诸如这里有食物之类。

通过对 17 只鸡的进一步观察发现，它们在看到任何鸡饲料时都是叫个不停，但如果鸡饲料是最对胃口的那种，叫声的频率会有所升高。举例来说，当饲喂玉米等不同于平常饲料的食物时，鸡的叫声明显不同。

鸡生活的种群比较固定，它们也能通过体貌特征来辨认彼此。此前，这种食物反应信号只在灵长类生物中发现过，这是在其他动物身上首次发现这种信号的迹象。

马的嘶叫也是传递信息的一种方式。第一种，对人常用声音传递要求，如饥渴时向主人呼叫，发出低而短的鼻颤音。近距离内的母子间也有相似的叫声。第二种是长嘶。马呼叫同伴，母仔互相寻找、想念，都表现为长嘶。马被迫离群，常常发出长嘶，其他马常回以长嘶。第三种是一种示威攻击的吼叫声，发出尖而单一的声音，示意愤怒。第四种是烦躁不安的叫声，发出短而尖的鼻音，声音小，不连续。马驹初次哺乳、背鞍紧勒肚带、佩戴挽具等情况，常有此叫声，应注意这是有些马攻击前的信号。第五种是马痛苦呼救的叫声，多表现为急促而无节奏的乱嘶，此种叫声可以引起其他马的惊恐和逃避。

在大草原上，大象除了众所周知的叫声外，它们还会发出一种次声。这种声音是如此的低沉，以至于人类根本听不到。1980 年，科学家们发现大象这一远程交流本领靠的不是它们的耳朵，而是空气的振动。这种低沉的嗓音的好处在于发出的声音在五六秒内就可以传输到几千米外。对于生活在广阔草原上的象群来说，要在相隔甚远的成员之间传递信息，这种本领是非常实用的。

在海关或者警察部队中，经常配有警犬来协助工作，这是利用了警犬的灵敏嗅觉。人的嗅觉感受细胞的数目十分惊人（密度为30 000 个/毫米$^2$，鼻一侧的总数为600 万个），但是与德国牧羊犬相比则相差很多，后者密度为 120 000 个/毫米$^2$，一侧总数为20亿个。对于大多数动物来说，嗅觉对于生命的维持是必不可少的，它对于发现猎物十分重要，有时是抵御掠食者的第一道防线。同时，嗅觉也用于同类。雄犬用它的尿液来标识其领地；当某种鱼的皮肤被损伤时，它释放出某种物质来警告近旁的同伴。对许多种动物的研究都表明性行为对嗅觉的依赖性。雄仓鼠在嗅出雌仓鼠阴道流出物的味道时（雄仓鼠追上雌仓鼠会先用鼻子嗅嗅雌仓鼠的味道，有时会用头部拱雌仓鼠的下部）会显示交配活动。许多动物当嗅觉功能遭受损害时，会产生性功能障碍，甚至导致性器官的发育迟缓。虽然还没有充分的资料证明，但在人类，嗅觉和性之间也可能有关系。例如，至少对于某些嗅质，女性的嗅觉敏感度在排卵期比行经期更佳；也有证据表明，女性的嗅线索可能与其月经周期同步。虽然有时检测烟雾、煤气或变质食物这样一些刺激会对机体造成伤害。但是对于文明的人类来讲，嗅觉已经不像低等动物那样具有生死攸关的作用。文明社会似乎更强调嗅觉的享乐作用，如食物添加香料、身体喷洒香水、家中使用熏香等。

犬有着极其出色的嗅觉能力。嗅觉细胞有2亿个左右，远远超过人类的500万个，大脑中用于识别嗅觉的脑细胞也是人类的40倍，犬的嗅区有130平方厘米，而人类只有3平方厘米，嗅区的特殊结构和经常性保持湿润的特点有助于捕捉气味。在饥饿状态下，嗅觉能力是平时的3倍。

犬的体味就是它们的名片，这种气味可以显示犬的身份和地位。犬会分泌一种外激素的化学物质，在它们的唾液、粪便、尿液、阴道和阴茎的分泌物中都有这种外激素。将外激素与体内废物混合，犬就通过这些排泄物来传递自身信息。不仅尿液和粪便有气味，它们所有的排泄物的分泌物都有气味，包括唾液和耳垢。这些气味传递信息，雌犬耳朵的气味是判断其性欲状况的主要根据。

例如，犬每次排便完毕，肌肉肛门收缩，由两侧葡萄样的肛门腺挤出两滴满载信息素的物质，这难闻的气味便留在粪便上。研究表明，肛门腺的分泌物中，至少有12种不同的物质，是个庞大的气味信息库。尿液所含的信息素传递着有关雌犬生殖状况和雄犬的地位信息。公犬喜欢把自己的气味遍布在自己的领地内，以证明其领主地位。在排尿之前，公犬会仔细地嗅闻其他犬留下来的气味，在排尿的过程中它会尽力覆盖其他公犬的气味，给后来的犬留下自己的信息，已达到信息交流的目的。后来的犬如果地位低，在闻到气味后，会有臣服表现。公犬排便后会用后肢蹬土来加以掩埋。

马的嗅觉神经和嗅觉感受器非常灵敏。可以根据嗅觉信息来识别主人、性别、母子、发情、同伴、路途、厩舍和饲料种类。马认识辨别事物，首先表现为嗅的行为，鼻翼扇动，做短浅呼吸，力图吸入更多的新鲜气味，加强对事物的辨别。在预知危险和惊恐时，马强烈吹气，振动鼻翼，发出特别的响声，称之为打响鼻。在调教马学习新鲜事物时，最好先以嗅觉信息打招呼，如给马戴挽具、鞍具时，先让马嗅闻，再戴它。遇到马有惊恐表现时，应给予温和的安慰，壮其胆量，收紧缰绳，加强控制。

马可以依靠嗅觉辨别大气中微量的水汽，群牧马或野生马可借以寻觅几千米之外的水源。根据粪便的气味，马可以寻找同伴和避开野兽。马鼻腔下的筛板和软腭相连，形成隔板作用。因此，采食时仍可能通过鼻腔吸入嗅觉信息，既可以采食，又可以警惕敌害和用嗅觉挑选食物，两者互不干扰。此外，马可以用嗅觉去摄食体内短缺的营养物质，其机制尚不清楚。异性的外激素亦可以通过嗅觉作为性引诱。因为马有发达的嗅觉，因此会拒绝饮尿液、药物污染的水和饲草饲料等。

兔的嗅觉非常灵敏。母兔能通过闻仔兔身上的气味辨别是否是自己生的仔兔。如果将一只母兔产的仔兔放入另一只母兔窝内，另一只母兔通过嗅觉可以辨别出来，并将外来的仔兔咬伤或咬死；还能通过嗅觉辨认异性和栖息领地。

猪则通过嗅觉来寻找食物和探究周围世界。猪生来喜欢植物的根茎。一有机会，它们就用鼻子深入土里，上下拱动将土翻开使蚯蚓、小虫和根茎露出来而食之。在中国有些地区，人们将猪放养在刚刚收获的花生田内，猪可以将花生田内落下的花生吃得干干净净。在法国佩里戈地区，甚至利用猪的这个天性训练它们寻找块菌——一种地下生长的蘑菇。群养条件下，猪在白天大部分时间是在积极地进行探究行为，主要采用鼻拱的方式来进行探究活动。在自由的环境中，40%的白天时间用来睡觉，35%时间用于探究新环境，15%的时间用于采食，剩下的10%用于其他行为。

在群体中的新成员加入的时候，猪有好奇心，通过拱对方的形式来接触。当陌生人接近猪群时，它们就会发出警报或低吼声，接着它们立刻四散逃跑。此时，如果入侵者伫立不动或坐着，猪总是返回来通过嗅、拱和啃的形式来进行探究。这种到处拱土和探究本性，对于牧草尤其有害。当拱土开始后，猪需要加装鼻环，这项措施适用于所有断奶后的猪。大猪应该被绳索或鼻子上加装的鼻环限制。三角形或鱼钩形的鼻环最常见。鼻环一般为1~3个，装在猪鼻子软骨后面，但是要远离骨头，也有生产者把鼻环穿在隔膜上。

动物除了具有鼻腔这样的嗅觉系统，还具有第二嗅觉系统——犁鼻器，最典型的就是蛇类，它们吐出长长的分叉舌头来感知外界的信息分子，然后送到位于上腭的一个凹陷中，在这里存在有神经细胞可以把化学信号转变为电信号，经过神经传到脑部，由脑部对其分析判断。这个器官在人的胎儿时期还存留，出生以后就退化了，家养和野生动物还保留着这个器官。

犁鼻器感知的是空气中化学分子和同类动物的外激素。外激素属于外分泌的物质，释放到外界，而内分泌的物质则是在一个动物体内起反应。外激素在不同的个体间起作用，有时被同类的另一个个体接受，并在后者引起特定的反应，如出现特定的行为或者发育过程。释放型外激素可以刺激即刻行为反应，并可以进一步根据它们的可能功能分为性吸引素、警戒外激素、攻击外激素和嗅迹外激素等。

除了高等灵长类和人类外，大多数哺乳动物都具有发育良好的双重嗅觉系统。主嗅觉通路、感受器位于鼻腔内，它们的伸进纤维投射到脑部的皮质区和丘脑，来感知外界的气味。而犁鼻器这个副嗅觉通路的纤维直接投射至与性行为及神经内分泌调节有关的脑部的边缘结构。

哺乳动物的犁鼻器是由一根长长的管道组成的，其前端是一狭窄的管道，开口与鼻腔底部（啮齿类动物、兔类及一些灵长类动物），或者开口于鼻腭管。在一些哺乳动物中，刺激物分子刺激感受器的通路，受到可以自动控制的血管泵结构的调节。这个机构是由犁鼻器囊腔周围的大血管构成的。在一些有蹄类动物（马、牛、羚羊）和一些食肉动物（猫）中，当雄性探寻雌性分泌物时，可以观察到一种典型的反应，称为探测反应。这种动作提示是一种有效犁鼻器探测的外在表现。这种固有的刻板姿势（昂头，上唇背卷）据说能使通往此感受器的狭小通道开放。

爬行动物，主要依靠犁骨与鼻骨的嗅觉系统来产生行为反应，包括警戒、捕捉气味痕迹及某些社会行为反应的。切断嗅神经，雄蛇仍有求爱行为，但是切断雄蛇犁骨、鼻骨神经后不仅交配能力丧失，而且求爱及与其他雄蛇间产生的争斗行为也消失。啮齿动物中，外激素对生殖功能也有影响。

生物向高级进化，对犁骨和鼻骨嗅觉系统的依赖中释放出来。在高等灵长类动物及人体中，外激素对于神经内分泌的功能的影响很弱，并不存在像昆虫中已经证明存在的可以引起强烈的性吸引作用的化合物。这并不是这种化合物还没有发现，而是因为灵长类动物行为不是固定不变的。另外，灵长类有高度发达的感觉，并具有随着进化而增长的新皮层，所以能够快速地对多种渠道传来的信息同时接收并整合的能力。灵长类还具有自己判断哪一种渠道感觉最有关的能力，并能使自己的行为不被某一占统治优势的感觉所支配。

蜜蜂是人类制造蜂蜜的社会性昆虫，也是人类饲养的最小的经济动物。蜜蜂的社会性生活方式，要求其社会成员间进行有效的信息传递。它们通过感觉器官、神经系统接受外界和体内各种理化刺激，按固定程序机械性地产生一系列行为反应，整个蜂群中的蜜蜂内外协调，共同完成繁殖、分蜂、抗御敌害与严寒，使蜜蜂种群得以生存和繁荣。

蜂王产卵，工蜂筑巢、采酿蜂蜜和蜂粮、饲喂幼虫等都是蜜蜂本能的表现，遇敌螫刺、闻烟吸蜜等是蜜蜂对刺激产生的反射活动。

蜂王、工蜂和蜂蜡产生信息外激素，在植物开花泌蜜期，蜂巢内有适量幼虫、积极造脾和蜂王年轻力壮会增加蜂蜜产量；当蜂群遇到危险时，工蜂高翘腹部、扇动翅膀，将携带密码的香气（外激素）报告给伙伴，同时伸出螫针向来犯者示威，于是，群起攻击来犯之敌。蜜蜂的信息素以接触和在空气中传递，蜜蜂的触须（角）则起到了嗅觉器官——鼻子的作用，蜜蜂在巢脾上用有规律的跑步和扭动腹部传递信息进行交流，人们形象地称之为蜂舞，类似人的“哑语”或“旗语”。蜂舞有两种，一种是圆舞，蜜蜂在巢脾上快速左右转圈，向跟随它的同伴展示丰美的食物就在附近；另一种是“8”字舞，蜜蜂在巢脾上沿直线快速摆动腹部跑步，然后转半圆回到起点，再沿这条直线小径重复摆腹跑步，并向另一左转半圆回到起点，如此快速转“8”字形圈，向跟随它的同伴诉说甜蜜还在远方，鲜花位置在跳舞蜂跑的直线与地球引力线的夹角和太阳方位、蜂巢、鲜花三点所形成的夹角一致，于是，大群蜜蜂跟随而至，将食物搬运回家。在食物信息传递中，还有鲜花的香味、蜜蜂在途中散播的气味以及花色、形状等，食物越丰富和越适口、距离越近，跳舞蜂就越多、跳舞也越积极，转圈越频繁。

另外，当一个新的蜜蜂王国诞生时，它们还通过舞蹈比赛来确定未来的家园。蜂声是蜜蜂的有声语言，如蜜蜂跳分蜂舞时的呼呼声，似分蜂出发的动员令，“呼声”发出，蜜蜂便倾巢而出。蜜蜂围困刺杀蜂王时，发出一种快速、连续、刺耳的吱吱声，工蜂闻之，就会从蜂巢的四面八方快速向“吱吱”声源处爬行集中，使围困蜂王的蜂球越结越大，直到使蜂王窒息死亡。当蜂王丢失时，工蜂会发出悲伤的无希望的哀鸣声。蜂群受到惊扰或胡蜂侵犯时，工蜂在原地集体快速振动身体，发出嗍嗍的整齐划一的蜂声，向来犯之敌示威和恐吓。

蜜蜂有5只眼睛，2大3小，它们共同捕获外界的物像和光明。蜜蜂的2个大眼睛似肾形，挂在蜜蜂头部两侧，分别由数个内为六棱锥体外呈正六边形面的小眼组成，感知物像。蜜蜂复眼视物如嵌像，组成复眼的六边形小眼从不同方位搜集物像信息，并分别传送到大脑，由大脑将这些信息组合成马赛克状的嵌像；蜜蜂复眼似雷达，时刻监视着从其前面通过的物体。蜜蜂的3个圆形小（单）眼呈倒三角形长在头顶正中，感知光色，它让蜜蜂早出晚归。倘若有1只蜜蜂向你飞来，喊叫是吓不走它的，因为蜜蜂没有专门的耳朵，听力范围与人不同，它听不到，而拍打奔跑更会招来群蜂的追击，最好的办法是让其自动离去。

动物的生活虽多姿多彩，却又充满曲折艰辛，既有喜怒哀乐也有悲欢离合。我们所能描绘的只是一鳞半爪，动物有的很多神秘生活习性仍需要去探索。日常中我们所见到的仍需要进行深入的研究。如动物躲避严寒的复杂生理变化是什么？当我们为那些才华横溢的建筑设计师们所设计的摩天大楼、海底隧道、空中旅馆折服时，你是否想到了那些微不足道的小动物们，它们中间不乏具有非凡天分的建筑师，如蜂巢、鸟巢等，它们创造的杰作往往成为了人类建筑设计师不断创新的源泉！动物们还可以通过感觉感知外界以及身体内部的情况，通过对收集到的信息进行比较和分析，从而做出相应的行为变化。尤其通过对猫头鹰眼睛的研究了解到，它的眼睛对弱光感受特别灵敏，以至于人们形象地比喻它“昼不见泰山，夜能察秋毫”。在浩瀚的地球上，还有多少我们闻所未闻的动物呢？在瑰丽多彩的动物世界内，还有多少我们没有了解清楚的动物们的“特异功能”及独特的生存方式呢？这有待我们继续探索和发现。

# 4 动物对人类的恩赐

动物是自然的精灵，是上帝派向人间的天使。动物恩赐给人类的实在是太多太多了。有了动物，人们的物质生活水平才能够得到提高，人们的精神生活才能够更加充实，人们的出行才能够更加便捷，人们的身体才能够更加健康，人们生活的环境才能够更加美好。动物的价值还不仅仅是这些。与动物平等相处，多为动物考虑，多与动物亲近。关心动物的生存空间、环境、资源以及其天性的表达，善待动物，人们从动物界获得的将会更多更多。

## 4.1 美味食材

“民以食为天”，衣食住行是人类赖以生存的必备条件。人们的食物来源可分为植物性产品（如粮食、蔬菜、油类等）和动物性产品（如畜产品、水产品和各种野生动物产品）。

植物性产品和动物性产品对于人类的发展和文明的进步都是非常重要的。恩格斯说：“既吃植物也吃肉的习惯，大大地促进了正在形成中的人的体力和独立性。但是最重要的还是肉类食物对于脑髓的影响，脑髓因此得到了比过去多得多的为本身营养和发展所必需的材料，因此它就能够一代一代更迅速更完善地发展起来。”植物性产品和动物性产品在人们日常生活中的比例不仅决定了其膳食结构合理状况和生活水平的高低，而且也会影响到子孙后代的健康和智力发展。只有植物性产品的膳食不是高质量的，必须有动物性产品的参与，而且动物性产品应该达到较高的比例。

动物来源的食物包括畜禽肉（内脏）、蛋类、水产品、奶等及其制品等，不仅可以为人体提供蛋白质、脂肪、矿物质、维生素A和B族维生素等多种营养物质，而且是人们制作多种美味佳肴的必需材料，如果没有动物性产品，可以想象我们的餐桌上将会是多么的单调！

肉类是食用价值很高的食品，包括牲畜、禽类的肌肉、内脏及其制品。肉类不仅能提供人体所需要的蛋白质、脂肪、无机盐和维生素，而且滋味鲜美，营养丰富，容易消化吸收，饱腹作用强，可烹调成多种美味佳肴。肉的组分变化不仅取决于肥肉与瘦肉的相对数量，也因动物种类、年龄、育肥程度及所取部位等不同而呈显著差异。肉类的蛋白质主要存在于肌肉中，骨骼肌中除去水分（约含75%）之外，基本上就是蛋白质，其含量达20%左右，其他成分（包括脂肪、糖类、无机盐等）约占5%；猪肉蛋白质含量为14%～22%，牛肉为20%～21%，羊肉为17%左右，鸡肉蛋白质的含量为20%～25%，鸭肉为13%～17%，鹅肉为11%左右。动物内脏，如肝、肾、心、胃、舌等，也是富含优质蛋白质的食品。鸡胗和鸭胗，因为其中的蛋白质与鸡肉、鸭肉相当，而脂肪含量却只有鸡肉和鸭肉的1/5，可以说是一种很健康的食品，几乎所有的人都能食用。

肉类中的脂肪含量依其肥瘦有很大的差异。其组成以饱和脂肪酸为主，多数是硬脂酸、软脂酸、油酸，另有极少量其他脂肪酸。羊脂中的脂肪酸含有辛酸、壬酸等饱和脂肪酸，一般认为羊肉的特殊膻味与这些低级饱和脂肪酸有关。禽肉脂肪熔点较低，在33～44℃，所含亚油酸占脂肪酸总量的20%。鸡肉脂肪含量约为2%，水禽类为7%～11%。值得一提的是，欧洲人将鹅肝与鱼子酱、松露并列为“世界三大珍馐”，鹅肝是法国美食的代表。鹅肝含脂肪40%～60%，其中含不饱和脂肪酸65%～68%，它可降低人体血液中胆固醇含量，抑制其他脂肪的吸收，对人体极为有益；每100克鹅肝中含高达4.5～7克的卵磷脂，具有软化血管、延缓衰老、防治心脑血管疾病发生的功效；亚油酸为人体所必需，且在人体内不能合成，必须由食物摄取；每100克鹅肝含核糖核酸高达9～13.5克，更有利于机体新陈代谢，增强体质。

蛋类有鸡蛋、鸭蛋、鹅蛋、鹌鹑蛋、鸽子蛋等，各种禽蛋的营养成分大致相同。全蛋（可食部分）蛋白质的含量也与蛋的种类、品种、产地等因素有关，鸡蛋为11%～15%，鸭蛋为9%～14%，鹅蛋为12%～13%。鸡蛋的蛋清中，蛋白质含量为11%～13%，水分含量为85%～89%；蛋黄中仅含有50%的水分，其余部分是蛋白质和脂肪，二者的比例为1∶2；蛋的脂肪含量与蛋的种类有关，去壳的鸡蛋约为10.5%，鸭蛋和鹅蛋约为14.5%。不管是哪种蛋，脂肪主要集中在蛋黄，鸡蛋蛋黄的脂肪含量高达33.3%，鸭蛋和鹅蛋蛋黄脂肪含量更高，达36.2%；蛋白的脂肪含量很低，鸭蛋蛋白含量为0.03%，鸡蛋和鹅蛋为0.02%。蛋中的脂肪主要由不饱和脂肪酸组成，在常温下为液体，容易被人体吸收。蛋黄中含有大量的卵磷脂（蛋类中含15%的卵磷脂）、脑磷脂和神经鞘磷脂，这些成分都是人脑及神经组织发育生长所必需的营养物质。此外，鸡蛋还含有糖类、矿物质、维生素、色素等。

奶类是一类营养成分齐全，组成比例适宜，易消化吸收，营养价值较高，能满足初生幼仔生长发育所需全部营养的天然食品。不仅含有蛋白质和脂肪，而且含有乳糖、维生素和无机盐等。鲜奶一般含水分为87%～89%，蛋白质为3%～4%（牛奶蛋白质的含量在3%～4%，羊奶约为4%，马奶为2%，水牛奶为4.7%，牦牛奶为0.5%）。如牛奶中含酪蛋白为79.6%、乳清蛋白为11.5%和乳球蛋白3.3%。奶蛋白消化率为87%～89%，属优质蛋白。其中，乳球蛋白与机体免疫有关；脂肪为3%～5%，脂肪以很小的微滴分散在乳浆中，所以很容易被人体消化吸收。脂肪的组成以饱和的棕榈酸和硬脂酸为主，约占40%，饱和的短链脂肪酸丁酸和己酸约占9%，不饱和的油酸占30%，亚油酸和亚麻酸仅占3%，其余为月桂酸和肉豆蔻酸等。牛奶脂肪熔点较低，易消化，吸收率达97%；乳糖为4%～5%，矿物质为0.6%～0.78%，还含有少量的维生素。牛奶是人类最普遍食用的奶类，与人乳相比，牛奶含蛋白质较多，而所含乳糖不及人乳，故以牛奶替代母乳时应适当调配，使其化学成分接近母乳。

水产品包括各种鱼、虾、蟹、贝类和海藻类（海带、紫菜）等，其中以鱼种类为最多。鱼类的营养成分因鱼的种类、年龄、大小、肥瘦程度、捕捞季节、生产地区以及取样部位的不同而有所差异。总的来说，鱼肉的固形物中蛋白质为主要成分，蛋白质含有人体所需的9种必需氨基酸，这些蛋白质到我们身体后，有87%～98%可被人体利用，是优质完全蛋白质；鱼类脂肪含量较低，一般为1%～3%，主要分布在皮下和脏器周围，肌肉中含量很低。鱼类脂肪多由不饱和脂肪酸组成（占70%～80%），熔点低，常温下为液态，消化吸收率达95%。鱼类脂肪中含有长链多不饱和脂肪酸，如二十二碳五烯酸（EPA）和二十二碳六烯酸（DHA）（脑黄金），是大脑必需的营养物质，具有降低血脂、防治动脉粥样硬化等作用，但易发生氧化。鱼肉中的胆固醇含量较低。鱼肉还含有维生素、矿物质等成分，特别是海产咸水鱼还含有一定量的碘盐和钾盐等，对人体健康有重要意义。

肉、蛋、奶、鱼蛋白质中氨基酸的组成与人体氨基酸最接近，含有人体多种必需氨基酸，人体利用效率高。蛋中的蛋白质几乎能被人体全部消化吸收，为天然食物中最理想的优质蛋白质。所以在进行各种食物蛋白质的营养质量评价时，一般以全蛋蛋白质作为参考蛋白质。各种肉类和奶类的蛋白质消化吸收率也很高，一般达85%～90%。鸡肉和奶中的蛋白质含有丰富的赖氨酸，是谷类食物良好的天然互补食物。禽肉质地较畜肉细嫩且含氮浸出物多，故禽肉炖汤的味道较畜肉鲜美。肉类的结缔组织中主要成分为胶原蛋白和弹性蛋白。胶原蛋白含有大量的甘氨酸、脯氨酸和羟脯氨酸，而缺乏色氨酸、酪氨酸和蛋氨酸，因此是属于不完全蛋白质，营养价值较差。

胆固醇是在人们日常生活中出现频率较高的一个词汇，人们常常把胆固醇的摄入与心血管疾病联系起来。胆固醇是一种类脂物质，广泛存在于动物体内，尤以脑及神经组织中最为丰富，在肾、脾、皮肤、肝和胆汁中含量也很高。畜肉中胆固醇的含量因肥瘦度和器官的不同有很大差别，瘦猪肉为77毫克/100克，肥猪肉为107毫克/100克，瘦牛肉为63毫克/100克，肥牛肉为194毫克/100克。内脏的胆固醇含量比较高，如猪心为158毫克/100克，猪肝为368毫克/100克，猪肾为405毫克/100克，脑中的含量最高，猪脑达3 100毫克/100克。鸡肉胆固醇的含量为117毫克/100克，鸭肉80毫克/100克，填鸭101毫克/100克；不同鱼类胆固醇的含量相差较大，鲤鱼为83毫克/100克，水发鱿鱼为265毫克/100克，虾皮达608毫克/100克。蛋黄中也含有很高的胆固醇，每100克蛋品，胆固醇的含量分别是：鸭蛋634毫克，松花蛋649毫克，咸鸭蛋黄2 110毫克；鸡蛋680毫克，鸡蛋黄1 705毫克。

人们在对待食物胆固醇的摄取方面有着两种截然不同的片面的观点：一种观

点认为胆固醇是极其有害不能吃的东西；另一种观点认为胆固醇对人体无多大危害，人们可以尽情地摄取。这两种观点都是不可取的。胆固醇在机体中具有重要作用，是动物组织细胞所不可缺少的重要物质，它不仅参与形成细胞膜，而且是合成胆汁酸、维生素 D 以及甾体激素的原料。另外，许多含有胆固醇的食物中其他的营养成分也很丰富，如果过分忌食这类食物，很容易引起胆固醇缺乏和营养平衡失调，导致贫血和其他疾病的发生。但长期过量地摄入高胆固醇食物，也容易导致动脉粥样硬化和冠心病的发生与发展。一般认为健康成人和不伴有冠心病或其他动脉粥样硬化病的高胆固醇血症患者，每天胆固醇的摄入量应低于 300 毫克，而伴有冠心病或其他动脉粥样硬化病的高胆固醇血症患者，每天胆固醇的摄入量应低于 200 毫克。实际上，胆固醇在诱发高脂血症、冠心病方面的作用是很小的，发生这类疾病主要还是机体本身出现的问题，所以要正确认识。

## 4.2 医药宝库

动物产品入药有着悠久的历史，早在 3 000 多年前我国就开始将蜜蜂、鹿茸、麝香、蕲蛇等作药用。如商代的甲骨文，其中记载了蛇、龟、鱼、麝、鹿、虎、犀牛等 40 多种动物，它们既可食用也可以治疗疾病。远在春秋战国时期的《山海经》中也记载了药用动物麝、鹿、犀、熊、牛等 60 余种，而且还记载了药物的产地、功用和性质，堪称是最早记载了药物功用的古籍。据不完全统计，在《诗经》中，出现有虫、鱼、鸟、兽等各类动物 160 种，有许多动物既可食用也可供药用。《尔雅》是我国最早的一部词典，也收载有 423 种动物，其中有很多动物可供药用。在 2 000 多年前我国就已经开始了珍珠、牡蛎等药用动物的养殖。

陶弘景的《本草经集注》成书于公元 500 年前后，其中记载的动物药增加到 113 种。《新修本草》为唐高宗显庆四年（公元 659 年）由官方编撰的最早的具有药典性质的中药典籍，也是世界首部由政府颁布的“国家药典”。《新修本草》由《本草》（正经）《药图》《经图》三部分组成。全书分为玉石、草、木、兽禽、虫鱼、果、菜、米（谷）、有名未用回互类等 9 类，共 54 卷，收载药物 850 种，其中动物药有 128 种。明代李时珍的《本草纲目》成书于万历六年（1578

年）。全书共52卷，约200万字，所收载的药物总数达到1 892种，动物药也增加到443种，占23.4%。清代赵学敏《本草纲目拾遗》（1765年）收载了《本草纲目》未载的动物药122种，至此动物药已560余种。

在临床应用方面，中医认为动物药是“血肉有情之品”，它与人体内物质的组成比较接近，因此容易被人体吸收和利用。与植物药相比，动物药有更为突出的功效，具有散风解表、利尿渗湿、清热泻火、祛风湿、润下、开窍、安神、平肝息风、理气、活血化瘀、止血、补益、收敛、生肌、消导、化痰、攻毒等重要功效，在中医临床上应用于内科杂病的调治、危急重病的救治以及解毒外治等方面，起着重大的作用。同时，我国在动物毒素的研究方面也取得了可喜的成果，并且走在世界医学的前列，如从斑蝥等昆虫中提取的斑蝥素有抑制癌细胞生长的作用，已用于治疗原发性肝癌等；从蝮蛇毒中提取的以精氨酸酶为主的无菌酶制剂（蝮蛇抗栓酶注射液）用于脑血栓及血栓闭塞性动脉炎的治疗；从蟾蜍中分离的脂蟾毒配基有升压、强心、兴奋呼吸等作用，临床用于治疗肺心病引起的呼吸循环衰竭和失血性休克等病；由解放军药物研究所和河北省水产研究所研制的“河豚毒素”在临床已用于弛缓肌肉痉挛和解除中期癌症患者的痛苦等。用动物毒素为人类防病治病已取得重大的成果。动物药具有药源广、活性强、疗效高、显效快、潜力大的特点，越来越引起国内外的广泛关注和重视。

牛黄（别名丑宝）是牛科动物黄牛或水牛的胆囊结石。天然牛黄是一味古老而常用的中药，既可单味入药，也可组配成方。其医疗范围广，疗效好，为世人所熟知。祖国医学认为牛黄性凉、味苦甘，入心、肝经，具有清心开窍、豁痰定惊、清热解毒等功效，主治高热神昏、中风痰迷、发狂谵语、惊风抽搐、烦躁不安、咽喉肿痛、口舌生疮、痈肿疔毒等症，尤其对各种热性疾病疗效较佳。此外，在孙思邈的《千金翼方》中还说“牛黄久服轻身增年、令人不忘”，具有保健醒脑、延年益寿的作用。据统计，目前我国广泛使用的含有牛黄的中药方剂达270多个，其中大多数已制成中成药。有不少以牛黄为主药配制的中成药丸剂，如安宫牛黄丸、牛黄清心丸、人参再造丸、至宝丹、梅花点舌丹等，因其疗效奇特而十分名贵。有的还制成注射剂，如安宫牛黄注射液，又称醒脑静。由于天然牛黄很珍贵，国际上的价格要高于黄金，现在大部分使用的是人工牛黄。

名贵药材鹿茸是雄性梅花鹿或马鹿未骨化而带茸毛的幼角。雄性梅花鹿、雄性马鹿在8~10月龄后，额部开始突起，形成长茸基础，2周岁以后，鹿茸分岔，鹿茸以3~6岁的鹿所生的为佳。鹿茸中含有磷脂、糖脂、胶脂、激素、脂肪酸、氨基酸、蛋白质及钙、磷、镁、钠等成分，其中氨基酸成分占总成分的一半以上。鹿茸性温而不燥，具有提高机体功能的功效，对身体虚弱、久病患者，有较好的强身作用。李时珍在《本草纲目》中称鹿茸“善于补肾壮阳、生精益血、补髓健骨”，可以壮肾阳、益精血、强筋骨、托疮毒。主治肾阳虚衰、阳痿滑精、宫冷不孕、虚劳羸瘦、神疲畏寒、眩晕、耳鸣耳聋、腰背酸痛、筋骨痿软、小儿五迟、女子崩漏带下以及神经衰弱等。全世界的鹿约有40多种，分布在我国的有19种。梅花鹿、马鹿是我国主要的茸用鹿。梅花鹿主产于吉林、辽宁；马鹿主产于黑龙江、吉林、青海、新疆、四川等省区。东北梅花鹿采收的叫“花鹿茸”，质量最优；东北马鹿采收的叫“东马茸”，品质较优；西北所产的叫“西马茸”，品质较次。

蛇类动物是动物界中的一个大家族，共分13科，除2科全为化石外，现今生活的蛇类有11科，已知约400属2 500种。以蛇作药，早在2 000多年前西汉的《神农本草经》一书中就有记载。到明代，李时珍所著《本草纲目》中有比较详细的叙述：“蝮蛇能治半身枯死，手足脏腑间重疾……”。到1 800年前后，欧美国家才开始研究以蛇入药。在日本蛇作药用的记载始见于1915年。可以入药的有蟒蛇、三索锦蛇、渔游蛇、滑鼠蛇、中国水蛇、铅色水蛇、金环蛇、银环蛇、眼镜蛇、眼镜王蛇、青环海蛇、长吻海蛇、黑头海蛇、小头海蛇、山竹叶青、尖吻蝮、海蝰、烙铁头和竹叶青等，其药用部分除蛇肉以外，还有蛇蜕、蛇胆和蛇毒。因此，蛇的全身都是宝。我国传统医学认为，蛇类药物具有搜风胜湿、通经活络、定惊镇痉、通关透节及攻毒等功效，主治中风、半身不遂、筋脉拘急、手足瘫痪、四肢麻木、抽搐痉挛、关节疼痛、破伤风、麻风、疥癣、神经衰弱、消化不良等症。现代医学研究证明，蛇类药物具有抗应激、抗炎、抗胃溃疡、增强免疫功能和降血脂、降血压、镇静镇痛等作用。新中国成立以后，对蛇药的研究受到普遍重视，不但扩大了入药的蛇种和治疗的病种，而且在蛇的药理作用上也有新的发现，蛇药制剂也有许多创新，从而为进一步利用蛇类这一药物资源开辟了广阔的前景。

蛇蜕为游蛇科动物黑眉锦蛇、锦蛇或乌梢蛇等脱下的干燥表皮，性平味咸，归肝经，具有祛风、定惊、解毒、退翳等功效，主治小儿惊风、抽搐痉挛、角膜出翳、喉痹、疔肿及皮肤瘙痒等症；蛇胆为眼镜蛇科、游蛇科或蝰科多种蛇的胆汁，具有清热解毒、化痰镇惊、清肝明目等功效，用于治疗大风疠疾、木舌胀塞、痰迷心窍、风热发狂、眼雾不明、痔疮红肿、皮肤热毒、小儿肺炎、百日咳、支气管炎、咳嗽痰喘等多种疾病；蛇毒在国际市场被誉为“液体黄金”。其实，蛇毒的价格远远高于黄金，是黄金的几倍甚至几十倍。蛇毒药用研究已有60多年的历史了。蛇毒对晚期癌症疼痛、神经痛、风湿性关节痛、偏头痛、麻风反应等顽固性疼痛都有比吗啡更好而持久的镇痛作用，而且无成瘾性。

麝香简称“麝”，为鹿科动物林麝、马麝或原麝成熟雄体的肚脐和生殖器之间的腺囊的分泌物，干燥后呈颗粒状或块状，有特殊的香气，有苦味，可以制成香料，也可以入药，是中枢神经兴奋剂，外用能镇痛、消肿。麝香性辛温、无毒、味苦，入心、脾、肝经，有开窍、辟秽、通络、散瘀之功能。主治中风、痰厥、惊痫、中恶烦闷、心腹暴痛、跌打损伤、痈疽肿毒。许多临床材料表明，冠心病患者心绞痛发作或昏厥休克时，服用以麝香为主要成分的苏合丸，病情可以得到缓解。古书《医学入门》中记载麝香“通关透窍，上达肌肉，内入骨髓……”。《本草纲目》云：“……盖麝香走窜，能通诸窍之不利，开经络之壅遏。”其意是说麝香可很快进入肌肉及骨髓，能充分发挥药性。治疗疮毒时，药中适量加点麝香，药效特别明显。西药用麝香做强心剂、兴奋剂等急救药。

蜂毒是蜜蜂螯刺内的毒液，主要成分为形成组胺的酶系和低分子的蛋白溶血肽及磷酸酯酶（注：被蜜蜂蜇后采取急救方法是立即在被蜇部位寻找到毒针并拔出，如果家里有火罐，可用它吸出毒汁，减少毒素的吸收；被蜇部位用3%氨水、或5%碳酸氢钠溶液或肥皂水洗净。若被黄蜂蜇伤，则最好涂以醋酸或食醋；可在伤口周围涂南通蛇药或选用草药，如紫花地丁、七叶一枝花、半边莲、蒲公英等，捣烂外敷）。1888年，特尔什报告了173例风湿症患者被蜂蜇而获得痊愈的事例。1912年，鲁道夫·特尔奇曾使用蜂毒治疗666例患有风湿症的患者，结果554人痊愈，99人有显著效果。中国医务工作者在用蜂毒治疗风湿病、类风湿性关节炎方面也获得了理想疗效。蜂毒可以治疗神经痛和神经炎。1959年，索科洛夫用蜂毒治疗51例脊神经炎患者，43名治愈，其余明显好转或症状改善；1960年，波德罗夫用蜂毒治愈全部100例三叉神经痛患者。目前在临床中，蜂毒已应用于治疗坐骨神经痛、三叉神经痛、枕神经痛、背神经根炎等。另外，蜂毒可以用来治疗高血压动脉粥样硬化症、静脉血栓形成、血栓闭塞性脉管炎和动脉内膜炎以及变异性疾病支气管哮喘。

乌鸡白凤丸，可以说家喻户晓。乌鸡白凤丸的主要成分就是乌骨鸡（泰和乌骨鸡）和白色鸽子。乌鸡观赏药用价值极高，外形俊丽，具有凤冠、绿耳、双缨、五爪、胡须、白丝毛、毛脚、乌皮、乌肉、乌骨十大特征，号称“十全十美”。乌鸡肉质细嫩，味道鲜美可口，为高级滋补品，是普通鸡所不能相比的，被人们称作“名贵食疗珍禽”。在我国历史上，乌鸡被列为贡品进贡皇室。乌鸡肉色乌黑，富含黑色素，含胆固醇和脂肪低，含游离脂肪酸高，是老年人及久病体弱者的理想食品。乌鸡肉性甘、辛、热、无毒，它是一种补虚弱劳损、滋阴壮阳的珍品，具有补肝肾、益气养血、退虚热的作用。可提高生理机能，延缓衰老，强筋健骨，对防治骨质疏松、佝偻病、妇女缺铁性贫血症等有明显功效。《本草纲目》认为乌骨鸡有补虚劳羸弱，治消渴，益产妇，治妇人崩漏带下及一些虚损诸病的功用；白色肉鸽营养丰富、药用价值高，是高级滋补营养品。肉质细嫩味美，为血肉品之首。经测定，乳鸽含有17种以上氨基酸，氨基酸总和高达53.9%，且含有10多种微量元素及多种维生素。因此，鸽肉是高蛋白、低脂肪的理想食品。肉鸽的骨、肉均可以入药，能调心、养血、补气，具有防止疾病，消除疲劳，增进食欲的功效。

鹅肉蛋白质的含量很高，同时富含人体必需的多种氨基酸以及多种维生素、微量元素矿物质，并且脂肪含量很低。鹅肉营养丰富，脂肪含量低，不饱和脂肪酸含量高，对人体健康十分有利。鹅肉性平、味甘，归脾、肺经。具有益气补虚、和胃止渴、止咳化痰、解铅毒等作用。凡经常口渴、乏力、气短、食欲缺乏者，可常喝鹅汤、吃鹅肉，这样既可补充老年糖尿病患者的营养又可控制病情的发展；另外，还可治疗和预防咳嗽病症，如感冒、急慢性气管炎、肺气肿、哮喘痰壅以及慢性肾炎、老年水肿等。

“飞禽莫如鸪、走兽莫如兔”，兔肉营养丰富，肉质细嫩，易于消化，由于其脂肪含量只有9%，所以是老年人及冠心病、肥胖症、糖尿病患者的理想肉食，有“保健肉”的美称；它含有丰富的维生素E，能促进营养的合成和转化，消除皮炎，改善皮肤质地，使其细嫩光滑，有“美容”作用；另外，它含有大量的不饱和脂肪酸，有利于儿童智力发育和预防老年痴呆症；同时，它含有丰富的钙，可以促进儿童骨骼发育和预防佝偻病、骨质疏松症等。

动物内脏，不仅是人们日常饮食中的美味佳肴，而且对治疗人体的某些疾病也有一定的药用价值。对于心慌、失眠患者，常吃猪心有一定的治疗作用，而牛心则可治嗝气、惊悸，猪胃可治虚劳、健脾胃、补肾，牛胃可治脾胃虚弱、气血不足，羊胃可补虚益脾，猪肺可治肺虚咳嗽、咯血，牛肺可治吐血、咯血，羊肺可治肺痿咳嗽，猪肝可治肝脏虚弱、夜盲症，猪肾可治肾虚腰痛、遗精、盗汗，猪肠可治便血、痔疮，猪脾可治脾胃虚热、消化不良等，而且由于这些都是通过食补来进行治疗，主要是保健作用。动物内脏还是生产生物制品的好原料，如肝、肾、胃、睾丸、胰脏、脑垂体等可作为原料生产肝制剂、肾上腺素、胃蛋白酶、胰酶、脑垂体后叶素等生物制剂。

功能鸡蛋是指某种营养物质或元素含量高于普通蛋的鸡蛋，一般是通过在蛋鸡饲料中添加某种物质的方法来实现的。如饲料中添加高剂量的某些物质后被机体吸收后可以循环到蛋内。目前开发的功能鸡蛋有高碘鸡蛋、高铁鸡蛋、高锌鸡蛋、高硒鸡蛋、高亚油酸鸡蛋等。功能鸡蛋的生物学效价较高，如高碘蛋，不仅能预防缺碘病的发生，还可提高人体脂蛋白脂肪酶的活性，降低血液中胆固醇与甘油三酯的含量，防止动脉硬化、高血压、高血脂、冠心病、支气管哮喘，缺碘性甲状腺肿大、甲亢等，对糖尿病等亦有一定疗效。

## 4.3 原料车间

动物产品为轻工业提供原料，成为轻工业原材料的“生产车间”。如果没有动物产品，轻工业在国民经济中的地位将大打折扣，很多工厂将停工，很多企业将倒闭，也会增加很多失业人员。

如肉品工业可以利用动物产品生产出数不胜数的肉制品，我国有咸肉、腊肉、板鸭、封鸡、腊肠、香肚、中式火腿等，国外有培根、萨拉米干发酵香肠和半干香肠等。

兔肉制品的加工方法繁多，可以酱卤、腌制、熏烧、灌制、干制、罐装及生产药膳制品。民间对兔肉的烹调十分考究，目前已搜集200余种，食疗保健菜谱80余种。

以金华猪为原料生产的金华火腿，具有俏丽的外形，鲜艳的肉色，独特的芳香，悦人的风味，即以色、香、味、形“四绝”而著称于世。清时由浙江省内阁学士谢墉引入北京，被列为贡品。谢墉的《食味杂咏》中提到：“金华人家多种田、酿酒、育豕。每饭熟，必先漉汁和糟饲猪，猪食糟肥美。造火腿者需猪多，可得善价。故养猪人家更多”。金华火腿为中国腌腊肉制品中的精华。金华出产的“两头乌”猪后腿肥大、肉嫩，经过上盐、整形、翻腿、洗晒、风干等程序，经过数月便制成金华火腿，香味浓烈。便于储存和携带，已畅销国内外。

以肉鸭为原料生产的南京板鸭色香味俱全。外形饱满，体肥皮白，肉质细嫩紧密，食之酥香，回味无穷。明清时南京就流传“古书院，琉璃塔，玄色缎子，咸板鸭”的民谣，可见南京板鸭早就享有盛名了。板鸭是用盐卤腌制风干而成，有腊板鸭和春板鸭两种。因其肉质细嫩紧密，像一块板似的，故名板鸭。南京板鸭的制作技术已有600多年的历史，为金陵人爱吃的菜肴，因而有“六朝风味”，“百门佳品”的美誉。到了清代，地方官员总要挑选质量较好的新板鸭进贡皇室，因此又称“贡鸭”；朝廷官员在互访时以板鸭为礼品互赠，故又有“官礼板鸭”之称。

蛋品工业以鸡蛋、鸭蛋、鹅蛋或其他禽蛋为原料加工而制成多种蛋制品的工业。以鲜鸭蛋或其他禽蛋为原料，经由纯碱、生石灰、盐或含盐的纯净黄泥、红泥、草木灰等腌制或用食盐、酒糟及其他配料糟腌等工艺制成蛋制品，如皮蛋（或松花蛋、变蛋）、咸蛋、糟蛋等。皮蛋是我国传统的风味蛋制品，不仅为国内广大消费者所喜爱，在国际市场上也享有盛名。它不但是美味佳肴，而且还有一定的药用价值。王士雄的《随息居饮食谱》中说：“皮蛋，味辛、涩、甘、咸，能泻热、醒酒、去大肠火，治泻痢，能散能敛。”中医认为皮蛋性凉，可治眼疼、牙疼、高血压、耳鸣眩晕等疾病。大众都可食用，火旺者最宜，少儿（里面还含有铅），脾阳不足、寒湿下痢者，心血管病、肝肾疾病患者应少食。松花蛋不宜与甲鱼、李子、红糖同食。食用松花蛋应配以姜末和醋解毒，最好蒸煮后食用，不宜存放于冰箱内。

乳品工业，以生鲜牛（羊）乳及其制品为主要原料，经加工制成乳制品的工业。它包括液体乳类（杀菌乳、灭菌乳、酸牛乳、配方乳），乳粉类（全脂乳粉、脱脂乳粉、全脂加糖乳粉和调味乳粉、婴幼儿配方乳粉、其他配方乳粉），炼乳类（全脂淡炼乳、全脂加糖炼乳、调味、调制炼乳、配方炼乳），乳脂肪类（稀奶油、奶油、无水奶油），干酪类（原干酪、再制干酪），其他乳制品类（干酪素、乳糖、乳清粉等）。

酸乳是指添加（或不添加）乳粉（或脱脂乳粉）的乳中（杀菌乳或浓缩乳），由于保加利亚杆菌和嗜热链球菌的作用进行乳酸发酵制成的凝乳状产品，成品中必须含有大量的、相应的活性微生物。根据酸乳的组织状态，酸乳可分为凝固型酸乳和搅拌型酸乳两类。酸乳具有其独特的营养价值：酸乳中的蛋白质更易被机体合成细胞时所利用，具有更好的生化可利用性；含有更多的易于吸收的钙质和丰富的维生素；同时，酸乳可减轻乳糖不耐受、调节人体肠道中的微生物菌群平衡、有效降低胆固醇水平以及预防白内障的形成等。

奶酪又名芝士、乳酪或干酪，因为其具有营养高、奶香浓、吸收率高，不易致肥、食用方便等特点，因而被喻为“奶品之王”。奶酪是用奶放酸之后增加酵素或细菌而制作的食品。奶酪通常是以牛奶为原料制作的，但是也有山羊、绵羊或水牛奶做的奶酪。每千克奶酪是由 12 千克新鲜牛奶提炼而成，它浓缩了牛奶中丰富的蛋白质、钙、不饱和脂肪酸、矿物质和维生素等有益成分。奶酪营养丰富，是纯正的自然食品。奶酪含有丰富的钙且容易被人体吸收，是理想的补钙食品，有利于儿童骨骼的生长和强壮，防止老年人骨质疏松。奶酪中的 B 族维生素含量丰富，可以增进新陈代谢，加强活力，美化皮肤。奶酪中的胆固醇含量比较低，对心血管健康有利，其中不饱和酸可降低人体的血清胆固醇，对预防心血管疾病十分有益，并且食用后不必担心发胖。奶酪中的乳酸菌及其代谢产物有利于维持人体肠道内正常菌群的稳定和平衡，可防治便秘和腹泻，对于提高人体免疫力有极大的帮助。

如医药工业可以利用胚蛋、动物内脏、血液等制成生物制品和药品。以鸡的胚蛋（受精蛋孵化到10～14天）可以生产动物用疫苗和人用疫苗；动物内脏可生产生物制剂；鹅血、鹅胆、鹅肫等制成的鹅血片、鹅血清、胆红素、去氧鹅胆酸等药品，可用于癌症、胆结石等疾病的治疗；利用乌鸡和白凤（白色肉鸽）可以生产妇科良药“乌鸡白凤丸”等；皮胶是我国传统的中药，阿胶最初用牛皮熬制，到唐代人们发现用驴皮熬制药效更佳，一直沿用至今；还有麝香可用在牛黄丸、苏合香丸、西黄丸、麝香保心丸、片仔癀、云南白药、六神丸等产品中。

毛纺工业和皮革工业可以利用动物的毛和皮生产出人们喜爱的各种款式、花色的衣服、鞋子、帽子、皮带和其他用品等。人类利用动物毛皮的历史悠久，随着人类对动物毛皮认识的深入，其利用的类型和方式不断扩展，由最早的毛皮服饰发展到毛皮饰品、生活用品、军事用具、笔刷、乐器、药品等方面。动物毛皮服装包括裘、袍、褂、袄、裤、裙、护膝、背心等；毛皮饰品包括冠、靴、带、披肩等。动物皮革制品常常充当人们日常生活中的各种容器，如皮囊、皮箱等。动物毛皮制品在古代军事用具种类也较多，如甲、盾、马铠等。《毛诗类释》有：“古之甲胄皆犀兕为之。”《六家诗名物疏》有：“楚人鲛革犀兕以为甲，坚如金石”。“犀兕”即犀牛的皮革。《左传》对晋楚城濮之战中使用的马铠有较为详细的分类：靶、勒、鞅、鞴分别指马的背部、胸部、腹部、臀部的皮革马铠。人类利用动物毛制作笔刷已有悠久的历史，在长期的生产实践中总结出根据不同动物毛的类型制作满足各种书写风格的笔刷。如羊毫笔、狼毫笔、紫毫笔等，制作毛笔的原料主要有羊毛、狼尾毛、黄鼬尾毛、兔毛、猪毛、鸡毛等。胡琴、奚琴、鼓是我国传统的乐器，无论哪种乐器，其发声部分均有动物的皮革，《清稗类钞》中记载：“胡琴，似琵琶，而下锐。龙首，皮腹，背有脊梭，二弦，以木杆系马尾扎之”。此外，动物毛皮制品还用于人们休闲娱乐活动中，如秋千、蹴鞠（用脚踢球的古老运动）。

饲料工业可以利用动物产品生产饲料。以鸡的粪便作为原料经过干燥、膨化或发酵等生产的饲料饲养猪、牛、羊等动物效果良好；以家禽羽毛生产的羽毛粉可以作为饲料并能防止家禽啄癖发生，但羽毛是角质蛋白，氨基酸含量不平衡，添加量不能过多；以畜禽屠宰场的下脚料生产的肉骨粉，是较好的蛋白质饲料。

## 4.4 肥料工厂

动物生产过程中，不仅生产产品，而且也有副产品，如动物的粪便。动物粪便含有丰富的有机质和各种营养元素，是良好的有机肥料。如一头牛年产粪1.5万千克，相当于500千克的氮、磷、钾的化肥效力；一头猪从出生到出栏产粪1 000千克，每吨猪粪含有机质150千克，可折合硫酸铵20千克，硫酸钾10千克，过磷酸钙20千克，还有其他各种微量元素；每只蛋鸡一年大约能排粪36.4千克，每只肉鸡（45天）能排粪4.09千克。所以，一个规模化养殖场就是一个有机肥料加工厂。

有机粪肥与化肥比较，肥效更加全面，化肥中所有的元素在有机肥中都可以检测到，但有机肥中的一些元素在化肥中检测不到。使用有机肥可以避免土壤板结、增加土壤中的腐殖质（已死的生物体在土壤中经微生物分解而形成的有机物质，黑褐色，含有植物生长发育所需要的一些元素，能改善土壤，增加肥力），提高土壤肥力，提高产品产量和品质。实践证明，有机肥料与化学肥料配合施用能提高产品品质，如提高小麦和玉米籽粒中蛋白质含量。小麦蛋白质含量提高1%，面筋提高2.3%，籽粒全氮提高0.19%。中国农业科学院土壤肥料研究所的研究表明，不合理或过多地追施氮肥，蔬菜体内的硝酸盐含量都会明显增加，特别是白菜、菠菜和生菜可食部分，硝酸盐含量高达1 000微克/克，最高者可达1 700微克/克，而使用有机肥仅为200～500微克/克，最低仅几十微克/克。对于西红柿和菜花类，采用有机肥和无机肥配合，可使维生素C的含量提高16.6～20.0微克/克。

种植业要稳定持续发展，必须走生态农业发展之路，无机农业（单一使用化肥）之路走不通。生态农业是将无机农业和有机农业合理结合，保证土壤有好的结构和肥力，并保证有较高的劳动生产率。生态农业的发展不能离开动物生产。

## 4.5 文化娱乐

追溯世界文明，人类与动物的关系十分密切，从意识形态中的图腾、传说，到物质形态的器皿、衣饰，都有丰富的细节可以考证。19 世纪，达尔文更是把人的祖先追溯至猿猴。在他看来，人的智力、道德、宗教等所谓“文化”层面上的东西，也是从动物那儿延续而来的。虽说达尔文的“人类进化论”有激进的成分，但人类对动物行为的研究与借鉴，的确成就了现代科技在不同领域的长足发展。

河南省（大部分地区位于黄河以南）位于中国中东部、黄河中下游，太行山脉以东。远古时期，黄河中下游地区河流纵横，森林茂密，野象众多，河南被形象地描述为人牵象之地，这就是象形字“豫”的根源与河南简称“豫”的由来。《说文解字》：“豫，象之大者。”“豫”，就是大象。《周易》第 16 卦为“豫”卦，其卦辞云：“刚应而志行，顺以动”。此乃大象的品格定义，坚韧不移，种因得果，必将收获富足的快乐。

在我国古代诗词中，动物亦是被经常采用的物象。比如马，数千年来，诗人们留下了和马相关的许多脍炙人口的诗句，尤其是描写边塞和战争生活的作品中，马更是极其重要的表情达意的创作元素或素材。如唐·杜甫《兵车行》中“车辚辚，马萧萧，行人弓箭各在腰”就渲染了壮烈的战争氛围；南宋·辛弃疾《破阵子·为陈同甫赋壮词以寄之》中的“马作的卢飞快，弓如霹雳弦惊”就表达了战士勇猛无比，指挥战马如潮水般飞奔敌阵；劲弩齐发，声声震撼着敌人贼胆。这里用万马奔腾、弯弓杀敌的激昂场面展现火热的抗金斗争。杜甫的《房兵曹胡马》：“胡马大宛名，锋棱瘦骨成。竹批双耳峻，风入四蹄轻。所向无空阔，真堪托死生。骁腾有如此，万里可横行。”这首诗以凝练矫健的笔墨生动描写了胡马的精神、骨气和才力。请看声名远扬的大宛胡马：骨架突出似锋棱，遒劲有力；两耳瘦削似竹批，俊美挺拔；四蹄轻快如风，纵横千里万里。主人凭借其超凡骁勇，定能翻山越岭，涉水跨壕，临危脱险，再立新功。如此完美的形象，不也是伟岸勇健的边塞壮士的象征吗？不也是保家卫国的戍边栋梁的映照吗？不也是坚强不屈、一往无前、视死如归的民族精神的含蓄流露吗？这时，马的形象带给读者的体验已不单单是马本身，更多的却是对其所包含的精神内涵的思索。

历代诗人，对牛总是赞颂有加，如唐人韦庄有诗“绿桑深处哺牛鸣”，杜甫的诗句“一寸荒田牛得耕”，鲁迅称颂牛“吃的是草，挤的是奶”，还自白“俯首甘为孺子牛”，可说是妇孺皆知。在尘封的典籍中，牛还与许多政治、军事事件以及名人有着密切的联系。

古代诸侯歃血为盟，盛牛耳于珠盘，由主盟者执盘，故称主盟者为“执牛耳”。《左传·哀公十七年》说：“诸侯盟，谁执牛耳?”以后，人们便把“执牛耳”引申为在某一方面居领导地位。

牛还被用于战争，如史册所记“火牛阵”。公元前 279 年，燕惠王即位，齐将田单派人向燕军诈降，又用千余头牛，角上缚兵刃，尾上缚苇灌油，夜间以火点燃，火牛前冲，其后是五千勇士，大败燕军，田单陆续收复 70 余座城池。

还有老子骑青牛的传说。《列仙传》说：“老子西游，关令尹喜望见有紫气浮关，而老子果乘青牛而过。”老子出的是函谷关，后人在函谷关口写了一副名联：不许田文轻策马，愿逢老子再骑牛。

典籍中用“牛”组成的词语也很多，比如“牛酒”，这可不是一种酒的名字，而是古代用牛和酒作赏赐、慰劳和馈赠的物品，“奉牛酒以劳军营”（《后汉书·臧官传》)，以后，“牛酒”引申为礼物的别称。还有“牛马走”一词，司马迁《报任安书》开篇便说“太史公牛马走司马迁再拜言”。“牛马走”，是指“奔走于牛马之间”掌管牛马的仆人，以后作为自谦的代称，如同说“敝人”“鄙人”。

中国古代对虎的形象十分崇拜，特别是在军事上，比如在调兵遣将时用的兵符就是在黄金上刻一只老虎，称为虎符（图 4 – 1）。在历史上，虎符的形状、数量、刻铭以及尊卑也有很多较大的变化。从汉代开始至隋代，虎符均为铜质，骑缝刻铭以右为尊。隋代改为麟符。唐代因为讳虎，改用鱼符或兔符，后来又改用龟符。南宋时恢复使用虎符。元代则用虎头符，后世演变为铜牌。

不少动物生性好斗，而经过人们组织后，就产生了各种动物的争斗和竞赛，如斗牛、斗羊、赛马、赛狗，甚至还有斗鸡、斗鱼、赛鸽、赛龟等。动物的争斗，可简称“斗兽”。斗兽已有悠久的历史，早在两千多年前的古罗马就已有斗兽活动。到公元75年，还专门为此而兴建科洛西姆斗兽场，历时5年才建成，至今遗址仍在。这座巍峨壮观的斗兽场可容纳5万余名观众。古罗马的奴隶主在这里安排野兽对野兽的角逐、人与野兽角斗，而且往往和人与人的格斗同时进行。参加表演的人是俘虏、罪犯、奴隶，也有职业猎人。仅在开始后100天，就有5 000头老虎、狮子搏斗至死。

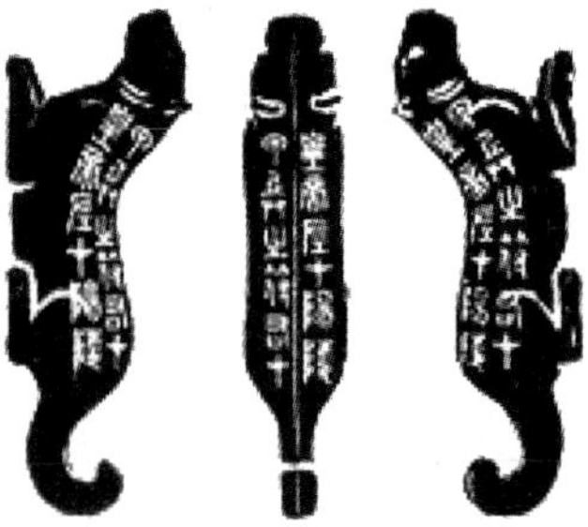

**图4－1 秦代虎符**

据前人考证，中国斗牛可能始于秦代。据宋人高承所著《事物纪原》第九卷中《成都记》说，秦昭襄王（公元前306～公元前251年）时，李冰为蜀郡太守时，为治理洪水，曾有过斗牛的迷信之举，斗牛即斗江神（传说江神的形状像牛），这种活动在汉代相当流行。在河南郑州发现的汉代画像砖上就有威武雄壮的斗牛场面：一头健壮的黄牛向斗牛士发起凶猛的冲击，斗牛士勇敢地一手擎住牛角，一手握住一件短兵器正向牛首捶去。

随着社会的发展，现在虽已没有老虎、狮子之类的珍贵猛兽的搏斗，但在世界不同地区还存在着传统的斗牛、斗马、斗狗等活动，不仅如此，还开展赛马、赛驴、赛象、赛鹿，以及斗鸡、斗鸟、斗鱼、斗蟋蟀等活动，真是五花八门，无奇不有。

蒙古族爱马，赛马也是男女老幼最喜爱的活动之一。每当春末夏初，给马打鬃、去势、印号，许多青年人除干活外，赛马成了习惯。就是几人在一起放牧或路上相逢也要跑几千米比比谁的骑术高，看看谁的马儿快。每当草原举行那达慕大会，近者50千米，远者上百千米以外的牧民，纷纷驱车或乘马赶来聚会，参加披红扎彩的长距离赛马。

蒙古族赛马不分男女老少均可参加。少则几十人，多则上百人，一起上阵，直线赛跑，其距离20千米、30千米、40千米不等。为了减少马的负荷量，不论老少，大都不备马鞍，不穿靴袜，只着华丽彩衣，配上长长彩带，显得格外英武。比赛结束，获奖者走上领奖台时，民歌手们立即唱起：“有着莲瓣似的两耳啊，有着星星般的两眼啊，在那万人的那达慕上啊，呼咿，好像飞箭跑在最前面。”这些歌唱祝词鼓舞了千万人的心，显示出一个民族的英雄气概。

## 4.6 动力机器

畜牧业作为生产力和军队实力的标志维持了很多年，以动物作为运输和交通工具及进行农耕，极大地降低了人们的劳动强度，提高了劳动效率。在现代工业出现之前，有了马匹就有了战胜对手的先机条件，有了役畜（牛、马、骡、驴）就有了生产的动力和“机器”。

在古代，马是主要的军事装备之一。商周时期，古人就已利用马拉战车作战。据《书经·牧誓》记载，武王伐纣时，“戎车三百辆，虎贲三千人”。戎车即战车。由于马“寓兵于农，隐武于国”，周代首次把掌握军政和军赋的官称为“司马”，以突出马的重要性。唐·李白《永王东巡歌·试借君王玉马鞭》：“试借君王玉马鞭，指挥戎虏坐琼筵，南风一扫胡尘静，西入长安到日边。”就描写的是平息边疆胡人战火后那种畅快的心情，生动地体现了马在古代军事中的巨大作用。

春秋战国以后，西域匈奴的骑马技术，颠覆了商周时代马拉战车的作战观念。单骑灵活，速度快，在作战时能出其不意地攻击对方。骑兵的出现是一场武装革命，也有力地推动了养马业的迅速发展。秦、汉、唐三代前期，大量养马成了巩固边陲、富国强兵的有效手段，也是国力强盛的标志。汉初，汉高祖就曾劝民养马，增强物力，以迅速恢复战争的创伤。

三国时期骑马作战风靡于世，流传着许多战马与名将的动人故事。当时有一尽人皆知的名驹——赤兔马，它全身毛色火炭似的红亮，且悟性极高。当初的主人吕布骑术高明，人也潇洒，他乘上赤兔马，能“行走如风，驰域飞堑”，时人都说：“人中吕布，马中赤兔！”把马和人一起来赞扬。后来，吕布被曹操俘杀，赤兔马成了曹操的战利品。曹操击破刘备后，实在欣赏关云长的忠诚和光明磊落，接受了关云长降汉不降曹的条件，并把赤兔马送给关云长。此后，它就驮着关云长南征北战，屡建奇功。关云长死了以后，马数日不食草料而死。后人为了推崇关云长的忠义，到处建庙祭拜，连赤兔马也享有了不少香火供品。

唐代的重马之风更甚。《山堂考察·论马》认为：马是“甲兵之本，国之大用，安宁则以尊卑之序，有变则以济远近之行，而兵所以恃以取胜也”。唐太宗李世民骑术精湛，多次征战南北，冲锋陷阵，极大地鼓舞了军队的士气。唐代的军队马术训练非常严格，有一种“透剑门伎”，表演者纵马从利刃林立的门中急驰而过，而不伤分毫，令人惊叹。

13 世纪成吉思汗的名驹和他率领的铁骑，名声显赫，以席卷之势横扫了几乎整个亚洲和东欧。在蒙古骑士那里，人与马的结合达到了完美的境界。忽必烈统一中国后，曾铸有骑马持刀像的银币，以体现其骑兵征服中原、统一河山的气魄和胆略。

由于马在古代军事上的重要性，历代仅以司马命名的官职就达 40 多个。如“胡骑司马”“苍龙司马”“疆弩司马”“领军司马”等，履行的职责也不同。有一种“行军司马”之职，既掌握总理所部之事务，作战时亦负参谋重任。随着武器装备的现代化，马作为一种主要的军事力量已成为历史。但马那种昂首奔腾、一往无前的气度，却永远被视为勇敢无畏的象征。

牛在中国人的心目中，一直享有尊贵的地位。牛耕的普遍使用，使原始社会产生了食物剩余，从而出现了交换，推动了历史的进步。它对农耕文化的发展，起过极为重要的作用，是人类的亲密伙伴。黄牛、水牛、奶牛、牦牛，至今仍和我们的生活息息相关，耕田、运输、任劳任怨；肉、骨、角、皮、毛、粪，样样有用。宋代梅尧臣《耕牛》：“破领耕不休，何暇顾羸犊。夜归喘明月，朝出穿深谷。力虽穷田畴，肠未饱刍菽。秋收风雪时，又向寒坡牧”，描绘了牛的吃苦耐劳，任劳任怨，一心为人类造福的形象。

牛除耕田外，还常拉车。我国古代很早就有记载，《诗经·小雅·大东》中有“睆彼牵车，不以服箱”的诗句。《史记》记载，西汉初大臣多坐牛拉的车。牛的运输功能无疑又提高了牛的身价，使农人倍加喜欢它。诗篇也从这个方面完善了牛吃苦耐劳、任劳任怨、开拓进取的形象。

骆驼体毛一般为褐色，也有浅黄、灰白等色型；头顶生有簇毛，体毛蓬松而长；驼峰肥大而丰满，夏季脱毛后还残留一道厚毛；四肢更为粗壮，蹄宽而扁。

有双峰驼和单峰驼两种。双峰驼曾在我国北方广泛驯养，至今在内蒙古和西北地区仍然能够见到。过去很长时间曾作为口外与京城之间贸易的主要交通工具，素有“京华之舟”的美誉。单峰驼有人认为也曾分布于我国的新疆一带，但现在仅见于阿拉伯半岛、印度和非洲北部等地。它的体毛较短，寿命可达50年。

骆驼的胃里有水囊，能储存很多水；骆驼的两座高高的驼峰，可储存有100多千克脂肪，必要时可以转变成水和能量，以维持骆驼的生命活动。骆驼成为人类在沙漠中的主要交通工具。由于骆驼在行走或跑步的时候，同时伸出左侧或右侧的前后腿，所以人骑坐在上面会觉得很不稳定。

我国产的双峰驼，背脊上有前后两个马鞍一样的驼峰。平时我们看到的大都是家骆驼，它们的祖先是野骆驼，生活在新疆、甘肃、青海、内蒙古等沙漠地区，它同家骆驼的区别是：驼峰矮小，腿细长，全身的毛短，颜色淡黄。由于野骆驼的数量十分稀少，已被我国列为一级保护动物。

骆驼在沙漠中长途行走时，常常又饿又渴，这时驼峰的脂肪便会分解，供给骆驼体内所需要的营养和水分。骆驼在缺水的沙漠里能耐渴，是由于它平时喝水少，但每次能在10分钟内喝下100多升水；同时排水少，在夏天一天只排出一升尿左右，而且不轻易开口，防止体内水分散出，所以在夏天的沙漠中，它可以8天不喝水也不会渴死。

骆驼善于走沙漠，因为它有两对奇特的脚掌，掌下生着宽厚的像弹簧一样的肉垫，走路时脚趾在前方叉开，这样，在沙面上走路不会陷到沙窝里去。它在旅行中，将头抬得高高的，眼睛不会被地面上阳光反射的高热所灼伤。长睫毛的眼睛，自动开闭的鼻孔，长满密毛的耳朵，都能使它增强抵御风沙的能力。因此，早在2 000年前的西汉，我国人民就用骆驼作为通向西域的交通工具。

由于生产力水平不同以及地区和经济特点不同，牛、马、骡、驴等使役家畜在许多国家或地区仍然存在，但随着机械化的发展，动物的运输和交通作用削弱，大量的役畜需要转化为产畜（生产畜产品）。役畜一般都生长速度缓慢、饲料转化率低，需要通过改良来提高生产性能。如中国有大量的役用黄牛，通过引进优良的肉牛品种进行杂交获得较好的效果。

## 4.7 忠诚卫士

许多动物成为人类的“伴侣”，也有许多动物成为人类的“忠诚卫士”，如犬、鹅等动物。

犬是人类最忠实的朋友，不仅是人类的“伴侣”，而且在看家护院、引导盲人、侦探搜救和缉毒等多方面发挥巨大作用。

在被誉为云南省禁毒第三道防线的重要关口——曲靖市富源县胜境关警务站里，活跃着一支被毒犯称之为“克星”的缉毒警犬队伍。多年来，这支缉毒犬队伍忠诚地坚守在云南的“东大门”口，截住了一批又一批想从云南偷运的毒品，识破了一个又一个昧着良心幻想一夜暴富的毒犯。

2003 年 1 月 27 日，刚刚组建不满 10 天的富源县公安局禁毒大队胜境关缉毒犬队在岗位上检查着过往的车辆。晚上 7 时，一辆从昆明至贵阳的长途客车进入了干警的视线。民警在对该车进行例行检查时，发现一男子有意掩饰自己带的密码箱，在对密码箱进行检查时，凭手感及肉眼均未发现任何异常，但缉毒犬“卡尔”对该密码箱做出了强烈的示警反应。干警打开密码箱夹层后，发现了藏匿在其中的海洛因，共 696 克。因为有了缉毒犬的帮助，破获该案仅用了不到 1 分钟时间，缉毒犬初战告捷。随后，胜境关缉毒犬队在禁毒战线上屡获奇功，从 2003 年至今，这些特殊的卫士已经查获了数十起贩毒、运毒案件，缴获毒品近 6 千克，为云南的“东大门”构筑了一道坚实的禁毒防线，成为了毒犯的克星。

1999 年 10 月 12 日凌晨 5 时 30 分，宜宾市真武路 62 号的范志彬养的一只花狗突然狂吠，将他吵醒。但见花狗跳起来咬住被子往门口拖。范志彬看看四周，并无异常，便继续睡觉。6 时许他再次被狗的狂吠惊醒。起床刚开大门，一股浑水就漫进屋来。他急忙去敲左邻右舍的门。正当范志彬和家人邻居 23 人刚逃上公路，一声巨响，几家房屋垮塌了。再寻那条救了众人性命的花狗，却已经葬身浊流。

据外媒报道，日前英国埃塞克斯郡上演了“忠犬户主”的感人故事。一只 8 个月大的德国牧羊犬在危急时刻，将自己的小主人从失控的汽车前推开，自己却遭汽车撞击，受了重伤。据报道，这只英雄小狗叫“乔”，事故发生前，它正和主人莱利一家在街上散步。正当他们走到街角准备过马路时，一辆失控的卡车向莱利家10岁的儿子查理猛冲过来。危急关头，勇敢的“乔”将小主人从车前推开，自己却被卡车从人行道撞到了马路上，接着再次被该辆卡车撞击。

2010年4月24日，78岁的吕艾平婆婆一个人住在武汉市蔡甸文波楼小区，儿女们都不在身边，于是养了一条宠物狗做伴。这天天气晴朗，气温回升，吕婆婆在外面活动了半天，出了一身的汗。晚上一回家，她就准备洗个澡。哪晓得，地板砖很滑，吕婆婆一不小心，摔在地上，半天都爬不起来，想喊也喊不出声。小狗就冲到吕婆婆的身边，“汪汪”直叫唤，声音听起来很不正常。住在对门的邻居听到小狗的叫声后，猜测可能出了意外，连忙跑到吕婆婆家门口。可是敲了半天的门，没人应。邻居连忙喊来其他人，搭着梯子翻进吕婆婆家一看，吕婆婆躺在地上，动弹不得，头上鲜血直流。他们连忙拨打120，把吕婆婆送到医院抢救。医生说，多亏来得早，要不然就危险了。

俄罗斯文传电讯社2012年10月29日报道说，俄罗斯哈卡斯共和国首都阿巴坎市的7只大鹅用生命救了主人，但它们自己却丧身火海。据哈卡斯紧急事务部新闻中心的消息说，28日深夜，阿巴坎市一住户院内的板棚建筑物起火，板棚内有7只大鹅。起火后，大鹅除了大声鸣叫，还用喙用力敲击板棚墙，以此及时唤醒了夜间熟睡的主人，主人才得以及时逃生。但是，接到报警的消防人员15分钟后赶到现场时，板棚房顶已被烧毁，7只大鹅却未能获救。

中央电视台农业频道播放的纪录片《噜噜救了我的命》，说的是英国一头名叫“噜噜”的猪，发现其女主人突发疾病倒在屋内后，跑到路上，拦住一辆汽车，领着汽车司机来到家中，司机看到倒地的患者，及时拨打了急救电话，救护车很快将患者送到医院，患者得救了。医生说，晚到医院20分钟，患者就难以救活。“噜噜”救了女主人的命，也成为英国家喻户晓的英雄。

## 4.8 生态保护神

自然界是由各种各样的生态系统组成的。自然生态系统是由同一种群或不同生物种群相互之间生物部分和它们的自然环境非生物部分之间组成的复杂网络系统。在系统内部各个环境组成与生物种群共同参加系统内永不停息的能量和物质循环，保持了稳定的平衡状态。如民间所说的“大鱼吃小鱼，小鱼吃虾米，虾米吃淤泥，淤泥吃大鱼”，它其实反映了朴实生态观。

在一个生态系统中，动物和植物形成了一个整体。绿色植物吸收太阳光和土壤中的养分，草食动物、腐食动物、寄生生物和腐生植物以绿色植物为食物来源，同时它们又成为肉食动物的食物，动、植物死亡后，它们的躯体开始腐烂，被细菌、真菌和蚯蚓等有机体所消耗，变成了无机的矿物营养物，又被新一轮的植物吸收，一种生物以另一种生物为食，彼此形成一个食物链锁的关系叫食物链。通过食物链，生态系统中的物质和能量在不断地循环流动，保持着整个系统的动态平衡。食物链是生态系统内生物群落的最主要联系方式，而野生动物是食物链主要的组成部分，在保持生态系统上具有重要的价值，对维护生态系统的生产力和稳定性有着不可取代的作用。比如松鼠会传播种子，鸟会吃掉伤害树木（农作物）的昆虫，狼会限制鹿的数量，等等。

哺乳动物中食草性动物以植物为食物，它们不能自由发展、繁衍，因为无限的发展，会使其数量过于庞大，会给草原带来毁灭性灾难。而森林、草原当中的食肉类动物，又以食草动物为食物，从而控制了食草动物的过量发展，能量就从草食性动物转到不同营养级的肉食动物当中。从繁殖上看，草食动物一般繁殖能力比较强，它们比较容易形成很多的数量，数量过多，往往会造成两种后果：一是食物短缺；二是疾病发生，瘟疫蔓延。肉食动物的繁殖能力不如草食动物，例如，老虎3~4年才性成熟，成熟后也要2~3年繁殖一次，每胎也只有1~3只虎仔。

肉食动物总是淘汰掉草食动物中那些老弱病残个体。因为老弱病残的个体很容易被肉食动物捕捉到。这样就控制了草食动物中疾病和瘟疫的蔓延，促使草食动物个体发育强壮，这在动物的发展和繁衍上有重要的意义。

农林生态系统中，各种野生动物彼此相互依存又相互制约，保持农林的生态平衡。许多野生动物是农林害虫的天敌，在控制害虫害鼠的大发生、维持农林生态系统上起到重要作用。

在灭虫方面，鸟类中的灰喜鹊、喜鹊、大山雀、啄木鸟、戴胜、杜鹃等食虫鸟对农林害虫有明显的抑制作用，不仅可直接消灭害虫，控制数量，还可充当虫害发生的信使；此外，部分昆虫（如蜻蜓、螳螂、瓢虫等）、爬行动物（如壁虎等）、两栖类（如青蛙等）、哺乳类（如蝙蝠、刺猬等）也都是害虫的天敌。一只灰喜鹊一年当中可以吃掉松毛虫15万条左右，这足以使1亩落叶松免受松毛虫的危害。短翅树莺是小型鸟类，但它在育雏期间每天喂雏鸟的昆虫数量竟达100多只。一只杜鹃一天可捕食300余条松毛虫，一个夏季约可消灭3.15万条松毛虫，可以吃掉蚊子、苍蝇共约25万只。

在灭鼠方面，鸟类中的猛禽（各种鹰类、隼类、鹗类）、兽类中的鼬科（如黄鼬等）、部分犬科动物（如狐等）及蛇类都是鼠类的天敌，它们每年能消灭大量的农林草原害鼠，对保护农林草原、减少疾病、维护生态平衡起着重要作用。一只猫头鹰一个夏天就可以消灭掉1 000多只害鼠。猫头鹰从黄昏时开始直到黎明，在满足自己食欲的同时，在客观上也为人类保护森林。

许多动物，如蜂、蝶、鸟类、哺乳类动物等对植物花粉及种子的传播起着重要的作用。如蜂鸟、啄木鸟、太阳鸟等能传播花粉；一些食谷鸟类以植物种子为食，未消化的种子随粪便排出，松鼠等动物具有储存食物的习性，而那些储存在地下而被遗忘的种子，在适宜条件下萌发，促进了植物种子的传播；菌根天然更新很缓慢，鼠类则可将菌根从别的地方带来，促进林木的更新。

野兔在草原上一年四季不停地打洞，却因此背负了破坏草原等罪名而被大量毒杀，这实在是冤枉了野兔。事实上，野兔不仅不是草原的破坏分子，而且还是保护草原的功臣。不停地打洞和清除洞穴，可以使土壤深处的矿物质营养成分达到循环利用，从而促进草原植被的生长，而同时，野兔的“地下宫殿”也为小型鸟类、蜥蜴和昆虫提供了巢穴。

生态系统在长期进化中建立起生态系统内和生态系统间的相互协调与补充关系。这种关系使整个自然界保持一定限度的动态平衡，人类的参与也适应这种平衡。若某个环节遭到的破坏超过了自然生态系统恢复平衡的能力，则包括人类在内的一切生物必将受到损害。例如人类出于对毛皮的需要而大量捕杀狐狸及鼬科动物，致使其数量急剧下降，鼠类因失去了天敌而大量繁殖，给林业生产带来危害。为了对付鼠害，人类又投放化学药品来毒杀老鼠，鼠类天敌吃了毒死的老鼠又二次中毒死亡。同时，化学药品又污染了环境，危害其他生物乃至人类的安全，这样的恶性循环，后果是可想而知的。

## 4.9 回声定位高手

人类具有强大的学习、模仿、创造等能力，许多动物也成为人类模仿的对象，从而开创了一门新的学科——仿生学，它为人类打开了许多方便之门！

蝙蝠是人们所熟悉的动物。在夏天的夜晚，成群的蝙蝠在空中飞来飞去，捕捉各种有害昆虫。蝙蝠飞行能力很强，常有人把它误认为鸟，其实它与鸟差别很大，属于哺乳纲、翼手目的动物。

蝙蝠的相貌丑陋，外形古怪，前后肢与躯干由皮膜连接，是它们飞行的翅膀。与鸟类不同的是，蝙蝠的翅上没有羽毛。蝙蝠的后肢又短又小，几乎没有肌肉，根本不能站立。倘若落在地面，只能缓慢地爬行，常被束手就擒。因此，蝙蝠休息时总是将身体倒挂在一些物体上，这样可以借下落之势迅速起飞，比在地上安全多了。

蝙蝠是夜行性动物，即使在伸手不见五指的黑夜，它们也不会迷失方向，而且能避开各种障碍物准确无误地捕捉昆虫。在漆黑的夜空中，蝙蝠是靠什么装置来进行准确定位的呢？原来蝙蝠在飞行时不断地从喉咙里发出一种人耳听不到的超声波，这种声波遇到障碍物便反射回来，同时它的耳朵不断地听到折回的声波，判断空中物体的种类，遇到食物或障碍物时迅速做出反应，确定躲避还是捕食。有人曾将蝙蝠的眼睛蒙起后放在一个布满绳索的黑屋内，并在绳上挂了许多铃铛，结果蝙蝠在屋内飞行自如，没有碰到绳子。若是把它的口与耳塞住，蝙蝠就会撞墙而死。

科学家们经过细致的研究证明，蝙蝠的回声定位系统非常灵敏、准确、高效。首先是由于蝙蝠喉内发出的超声波，它的强度很大，若能听到的话，相当于地下火车出站时所发出的声音强度，如此强大的超声波竟发自弱小的蝙蝠，实在令人惊叹！再有就是它的超声的变换与抗干扰性。蝙蝠能在1秒钟内发出并回听

250组超声波，若是反射频率在每秒256赫兹以上的都是捕食对象，其他则避开。有时成千上万的蝙蝠同住一洞，各自使用自己的超声定位系统，从不互相干扰，可见它们的定位系统的精密程度之高，因此蝙蝠被人们称为飞行的“雷达”。

早在几十年以前，人们在蝙蝠的超声定位系统的启发下，研制出了声音雷达，又叫声呐系统。这种雷达可以测定水中的物体和船只的位置，仅用几分之一秒的时间就可以把数百平方千米水域中的物体收录在荧光屏上，供人们分析研究。这一成果在第二次世界大战时用途极广，尤其搜索难以被发现的潜水艇时效果最好。近年来，科学家们根据声呐的原理，设计出一种盲人探路仪，使盲人具有一个超声波的眼睛，将反射回的信号变成正常声波，送到盲人耳朵里，确保了盲人行路的安全。

科学家们认为，人造的声呐系统的灵敏度和抗干扰性远不如蝙蝠，而且耗能极大，可见大自然中的生物体的某些结构是何等的巧妙！

生物的行为与天气的变化有一定关系。沿海渔民都知道，生活在沿岸的鱼和水母成批地游向大海，就预示着风暴即将来临。水母（海蜇）是一种古老的腔肠动物。这种低等动物有预测风暴的本能，每当风暴来临前，它就游向大海避难去了。

在蓝色的海洋上，由空气和波浪摩擦而产生的次声波（频率为每秒8～13次）是风暴来临的前奏曲。这种次声波人耳无法听到，小小的水母却很敏感。科学家们研究发现，水母的耳朵的共振腔里长着一个细柄，柄上有个小球，球内有块小小的听石，当风暴前的次声波冲击水母耳中的听石时，听石就刺激球壁上的神经感受器，于是水母就听到了正在来临的风暴的隆隆声。

人类仿照水母耳朵的结构和功能，设计了水母耳风暴预测仪，相当精确地模拟了水母感受次声波的器官。把这种仪器安装在舰船的前甲板上，当接受到风暴的次声波时，可令旋转360°的喇叭自行停止旋转，它所指的方向，就是风暴前进的方向；指示器上的读数即可告知风暴的强度。这种预测仪能提前15小时对风暴做出预报，对航海和渔业的安全都有重要意义。

人工冷光——萤火虫。爱迪生发明的电灯使人们的生活更加方便、丰富。但电灯只能将电能的很少一部分转变成可见光，其余大部分都以热能的形式浪费掉了，而且电灯的热射线于人眼有害。那么，有没有只发光不发热的光源呢？

在自然界中，有许多生物都能发光，如细菌、真菌、蠕虫、软体动物、甲壳动物、昆虫和鱼类等，而且这些动物发出的光都不产生热，所以又被称为“冷光”。在众多的发光动物中，萤火虫是其中的一类。萤火虫约有1 500种，它们发出的冷光的颜色有黄绿色、橙色，光的亮度也各不相同。萤火虫发出冷光不仅具有很高的发光效率，而且发出的冷光一般都很柔和，很适合人类的眼睛，光的强度也比较高。因此，冷光是一种人类理想的光。

科学家研究发现，萤火虫的发光器位于腹部。这个发光器由发光层、透明层和反射层三部分组成。发光层有几千个发光细胞，它们都含有荧光素和荧光酶两种物质。在荧光酶的作用下，荧光素在细胞内水分的参与下，与氧化合便发出荧光。萤火虫的发光，实质上是把化学能转变成光能的过程。早在20世纪40年代，人们根据对萤火虫的研究，创造了荧光灯，使人类的照明光源发生了很大变化。近年来，科学家先是从萤火虫的发光器中分离出了纯荧光素，后来又分离出了荧光酶，接着，又用化学方法人工合成了荧光素。由荧光素、荧光酶、ATP（腺苷三磷酸）和水混合而成的生物光源，可在充满瓦斯的矿井中作为闪光灯。由于这种光没有电源，不会产生磁场，因而可以在生物光源的照明下，做清除磁性水雷等工作。现在，人们已能用掺和某些化学物质的方法得到类似生物光的冷光，作为安全照明用。

另外，人类根据鸟类定翼滑翔的原理发明了直升机旋翼，根据啄木鸟头部的解剖结构发明了防震帽；根据蜜蜂造巢窝的原理发明各种正六边形蜂巢结构的板材；根据青蛙的眼睛结构，发明了电子蛙眼；根据鲸的极为理想的“流线体”外形，改进了船体的设计，大大提高了轮船的速度等。因此，仿生学极大地促进了人类的文明和社会发展。

诚然，人类相对于其他动物，环境优越、衣食无忧，加之人类凭着自身智慧主宰着地球。但细细回味，我们生活中的点点滴滴，都是在与动物的和谐相处中度过的，他们几乎把自己的全部都捐献给了人类。从衣食住行到战胜疾病，从农业生产到文化娱乐，从人类助手到仿生发展等，人类和动物息息相关。人类在一定的社会生产方式下进行活动，一时一刻也离不开动物的给予，它们是人类出现后赖以生存发展和不可缺少的物质基础。人类通过自己的发展活动影响和改造动物，既不断改变动物的供应能力，又让它们提供人类生活所必需的资源。地球是动物和人类共同的家园，人马动物的和谐相处是一种自然的生态平衡，在这种良性循环下，动物恩赐给人类的必然会更多，坚持这种和谐发展是必要的，也是必需的。

# 5　动物的繁殖和生产

繁衍生息是动物的权利，也是扩大再生产的基础。动物只有通过繁衍后代，种族才能延续，种群才能扩大。奇特的遗传物质（DNA）构成了生命的本源，造就了大自然的万物。每种生命都由它的遗传物质完整地记录这一物种的遗传信息，以保证这一物种的代代相传。现代育种技术的应用，使畜禽品种得到改良，也培育出了许多优良的品种，极大地提高了动物的生产潜力，特别是基因转移技术在育种上的应用更是将畜禽品种改良和培育推向一个新的高峰。胚胎移植、体外受精、动物克隆、胚胎干细胞等技术在繁殖方面的应用，使动物的繁殖效率更高更好。动物生产过程实际是资源消耗与转化过程，有了优良的品种，需要提供适宜的环境条件、全面充足的营养、精心的饲养以及科学的管理等。所有这些，无一不是科学的力量。利用科学的力量，加大对动物的研究力度，掌握动物的生物学规律，充分利用其规律，满足其需要，趋利避害，以更好地造福人类。

## 5.1　神秘的螺旋体

由好莱坞动作巨星施瓦辛格主演，以当今全球最热门的“克隆人”为话题的科幻动作片《第六日》引起每一位观众的惊叹。施瓦辛格在片中饰演一位直升飞机驾驶员，但是一群克隆人企图占有世界，他们想尽办法要干掉他，一场惊天动地的亡命旅程就此展开。并且在《第六日》中，科学家不但可以利用克隆技术复制细菌、酵母菌，也可复制蜗牛、小虾等许多物种，然而人的克隆将给人类带来怎样的灾难，却让人怎么也无法预料。这固然只是科幻影片的艺术创作，但是，生活中新闻媒体曝光率最高的词汇确实是“克隆技术”。面对我们这颗充满生机的星球，为什么鱼天生会游泳，而蝴蝶天生会飞？为什么鱼生出来的一定是鱼，而且一样会游泳？这就是由它们的遗传物质决定的。每种生命都必有它的遗传物质，完整地记录这一物种的遗传信息，以保证这一物种的代代相传。正是这奇特的遗传物质构成了生命的本源，造就了大自然的万物。

遗传物质的物质基础是一个长长的线状化合物，化学名称叫脱氧核糖核酸（英文简称 DNA），由五碳糖、碱基、磷酸分子组成，其中碱基可分为腺嘌呤脱氧核苷酸、胸腺嘧啶脱氧核苷酸、胞嘧啶脱氧核苷酸、鸟嘌呤脱氧核苷酸 4 种脱氧核苷酸，不同脱氧核苷酸由于组成的碱基不同而命名不同。4 种脱氧核苷酸代表了 4 种不同碱基，以它们的化学名称首个字母简称为 A、T、G、C。碱基严格按照 A－T、G－C 的原则进行配对，称为碱基对。尽管组成 DNA 分子的碱基只有 4 种，但是碱基在 DNA 分子中的顺序是千变万化的，例如，一个 DNA 分子片段由 50 个核苷酸组成，每个碱基有 4 种，利用数学中排列组合知识可以确定在理论上此段 DNA 分子碱基的可能排列方式高达 $4^{50}$种，这是一个含有 30 位数的极为庞大的数字。

DNA 二级分子结构是双螺旋结构，像一个扭曲的梯子，糖和磷酸组成梯子两边的架子，碱基对构成梯子的梯级。每 10 个碱基对旋转完一周，碱基对的长度为 1 纳米，每两个碱基对之间的距离为 0.34 纳米。这是 $\beta$－DNA 的结构，在生物体内自然生成的 DNA 几乎都是以 $\beta$－DNA 结构存在（图 5－1）。

可不要小瞧这极为简单的双螺旋结构，它是由美国生物学家詹姆斯·沃森与英国生物物理学家弗朗西斯·克里克在前人辛勤工作基础上天才的发现，根据各方面对 DNA 研究的信息和他们的研究分析，得出一个共识：DNA 是一种双链螺旋结构。这真是一个激动人心的发现！沃森和克里克立即行动，马上在实验室中联手搭建 DNA 双螺旋模型。从 1953 年 2 月 22 日起，他们夜以继日，废寝忘食，终于在 1953 年 3 月 7 日，将他们想象中的美丽无比的 DNA 模型搭建成功。沃森和克里克在 1953 年 4 月 25 日的《自然》杂志上以 1 000 多字和一幅插图的短文公布了他们的发现。沃森和克里克的这个模型正确地反映出 DNA 的分子结构。后人是这样评价他们的发现：DNA 双螺旋模型（包

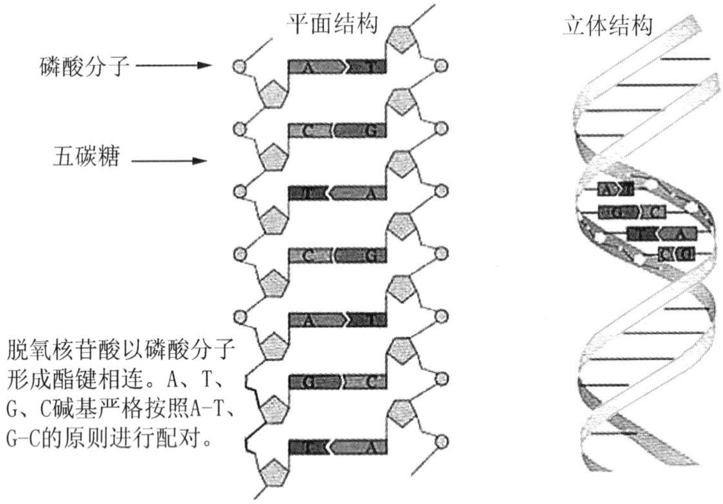


**图 5-1 DNA 分子结构模式**

括中心法则）的发现，是 20 世纪最为重大的科学发现之一，也是生物学历史上唯一可与达尔文进化论相提并论的最重大的发现，它与自然选择一起，统一了生物学的大概念，标志着分子遗传学的诞生。这门综合了遗传学、生物化学、生物物理和信息学，主宰了生物学所有学科研究的新生学科诞生。此后，遗传的历史和生物学的历史都从细胞阶段进入了分子阶段。由于沃森、克里克和威尔金斯在 DNA 分子研究方面卓越的贡献，他们分享了 1962 年的诺贝尔生理学或医学奖。

那么这看似简单的 DNA 分子是如何实现其作为遗传物质完成产生万物的神圣使命呢？我们在前面介绍过 DNA 分子通过 4 种不同脱氧核苷酸的排序形成无法估量的序列组合，那么 DNA 分子上具有遗传信息的特定核苷酸序列就称为基因（遗传信息），同时，通过“中心法则”即遗传信息从 DNA 传递给 RNA，再从 RNA 传递给蛋白质，即完成遗传信息的转录和翻译的过程。通俗地讲，DNA 发出指令，RNA 严格认真地传递指令给细胞中组装蛋白质的工厂（核糖体），将不同的氨基酸组装成蛋白质，当然刚刚组装的蛋白质还需要进一步在内质网工厂中加工包装，最后具有生物学活性的蛋白质就诞生了。基因通过复制把遗传信息传递给下一代，使后代出现与亲代相似的性状。在 20 世纪末，人类基因组计划（HGP）由美国科学家于 1985 年率先提出，于 1990 年正式启动。美国、英国、法国、德国、日本和我国科学家共同参与了这一预算达 30 亿美元的人类基因组计划。整整 10 年后，2000 年 6 月 26 日，参加人类基因组工程项目的 6 国科学家共同宣布，人类基因组草图的绘制工作已经完成。人类大约有几万个基因，它储存着生命孕育、生长、凋亡过程的全部信息，通过复制、表达、修复，完成生命繁衍、细胞分裂和蛋白质合成等重要生理过程。生物体的生老病死等一切生命现象都与基因有关。它也是决定人体健康的内在因素。

有一段时间，各大新闻网站报道了一条让全世界男性惊恐不安的新闻：澳大利亚国立大学的遗传学家詹妮·格雷夫斯教授，作为世界 Y 染色体研究领域的顶尖科学家之一，研究发现，男性特有的 Y 染色体正在消亡：3 亿年前，Y 染色体诞生之初曾含有 1 438 个基因，但是演化到今天只剩下 45 个基因。按照这个速度推算，1 000 万年之后 Y 染色体将会完全消失。Y 染色是否真的将会消失？没有了男人的世界将会怎样？但是，最近在世界著名权威科学期刊《美国国家科学院院刊》刊登了一项新的研究，证明未来 Y 染色体并不会消失，也就是说男人还是会继续存在的，地球并不会变成一个“女儿国”。

那染色体是什么？它为什么能够决定性别呢？染色体是细胞内具有遗传性质的物体，易被碱性染料染成深色，所以叫染色体（染色质），其本质为双股螺旋的脱氧核糖核酸即 DNA，是遗传物质基因的载体，与生物基因有密切关系。染色体的主要化学成分是脱氧核糖核酸和 5 种称为组蛋白的蛋白质。

在有不同性别的生物体内，有两个基本类型的染色体：性染色体和常染色体。前者控制性联遗传特征，后者控制着除性联遗传特征以外的全部遗传特征。人体共有 22 对常染色体和一对性染色体（图 5 - 2）。男女的性染色体不同，男性由一个 X 性染色体和一个 Y 性染色体组成，而女性则有两个 X 性染色体。第 22 对染色体是常染色体中最后一对，形体较小，但它与免疫系统、先天性心脏病、精神分裂、智力迟钝和白血病以及多种癌症相关。例如，DiGerge 综合征。该病是一种典型的细胞免疫缺陷疾病，也称为先天性胸腺发育不全综合征，并伴随有先天性心血管疾病。在胚胎发育早期，由于第三、第四对腮囊发育障碍，会引起胸腺和甲状腺发育不全或完全缺失，或者无胸腺形成。胸腺是人体的免疫器官，能产生免疫 T 细胞，胸腺发育不全或缺失，便无法产生免疫 T 细胞，从而造成机体细胞免疫功能低下。在1999年12月1日，英国科学家宣布，人类重大科学研究项目之一——人类基因组计划取得突破性成果，第22号染色体全部破译，这将极其有利于22号染色体相关疾病的研究。

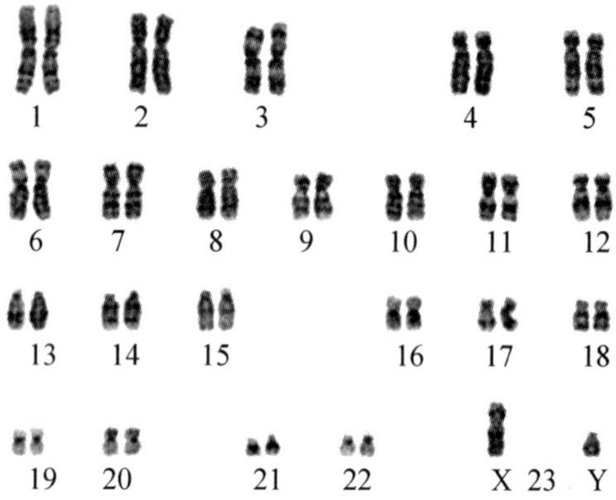


**图5-2 男性23对染色体**

那么染色体是怎样形成的呢？染色体在细胞分裂之前才形成。在细胞的代谢期或间期，染色体分散成一级结构或伸展开的脱氧核糖核酸分子，组成细胞核内的染色质或核质（由于呈线形）。染色体的形态以中期时最为典型。每条染色体由两条染色单体组成，中间狭窄处称为着丝点，又称主缢痕，它将染色体分为短臂（p）和长臂（q）。按着丝粒位置的不同，人类染色体可分为中着丝粒染色体、亚中着丝粒染色体和近端着丝粒染色体等3种类型。近端着丝粒染色体的短臂末端有一个叫作随体的结构，它呈圆球形，中间以细丝与短臂相连。有的染色体长臂上还可看到另一些较小的狭窄区，称为次缢痕。染色体臂的末端存在着一种叫作端粒的结构，它有保持染色体完整性的功能。

染色体在细胞分裂不同阶段，其形态结构也不同。主要有核小体、螺旋体、超螺旋体等。核小体是染色体结构的最基本单位。核小体的核心是由4种组蛋白（H2A、H2B、H3和H4）各两个分子构成的扁球状八聚体。脱氧核糖核酸分子具有典型的双螺旋结构，一个脱氧核糖核酸分子就像是一条长长的双螺旋的飘带。一条染色体有一个脱氧核糖核酸分子。脱氧核糖核酸双螺旋依次在每个组蛋白八聚体分子的表面盘绕约1.75圈，其长度相当于140个碱基对。组蛋白八聚体与其表面上盘绕的脱氧核糖核酸分子共同构成核小体。在相邻的两个核小体之间，有长50~60个碱基对的脱氧核糖核酸连接线。在相邻的连接线之间结合着一个第5种组蛋白（H1）的分子。密集成串的核小体形成了核质中的10纳米左右的纤维，这就是染色体的“一级结构”。在这里，脱氧核糖核酸分子大约被压缩了7倍。

## 5.2　豌豆和果蝇

看到这样的题目，读者可能产生疑问，豌豆是植物，果蝇是一种小昆虫，它们怎么会联系到一起呢？请容我们慢慢道来。

豌豆在遗传学领域的鼎鼎大名不仅仅是它代表了经典遗传学的三大定律的两大定律——分离定律和自由组合定律，更是由于这是一位对自然科学特别是园艺学有浓厚兴趣的奥地利修道士（天主教圣职人员）孟德尔通过长达12年的植物杂交试验发现的。这两大定律的发现使孟德尔成为遗传学的奠基人，被称为“现代遗传学之父”（图5-3）。

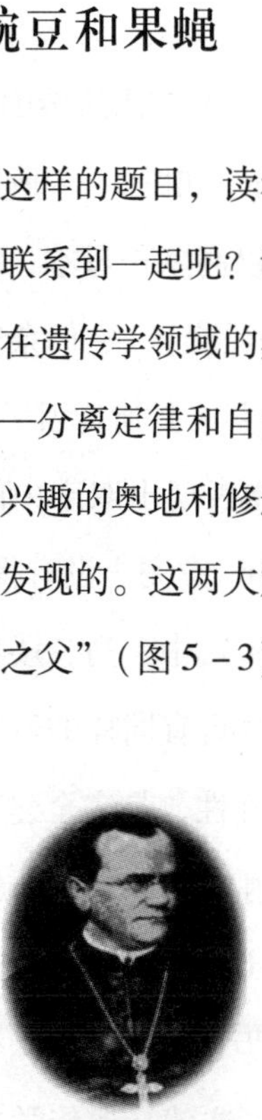
孟德尔

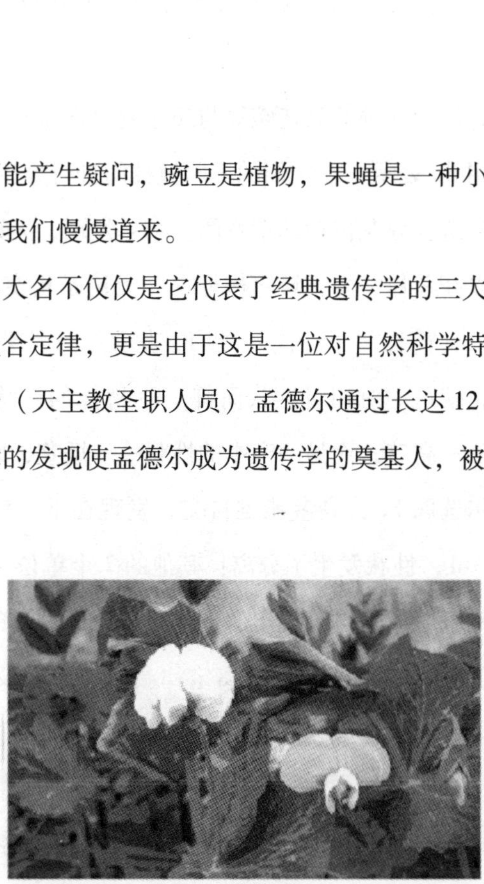
豌豆

**图5-3　奥地利遗传学家孟德尔与豌豆**

在分子生物学没有兴起的19世纪，人们直接观察到的是生物的外部特征，比如说有的是形态结构特征（花的颜色、植株的高矮），有的是生理特征（植物的抗病性、耐寒性），有的是行为方式（如狗的攻击性、服从性），等等，这些特征就称为生物体的性状。通过对生物性状的观察和分析，人们了解了遗传和变异现象，比如说最简单的现象：孩子总是与父母长得相似，是什么样的遗传规律导致这样的呢？孟德尔在研究豌豆等植物的性状遗传时，把植株所表现的性状总体区分为各个单位作为研究对象，这样区分开来的性状称为单位性状。分别分析豌豆的花色、种子形状、子叶颜色、豆荚形状、豆荚（未成熟的）颜色、花序着生部位和株高 7 个不同的单位性状，并且具有不同表现类型即相对性状，如豌豆花色有红花与白花之分，种子形状有圆粒与皱粒之分，这样就开始了他的发现之旅。

当孟德尔用纯种的高茎豌豆与矮茎豌豆作亲本（P），高茎用遗传因子 DD 表示，矮茎用 dd 表示，在它们的不同植株间进行异花传粉。如图 5－4 所示为高茎豌豆与矮茎豌豆异花传粉的示意图。结果发现，无论是以高茎作母本，矮茎作父本，还是以高茎作父本，矮茎作母本（无论是正交还是反交），它们杂交得到的第一代植株（简称“子一代”，以 $F_1$ 表示）都表现为高茎，其遗传因子型为 Dd。也就是说，就这一对相对性状而言，$F_1$ 植株的性状只能表现出双亲中的一个亲本的性状——高茎，而另一亲本的性状——矮茎，则在 $F_1$ 中完全没有得到表现。然后孟德尔选取 $F_1$ 代高茎雌雄自交，发现在下一代（$F_2$）中，高、矮茎株之间的比例为 3∶1，性状发生了分离！其他的 7 个单位性状也具有同样的性状分离现象，有力地证明了他自己提出的遗传因子分离假说的正确性，是完全建立在科学的基础上的。孟德尔的基因分离定律具有普遍意义，例如，有的鸡小腿上有毛（毛腿），有的则没毛（光腿），光腿基因 F 对毛腿基因 f 为显性。所以光腿鸡与毛腿鸡交配后，其产生的下一代全为光腿，下一代进一步自交配，那么得到的后代中，3/4 为光腿，1/4 为毛腿，即隐性毛腿基因分离，这就是遗传学中的著名规律——分离规律。

孟德尔进一步研究两对性状的遗传学规律。他选取了具有两对相对性状差异的纯合体作为亲本进行杂交，一个亲本是结黄色圆形种子（简称黄色圆粒），另一亲本是结绿色皱形种子（简称绿色皱粒），无论是正交还是反交，所得到的 $F_1$ 全都是黄色圆形种子。由此可知，豌豆的黄色对绿色是显性，圆粒对皱粒是显性，所以 $F_1$ 的豌豆呈现黄色圆粒性状。如果把 $F_1$ 的种子播下去，让它们的植株进行自花授粉（自交），则在 $F_2$ 中出现了明显的性状分离和自由组合现象。在共计得到的 556 粒 $F_2$ 种子中，有 4 种不同的表现类

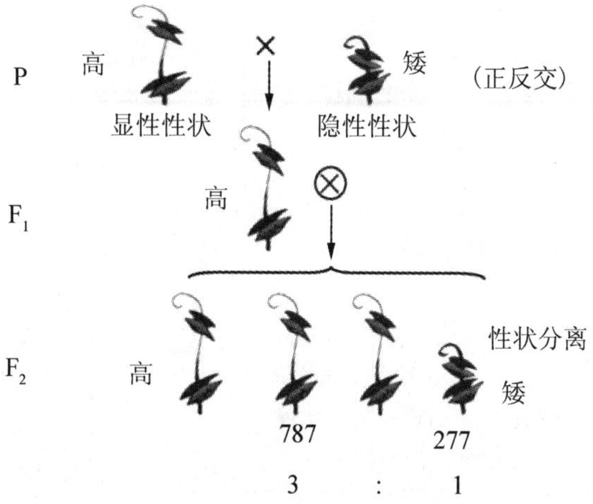


**图 5-4　基因的分离定律**

型。如果以数量最少的绿色皱形种子 32 粒作为比例数 1，那么 $F_2$ 的 4 种表现型的数字比例大约为 9∶3∶3∶1，如图 5-5 所示为基因自由组合定律。在 $F_2$ 所出现的 4 种类型中，有两种是亲本原有的性状组合，即黄色圆形种子和绿色皱形种子，还有两种不同于亲本类型的新组合，即黄色皱形种子和绿色圆形种子，其结果显示出不同相对性状之间的自由组合。如果单就其中的一对相对性状而言，那么，其杂交后代的显、隐性性状之比仍然符合 3∶1 的近似比值。以上性状分离比的实际情况充分表明，这两对相对性状的遗传，分别是由两对遗传因子控制，其传递方式依然符合分离规律。此外，它还表明了一对相对性状的分离与另一对相对性状的分离无关，二者在遗传上是彼此独立的。如果把这两对相对性状联系在一起进行考虑，那么，这个 $F_2$ 表现型的分离比，应该是它们各自 $F_2$ 表现型分离比（3∶1）的乘积。这也表明，控制黄、绿和圆、皱两对相对性状的两对等位基因，既能彼此分离，又能自由组合。这就验证了遗传学规律中的自由组合定律。

在 1900 年，孟德尔遗传规律被重新发现后，人们用更多的动植物为材料进行杂交试验，其中属于两对性状遗传的结果，有的符合独立分配定律，有的不符合。只有不在同一染色体上的基因才可以自由组合，而位于同一染色体上的基因则会连在一起遗传，即是原来为同一亲本所具有的两个性状，在 $F_2$ 中

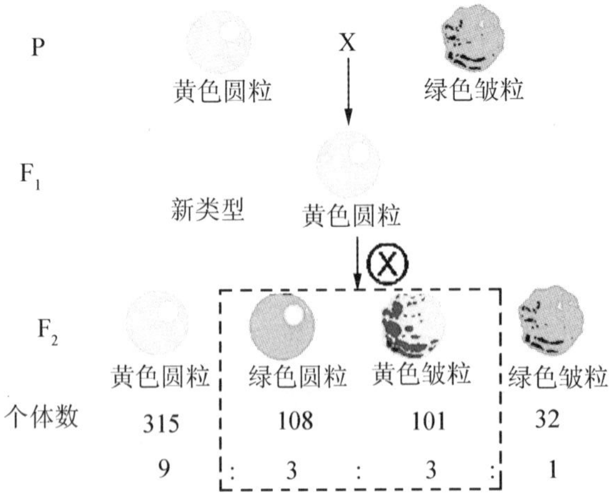


**图 5 -5　基因的自由组合定律**

常常有联系在一起遗传的倾向，这种现象称为连锁遗传。但是一直缺乏实验证实。美国著名遗传学家摩尔根（图 5 -6）以果蝇为试验材料进行研究，最后确认所谓不符合独立遗传规律的一些例证，实际上不属独立遗传，而属于另一类遗传，即连锁遗传。如图 5 -7 所示，纯合体果蝇杂交得到 $F_1$ 代后，进行测交（杂交产生的子一代个体再与其隐性或双隐性亲本的交配方式）。发现下一代绝大部分（42%）为灰身长翅与黑身残翅，说明这两组性状位于同一个染色体上呈现连锁状态，如果不在同一染色体上则应该符合基因分离定律，单个性状符合 3∶1 的比例，但是子一代中出现新的类型灰身残翅与黑身长翅（8%）则说明长翅与残翅基因发生了互换，这就形成了遗传学的第三大定律——连锁互换定律。

连锁和互换是生物界的普遍现象，也是造成生物多样性的重要原因之一。一般而言，两对等位基因相距越远，发生交换的概率越大；反之，相距越近，交换率越低。连锁遗传定律的发现，证实了染色体是控制性状遗传基因的载体。通过交换的测定进一步证明了基因在染色体上具有一定的距离的顺序，呈直线排列。这为遗传学的发展奠定了坚实的科学基础。

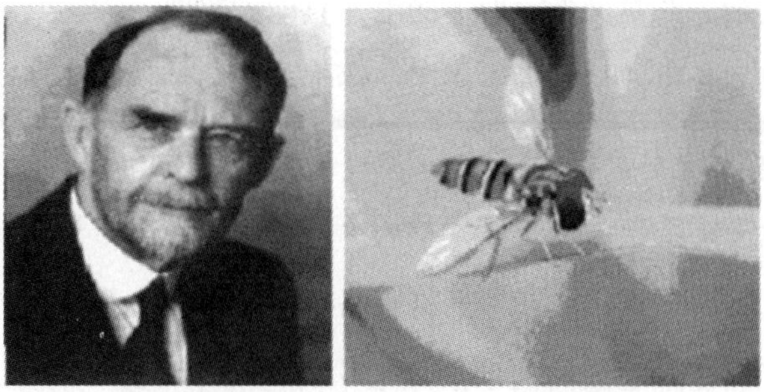

摩尔根　　果蝇

图 5－6　摩尔根与果蝇

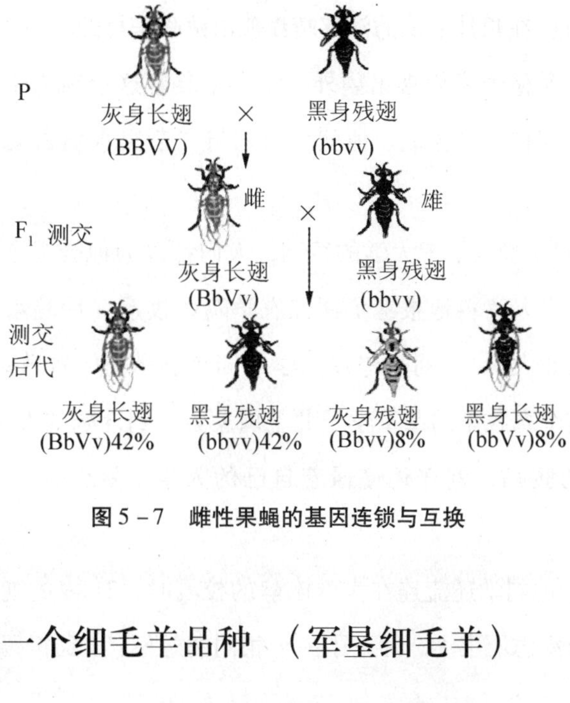


图 5－7　雌性果蝇的基因连锁与互换

## 5.3　中国第一个细毛羊品种 （军垦细毛羊）

在我国那首流传广泛、美丽动听的北朝名歌《敕勒歌》中有这样的诗句：敕勒川，阴山下，天似穹庐，笼盖四野。天苍苍，野茫茫，风吹草低见牛羊。在那水草丰美的草原上，一望无际，微风吹倒了牧草，露出了藏在草中肥壮的牛羊。满地肥壮的牛羊便是牧民们美好的理想，现在，牧民的美好理想已经变成现实，这与育种技术的应用和新品种的培育密切相关。

中国养羊业虽然历史悠久，但新中国成立之前一直没有优良的细毛羊品种。20 世纪 50 年代，毛纺工业的发展急需优质细羊毛，但当时中国的绵羊品种都是粗毛，毛粗、色杂、产量又低，剪下的毛，只能捻粗绳、卷土毡，根本不能用来纺织高档毛料织品。虽然从国外引进了一些细毛羊品种，但由于适应性差，都难以存活，严重制约了中国毛纺工业的发展。

当时国家急需细毛羊毛，望着绿草场上游动的羊群，一个大胆而奇妙的想法在年轻的刘守仁脑海中迸出：如果能将耐高寒、耐粗饲，登山攀岩行动敏捷的本地土种哈萨克羊和体大毛细的阿尔泰细毛羊的优点集中到一种羊的身上该多好，那不是将阿勒泰细毛羊的皮毛披到土种哈萨克羊身上了吗？也就是这个想法，促使了“军垦细毛羊”的诞生。

1934 年6 月，在长江之滨的江苏靖江孤山镇联华村的一户殷实人家中，一个男婴呱呱坠地，令整个家族喜出望外。父亲希冀着这个独生子，能堂堂正正做人，就起了个“守仁”的大名。他就是后来与“杂交水稻之父”袁隆平齐名的刘守仁。

刘守仁 17 岁就步入了考大学的行列，人们都以为他会报考父亲的母校南通纺织学校，他却出人意料地报考了浙江农学院畜牧系（后院系调整为南京农学院，现为南京农业大学）。刘守仁在大学的四个春秋里，孜孜以求，学而不厌。毕业设计时，整个畜牧系的莘莘学子北上内蒙古，到辽阔的大草原种马场实习。面对桀骜不驯的骏马，刘守仁憧憬着自己的人生，梦想着做一名选育良马的能手。

1955 年，其他同学还流连在大学幽静的校园时，21 岁的刘守仁，毅然决然在大学生工作分配志愿书上，写下了三个相同的志愿：“到祖国最需要、最艰苦的地方去！”

1955 年金秋，刘守仁来到乌鲁木齐，被分配到条件较好的新疆农学院任教。在大学，书教了不到半年，上级领导决定调刘守仁到最艰苦的地方去，到最需要知识的牧场去。在寒风刺骨的冬天，刘守仁扛着简易的行囊和一摞书，搭乘一辆往天山深处拉松木的嘎斯卡车西行 200 千米，夜晚时分才来到了天山深处一个叫“紫泥泉”的牧场，一个由新疆生产建设兵团司令员陶峙岳偕同苏联畜牧专家，在天山勘察选址成立的种羊改良繁育基地。兵团紫泥泉种羊场前脚成立，刘守仁就后脚已至。结果没有成为选育良马的能手，而成为一名种羊改良繁育基地的技术员。

1956年冬天，刘守仁制订了绵羊育种计划。他要把从苏联引进的娇气十足的细毛羊皮，“披”在土生土长的新疆哈萨克牧民放养的土种羊身上。这种繁育计划，既无现成资料可资借鉴，也无实验室可用，更无实践经验可借鉴，真是“无米之炊”。但他并没怨天尤人，他拿起三尺羊鞭，单独放牧拥有360只母羊的试验羊群。从选羊到配种，他事事自己动手。白天，他是地道的牧人；夜间，他才是研究人员，一间不起眼的泥屋，就是他的实验室。

他翻遍外国的资料，几乎所有的论点都告诉他，培育新品种都要经过杂交、横交固定、提高3个漫长的阶段，一般先从两个品种中选择优良的个体组成两个群体，然后进行级进杂交，即用改良用的公羊（阿勒泰细毛羊）与当地母羊杂交后，从第一代杂种开始，以后各代所产母羊，每代继续用原改良品种公羊选配，到3~5代杂种后代生产性能基本与改良品种相似。杂交后代基本上达到目标时，杂交应停止。符合要求的杂种公母羊可以进行横交固定；横交固定就是种母羊达到理想型标准时，组成专群，选择与其特点相似、血缘相近的公羊，实行有计划的近亲交配，加快优良性状的固定；然后对横交固定群种羊进一步选育形成育种群，使种羊群的性状达到选育标准，其后代生产性能达到要求而且稳定。按照这样的程序按部就班地进行下去，少说几十年，多则几百年。国家的需要，不容许他用那么多的时间。

他运用所学的专业知识，遵循科学的规律，不拘泥于书本上的现成路数，小心慎重地试验着外国专家们不愿采用的近亲繁殖的育种方法。根据自己掌握的充分数据，他认为在杂交阶段，就可以进行亲缘繁殖，即“边杂交、边横交、边固定”，即不过分追求杂交代数，对达到理想型标准的个体，组群进行横交，对未达到理想型标准的个体，继续进行级进杂交，这样既可以缩短时间，又可以达到遗传稳定和类型一致。

1958年春天，第二代杂交细毛羊羔羊咩咩落地了。这些羊羔像人类的新生儿，粉嫩娇弱，身上几乎看不见细毛。为了提高成活率，刘守仁干脆住进了羊圈，刺鼻的腥膻臊臭味，一般人待几分钟都受不了，而他一住就是一个多月。遇到羊羔感冒，他就一只接一只地抱进自己的被窝里将其捂出汗，用这种土办法治感冒。然而，付出的艰辛和心血，获得的却是令人伤心的结果。刘守仁用尽了所有办法和气力，终因小羔羊的脆弱而未能挽回一部分小羊的生命。经验丰富的老牧人哈赛因告诉他："你的育种方法没有错，你的第二代杂交羊羔也不错，不缺胳膊不缺腿的，就是毛太细，抗不了寒啊。"

刘守仁豁然开朗。在这之前，他总是围绕着神秘的"基因"，去探究小羊早死的原因，而忽略了外界生活条件的原因。第二代杂交细毛羊培育失败说明，必须加强母羊的饲料管理，使羊积蓄足够的营养和能量，这是关系到选种、配种、生产等5大环节能否成功的关键。

1965年，是刘守仁培育细毛羊获得重大突破的一年。这年春天，几百只细毛羊小羊羔又咩咩地落地了。经过科研部门鉴定，羊毛的细度、弯曲度和光泽度都达到了高级毛纺原料的标准。

这个只用了10余年时间就完成了国外育种需要几十年甚至上百年才能完成的工作，终于把从国外引进的"阿勒泰"羊的羊毛外衣披到了毛质粗劣的土种哈萨克羊身上。1968年，刘守仁培育的这一品种——军垦细毛羊在北京农业展览馆正式展出，顿时引起了国内外的巨大轰动。

新疆军垦细毛羊以产毛多、质量好而驰名中外。平均每只可产毛5.3千克，是其他绵羊的1~2倍，净毛率50%。肉鲜味美，在国内外享有盛誉（图5-8）。新疆细毛羊总数目前已达1 000多万只。

**图5-8 新疆军垦细毛羊**

1972年引进澳美公羊，经过10余年精心选育，于1985年育成新品种——中国美利奴羊（新疆军垦型），有A型和B型两个品系。1987年以后，又相继育成了强毛品系、毛密品系、多胎品系和U品系细毛羊。1985年，刘守仁院士培育的中国美利奴细毛羊，获得国家科技进步一等奖；1999 年，中国美利奴羊获得联合国科技知新奖。

刘院士长期从事绵羊育种和牧业工程科技研究，创立绵羊“血亲级进育种法”，打破了传统育种方法中血亲近交的禁区，培育出适应性强、体大、毛产量高的军垦细毛羊。如今，刘院士已是双鬓斑白，但未减工作的热情，他还在制订新的育种计划，用只争朝夕的精神，培育出每千克羊毛价值万元以上的超细品系，培育出毛肉兼用的多胎品系，让我国绵羊有资格领略世界前沿的风光。

刘守仁院士的成功，正是共和国的成功，从此，结束了我国耗巨额外汇进口细毛羊毛的历史。刘院士的成果，也是世界科技史的成果，澳大利亚的一位细毛羊研究专家，在紫泥泉看了刘院士繁育的细毛羊，惊叹地说：“中国人创造了一个奇迹！”

## 5.4 年产 328 枚蛋的鸡 （罗曼褐壳高产蛋鸡）

现代畜牧业的发展，对品种要求越来越高，品种对生产的影响也越来越显著。产蛋性状是蛋鸡选育和培育新品种的重要性状之一，直接关系到产品产量和生产效益。2001 年欧共体对 10 多个蛋鸡品种进行测定，其中罗曼褐壳蛋鸡以年产 328 枚蛋的优异成绩夺得“冠军”，这是德国罗曼公司采用现代育种技术，即培育专门化品系，然后配套杂交组合的结果。

近两个世纪以来，国内外曾培育出许多纯种或变种鸡，但只有少数能经受住养鸡业商品化大潮的考验而被今日家禽育种者所采纳。因为传统的品种生产性能差、饲料消耗多。如 30 ~ 40 年前鸡的品种有 200 多个，而目前在生产中使用的却很少。前期人们只知道用纯种或品系鸡做商品生产，育种工作也局限于提高这些纯种鸡的经济潜力。近几十年来，随着科学技术在畜牧业的广泛应用，原有品种已经不能适应现代化、商品化养鸡业的需要。现代养鸡业所养的品种必须高产、高效，产品质量、生产性能等指标要整齐、稳定和规格化。为此，现代家禽育种逐渐采用在标准品种的基础上选育或合成专门化高产品系，进行品系杂交，以极大地提高其生活性能。

现代饲养的蛋鸡品种按照蛋壳颜色可以分为褐壳蛋鸡、白壳蛋鸡和粉壳蛋鸡，它们都是利用现代育种技术培育出的高产配套杂交鸡。其培育过程如下：首先培育出近交系。从一个品种或多个品种中选育出多个某些性状符合人们要求的品系，然后封闭鸡群，进行近亲交配。为了固定并加强所需要性状，需要连续进行高强度近交，如连续进行全兄姊妹交配四代以上。由于近交可能使大量的不良基因纯和，使后代出现生活力衰退、生产性能下降，所以要严格选留，对选留的个体进行近交，最后得到优质的近交系。然后进行同品种或不同品种间近交系杂交组合试验（配合力测定），选出亲和性良好的杂交组合。最后大量繁殖参与杂交的近交系，进行杂交制种，在生产中推广应用。

如年产 328 枚蛋的罗曼褐壳蛋鸡就是四系配套杂交鸡。从美国的洛岛红鸡中选育出不同品系，形成多个近交系，通过近交系杂交组合试验，形成优良的杂交组合（图 5 -9），其后代生产性能最优良，也就是说杂交优势最明显。

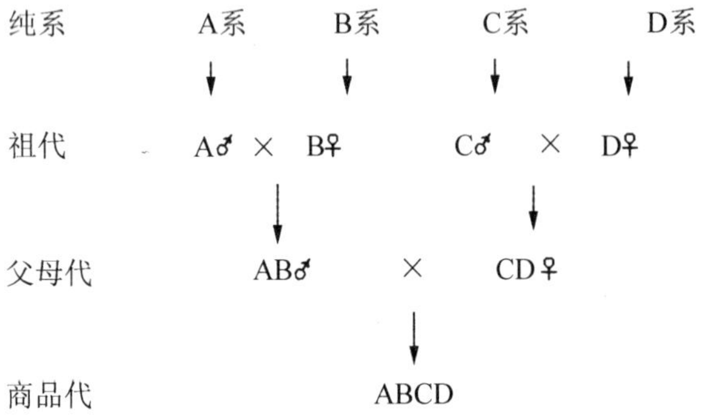


**图 5 -9　四系杂交配套示意图**

这么多的配套系参与，如何保证不混杂？这就需要承担育种和生产任务的鸡群都有专门的分工，按照统一的育种计划进行科学的分工，采用分化选择的方法建立品系，并将它们配置在完整繁育体系内的专门阶层，承担专门的任务，发挥各自的特长，使育种改良和杂交制种形成一个分工协作、密切配合、严格有序的统一过程，这就是良种繁育体系。根据参与配套系的多少确定杂交制种模式，两个配套系参与的是二系杂交，三个配套系参与的是三系配套，四个配套系参与的是四系杂交。

现代培育的高产配套杂交蛋鸡不仅产蛋量高，而且许多品种都可以利用伴性遗传自别雌雄。雌雄鉴别就是在雏鸡出壳后将小公鸡和小母鸡分开，这项技术在生产中具有重大意义。作为种用的雏鸡进行雌雄鉴别，可以淘汰不需要的小公鸡和小母鸡；商品代雏鸡鉴别，可以淘汰掉没有饲养价值的小公鸡，使小母鸡以后生长得更好。过去采用的方法是翻肛鉴别法，根据肛门内侧下部的生殖突起进行鉴别。由于生殖突起千变万化，所以翻肛鉴别技术难度很大，不易掌握，鉴别率低且成本高，还容易造成雏鸡器官损伤。利用伴性遗传进行自别雌雄，其技术难度大大降低，鉴别效率极大提高。如罗曼蛋鸡雏鸡，出壳后绒毛银白的是公雏，金黄色的是母雏。再如海兰白壳蛋鸡，出壳后绒毛都是白色，但可以通过主翼羽和覆主翼羽的长短鉴别，覆主翼羽比主翼羽短的是母雏，覆主翼羽比主翼羽长、覆主翼羽与主翼羽一样长或无主翼羽的是公雏，这样一目了然，清清楚楚。

所有品种的鸡都可以自别雌雄么？非也。能够自别雌雄的品种也是人们在培育这些品种中特定设置的。目前所有的褐壳蛋鸡品种和白壳蛋鸡品种中的海兰白壳蛋鸡可以自别雌雄，其自别雌雄的原理是利用伴性遗传。我们知道，高等动物每个细胞上都有一对性染色体来决定个体的性别，染色体上有基因，位于性染色体上的基因叫作伴性基因。在性染色体上有控制羽毛颜色的基因，银白色为显性，金黄色是隐性，也就是说只要有银白色基因，不管有没有金黄色，后代一定表现为银白色。同样也存在控制主翼羽和覆主翼羽生长快慢的基因，而慢羽对快羽为显性。利用性染色体上的显性和隐性等位基因，通过科学的组合配对，使杂交后代的雌性和雄性表现出不同的颜色自别雌雄（羽色自别）或主翼羽长短不同自别雌雄（羽速自别）。

## 5.5 版纳微型猪近交系

2005 年 11 月，地处我国西南边陲的云南的一群活蹦乱跳的版纳微型猪，吸引了国内知名专家学者的眼球。来自全国各地的十多位知名专家，聚集在云南农业大学版纳微型猪近交系研究所里的“版纳微型猪近交系”繁种场里，举行了为期两天的高级别鉴定会，同时探讨这些猪的“未来科研可能”。

按照国际遗传学通例，哺乳动物近交系的培育，必须经过连续20个世代的全同胞或亲子交配，其品系内的所有个体都可追溯到一对共同祖先。相比于小鼠、兔等医学实验动物，近交系猪，尤其是近交系微型猪有许多优点。从20世纪20年代开始，美国、英国等国的科学家就试图培育微型猪的近交系，但由于遗传变异的丧失，“近亲结婚”容易出现近交衰退，往往导致近交后代的高死亡率，没有一家的研究能连续地近交到10代以上。因此，国际科学界一度认定，要培育大型的家养动物近交系是不可能的，大型哺乳动物近交系的培育成了动物遗传育种的科学禁区。

1977年，云南农业大学组织科研人员对地方猪种进行资源考察，发现西双版纳当地的地方品种小耳猪是培育近交系的珍贵资源，1979年即向云南科学技术委员会申请立项研究。鉴于当时国内外都没有近交系培育成功的报道，云南省科学技术委员会只同意一年给3 000元的经费，进行为期5年的“近交观察”。

1980年2月，曾养志开始承担起了我国猪近交系选育研究的第一个项目。通过深入地考察和筛选，曾养志在中缅边境一个拉祜族寨子找到了一窝可能原本就有近交传统的小耳猪。同年10月，这窝小猪性成熟后，即以全同胞（兄妹）、亲子（母子）这两种高度近交的方式让它们进行近交繁殖。1981年2月开始，陆续产下近交的第二代小猪（又称苗猪），但出现严重的近交衰退；第一世代先后产下小猪95头，只有3头存活继代；第二世代，先后生下小猪87头，最终也只存活继代3头；以后5～6代都有严重的近交衰退出现。许多人看到这个情况就以为没希望了，但是曾养志采取了与美、英等国科学家完全不同的设计方案和一系列特有的技术措施，使早期世代仅存的数头猪得以存活继代。每个世代仍始终坚持全同胞或亲子交配，并继续在后代中进行严格的选择和淘汰；遇上只有一公一母的单线传代时，他有意识地多保留几代以保证种质资源的存续。一年又一年，曾养志克服经费严重短缺的困难，冷静面对同行的质疑，一直做到了今天。

云南农业大学版纳微型猪近交系研究所所长曾养志教授介绍说：“版纳微型猪近交系在2003年就已经进入20代，现在22代的小猪（又称苗猪）已经出生，在原来形成的两个近交系的5个家系中，进一步分化出具有不同表型和遗传标记的18个亚系，其近交系数已高达98.6%以上。”

中科院遗传所人类基因组中心主任杨焕明说，版纳微型猪近交系是世界上第一个大型哺乳动物近交系，是划时代的成果。它将为生物医学研究、异种器官移植和转基因动物研究等提供基因高度纯合、遗传背景清楚而又有着不同基因型的近交系猪群。与会专家们一致认为，版纳微型猪近交系的选育成功，是我国科学家利用我国特有的动物资源，采用国际上从未采用过的连续高度近交加严格选择的科学方法，独立完成的具有我国自主知识产权的重大科研成果。

培育近交系猪有什么意义呢？国际实验动物科学理事会常务理事刘一农博士说：“以往，人类只培育成功了小型啮齿类近交系动物，包括小白鼠、中国地鼠、金黄地鼠和家兔等；它们作为医学实验的模式动物，为人类的健康做出了巨大的贡献。猪在解剖结构和生理代谢方面与人类十分接近，有了曾教授这个研究成果，就可以用猪作为‘最接近人类’的模式动物，替代那些小型动物，开展医学实验。这些猪还有一个更大的潜能，它们经过‘基因人源化改造’后，能够批量生产出人类需要的细胞、组织、器官和血液，为人类开展异种器官移植提供充足的供体材料。”国际遗传学联合会前主席、复旦大学教授赵寿元解释说：“还有两个研究前景，一是作为生物医学实验的纯系动物。近交系动物的基因高度纯合，遗传背景清楚，从而能够减少在实验中由于个体遗传差异而造成的误差。基因高度纯合的近交系实验动物，就像物理学研究中的精密仪器和化学反应中的分析纯试剂那样，能为生物医学及生命科学领域的研究提供灵敏度高、特异性强和重复性好的实验材料。第二个前景，是通过近交，使近交系的基因达到高度纯合，从而形成‘纯系’，然后再用纯系进行‘系间杂交’而获得杂交优势。这已经在玉米、高粱和杂交水稻等作物上获得成功并大面积推广应用，当前全世界只有曾教授这个品系的猪培育成功，此项工作不太容易交互开展，当然，如果基因工程控制得好，也可以拿这些猪去‘改造’其他的非近交系猪。”

目前云南农业大学微型猪近交系克隆研究小组的研究人员已克隆出首个大型哺乳类实验动物近交系——版纳微型猪近交系，是一头连续20代在猪母子或同一窝公母猪之间进行交配而诞生的纯种小黑公猪，它身上近99%的基因相同

（图5－10）。近交系猪克隆成功，意味着它可被“标准复制”，能为异种器官移植提供大量供体材料。

曾养志教授介绍，研究组计划与国内外从事转基因和基因敲除研究的科学家合作，开展近交系猪转基因和基因敲除研究，这将是实现异种器官移植的关键步骤。

图5－10 克隆的版纳微型猪

## 5.6 42天出栏的肉鸡

肯德基原料鸡，45天出栏，养鸡人绝不吃，你还敢吃吗？近来，网络上的肯德基45天“速成鸡”事件再次将肉鸡业推向风口浪尖。实际上，45天出栏肉鸡已是几年前的历史，目前的出栏时间仍在不断提前，如发达国家肉鸡已经提前到33～35天出栏，发展中国家也在42天出栏。这实际上就是动物高效生产的最好例子，它是优良品种、充足营养、适宜环境、良好管理和疾病控制等综合措施的“结晶”，并不是使用激素、抗生素等药物就可以达到的，其中最大的功劳归功于现代育种技术——专门化父系与专门化母系的选育和杂交。

现代的快大型肉鸡是从肉用品种，如美国的科尼什鸡中选育出专门化的父系鸡，它具有生长速度快、体型大、饲料转化率高的遗传基因；然后从兼用型品种，如美国的洛克鸡中选育出专门化的母系鸡，它具有产蛋较多、生长速度较快、饲料转化率较高的特点。这样，经过杂交试验形成配套组合，既可以获得数量多的肉仔鸡，又可保证肉仔鸡的快速生长和高饲料转化率。目前饲养的罗斯

308 肉鸡、艾维茵肉鸡和爱拔益加肉鸡等都是专门化父系和母系配套杂交的优良品种，在较好的饲养管理条件下都可以在 42 天出栏，所以说，42 天出栏的肉鸡是可以吃的。当然生产中也存在滥用药物、使用违禁药物或不遵守休药期的情况，需要严加监管，同时，养殖者也要真正承担其社会责任。

## 5.7 超级鼠

超级鼠是一种转基因动物，可以不知疲倦地奔跑数小时，寿命更长，拥有更强的繁殖能力，吃得更多而体重不增加。1982 年，美国凯斯西保留地大学生物化学教授理查德·汉森领导的 15 人研究小组应用微注射方法将大鼠生长激素基因导入了小鼠基因组并获得了世界上第一只体重为正常小鼠 2 倍以上的“超级鼠”（图5－11）。如今，科学家已经培育出 500 只“超级鼠”。

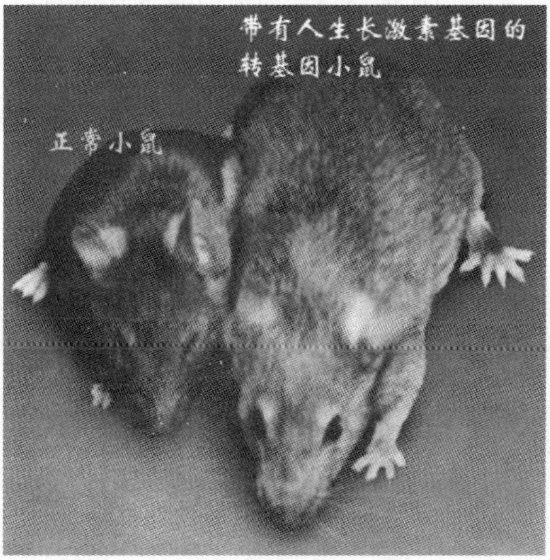


**图 5－11　超级鼠**

超级鼠的培育成功是转基因的结果，即通过基因转移技术将外源性基因导入到某种动物基因组上，从而达到改良重要生产性状（如生长率、遗传抗性等）或非常规性育种性状（如生产人类药用蛋白、工业用酶等）的目标。动物转基因实际是利用 DNA 重组技术，将目的基因插入到动物的基因组中，以获得稳定表达目的基因的个体及后代，或者是使特定基因失活，抑制其在个体及其后代中表达的一种技术。生产转基因动物的技术步骤为：目的基因的选择、纯化与克隆，载体的选择及重组表达载体的构建，目的基因向原核胚、体细胞或干细胞的高效转移及鉴定，携带目的基因胚胎的构建、培养发育与鉴定，转基因胚胎的移植，转基因动物获得与鉴定。运用适当的转基因方法将携带外源基因的重组表达载体导入动物细胞、配子和胚胎，从而使目的基因整合到动物基因组中，是生产转基因动物的关键。目前转基因动物的常用方法主要有 DNA 显微注射法、逆转录病毒感染法。

这项研究的巨大成功，鼓舞了科学家利用转基因技术探索改良畜禽品种的热情。由于转基因技术突破了只能在种间进行基因传递的天障，因此可以利用转基因畜禽来生产一些非常规性畜牧产品。

例如，利用金属硫蛋白基因启动区调控猪生长激素基因的转基因结构，将其导入猪基因组。在肥育期，如果给转基因猪饲喂含 16% 粗蛋白的正常日粮，转基因猪的增长速度比对照组（非转基因猪）要低。当把日粮中粗蛋白的水平提高到 18%，并添补赖氨酸（0.25%）、矿物质和维生素时，转基因猪的日增重提高了 15%，饲料利用率也比对照组高了 21.5%。有些转基因猪在 6 月龄后才开始表现高速增长，在 8 月龄时其体重比对照组高 28%。在转基因猪群中，日增重最高的个体为 1 273 克，而对照组中最高的个体只有 781 克。然而，在转基因猪中改良效果最为显著的性状还是背膘。转基因猪的背膘厚度在 7 ~ 8 毫米，而对照组的背膘厚度一般是 18 ~ 20 毫米，也就是说转基因猪的背膘厚度减少了一半以上。尽管转基因猪在生长性状上已经表现了明显的遗传改良，然而却难以将转基因猪用于实际生产，因为转基因的整合与表达导致了严重的副作用。转基因猪通常患有两种以上的疾病，如胃溃疡、滑膜炎、心肌肥大、皮炎、肾炎、肺炎等，同时也可能患有先天性遗传病，如四肢畸形、失明、不育等。在不能有效地克服这些副作用之前，转基因猪就难以培育成品种而走向市场。

例如 1974 年 Jaenisch 等将 SV40 DNA（一种病毒的 DNA）注入小鼠囊胚腔，发现获得的小鼠体内有 SV40 DNA 整合。随后，该方法成功运用于制备小鼠、大鼠、猪、牛、羊和鸡等转基因动物。该方法操作简单，目的基因整合效率高，不受胚胎发育阶段影响，是目前制备转基因家禽较有效的方法。但逆转录病毒载体所携带的外源基因一般不超过 10kb（注：kb 是 DNA 常用的长度单位，指某段 DNA 分子中含有 1 000 个碱基，英文全称为 Kilobase，即千碱基），获得的转基因动物多数为嵌合体。虽然该法已成功制备转基因牛、转基因猪和转基因山羊等家畜，但逆转录病毒的安全性限制了其在转基因家畜育种中的应用。

此外，还有非常规性转基因育种，通过将人类药用蛋白基因或工业用酶基因导入畜禽基因组，使畜禽生产非常规性畜牧产品。畜禽成为高效生产药用蛋白或工业用酶的化工厂，因此被称为“动物生物反应器”。动物生物反应器的研究领域很广泛，例如利用转基因猪可以生产人类血红蛋白或做器官移植用的人类脏器，但更多的研究是集中在利用牛羊的乳腺来表达生产人类药用蛋白，这就是所谓的动物乳腺生物反应器（图 5 - 12）。动物生物反应器的出现，是畜牧业的一场革命，具有重大深远的意义。这场革命使畜牧业过程成为工业过程，使畜牧产品也成为工业产品。例如，1998 年，Bleck 获得牛 $\alpha$ - 乳清蛋白的转基因猪，该蛋白在奶中得到表达，并且转基因猪在整个哺乳期的 $\alpha$ - 乳清蛋白产量提高了 50%，用这种奶哺育的猪仔生长速率和成活率显著提高。对牛奶进行人源化，增强其保健功能。2002 年，VanBerkel 等获得乳中大量表达人重组乳铁蛋白的转基因奶牛，并发现其抵抗乳腺疾病的能力大大增加。此种牛奶具有潜在的保健功能，可以增加抵抗力，有利于胃肠道的健康。乳腺生物反应器生产药用蛋白有着巨大的应用前景，除了抗凝血酶Ⅲ正式进入产业化生产外，多种乳腺生物反应器制备的药用蛋白已在临床试验阶段。

转基因育种研究已经走过了十几个春秋，转基因兔、转基因猪、转基因羊、转基因牛和转基因鸡都相继诞生。

2003 年 3 月，中国农业大学李宁课题组成功获得我国第 1 头体细胞转基因克隆牛，同年 10 月，又获得世界上第 1 头转入岩藻糖转移酶基因的转基因牛。2005 年 10 月，世界首例成活的体细胞克隆水牛在广西大学良种牛南方繁殖中心降生，到目前为止，该克隆水牛健康状况良好。2005 年 12 月，由中国农业大学李宁课题组与山东科龙畜牧产业有限公司合作完成了我国首批克隆牛的再克隆。2006 年 4 月，由中国工程院院士旭日干指导完成的“体细胞克隆牛和转基因克

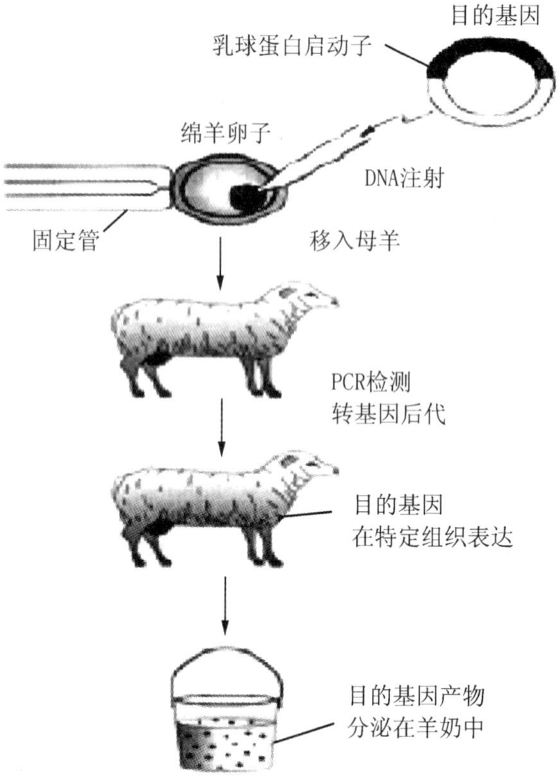


**图5－12　转乳铁蛋白羊**

隆牛技术研究”通过专家鉴定，该项目获得内蒙古首批（3头）体细胞克隆牛、首例胚胎冷冻保存的体细胞克隆牛和首例携带有人胰岛素基因的转基因克隆牛。

1988年，上海医学遗传研究所与复旦大学遗传研究所合作，成功地在转基因羊乳汁中表达了人凝血因子Ⅸ。1996年10月在上海奉新动物试验场成功研制出5头有目的基因整合的转基因羊，其中1头母羊乳汁中有活性的人凝血因子表达，这种凝血因子是治疗血友病的珍贵药物。1997年，扬州大学农学院与中国科学院发育研究所合作，研究了乙肝病毒表面抗原（HbsAg）在转基因羊乳汁中的表达，最近他们又研制成功了具有商业价值的人促红细胞生成素（EPO）转基因山羊。2001年，新疆畜牧科学院先后进行了转移人生长激素、胰岛素原及抗胰蛋白酶三种外源基因的绵羊乳腺表达研究，最终成功获得在乳腺中表达人胰岛素原的转基因绵羊，其最高表达量为200毫克/升。这样降低了生物活性药物生产的成本，给广大患者带来了巨大的好处。

2005 年，中国农业大学李宁院士的团队获得了我国首例体细胞克隆猪和溶菌酶转基因猪，拉开了我国转基因猪育种的序幕。转基因技术的出现和日趋成熟为培育转基因猪新品种提供了技术支撑。2008 年，中国农业科学院北京畜牧兽医研究所等单位成功获得了富含 $\omega-3$ 不饱和脂肪酸转基因猪。通过转 sfat1 基因生产的转基因猪将 $\omega-6$ 转换为 $\omega-3$ 多不饱和脂肪酸，该转基因猪与普通猪相比，在肌肉和脂肪中不饱和脂肪酸（EPA 和 DHA）的含量提高 13 倍以上。不饱和脂肪酸含量是评价食用油营养水平的重要依据，它具有调节血脂、清理血栓等功能，补充 EPA、DHA，可以增强机体免疫力，提高自身免疫系统战胜癌细胞的能力。日本的研究发现鱼油中的 DHA 能诱导癌细胞“自杀”。因此，这样的猪肉更加有利于人体健康，为我国优质猪的培育提供了良好的育种材料。此外，转基因猪在人类医学研究中也大放异彩，2010 年，中国农业科学院北京畜牧兽医研究所潘登科领导的科研团队成功研制出敲除 1,3 - 半乳糖苷转移酶基因（GGTA1）的近交系五指山小型猪，此次获得的基因敲除猪使用的是我国培育的实验用近交系五指山小型猪。小型猪在解剖、生理结构、代谢机制、器官发育等多方面与人更为相近。近交系猪具有基因高度纯合、遗传稳定、表型均一和遗传背景清楚等优点，适宜人源化基因猪改造，便于异种器官移植临床前试验研究，为我国创建器官移植猪迈出了关键的一步，也许在不久的将来，给那些渴望及时获得器官移植的患者带来福音。同时，科学家积极开展人类疾病模型猪的研究，2010 年，中科院广州生物医药与健康研究院赖良学领导的科研团队成功培育出了人类亨廷顿舞蹈症的转基因猪，并首次在转基因猪大脑中发现与人类亨廷顿舞蹈症患者脑中类似的神经细胞凋亡现象。2011 年，赖良学研究组成功敲除了猪内源性 PPAR$\gamma$ 基因，在世界上首次建立了对糖尿病和心血管并发症的研究有重要应用价值的 PPAR$\gamma$ 基因敲除猪模型。

转基因育种的另外一项新方法是基因组育种。常规的育种技术只能有效地利用具有累加效应的基因，而对于具有多种互相作用的一些基因却无能为力。从分子遗传原理来看，基因组育种可以利用一切有利的基因来改良动物的生产性状，前提是动物基因组上的绝大部分功能基因都已定位。显然，动物基因定位工作是基因组育种的基石。

动物基因定位计划将由国际上许多实验室共同合作完成。动物基因定位计划涉及的国家之多，资助的金额之大，影响的领域之广，在动物科学中前所未有。欧洲有猪基因定位计划、牛基因定位计划、鸡基因定位计划、马基因定位计划和狗基因定位计划，由欧盟统一管理实施。美国国家动物基因组研究计划（NAGRP）包括的畜禽种类有猪、牛、羊、鸡、马、火鸡和猫。日本有猪和马的基因组研究计划。澳大利亚有牛和羊的基因定位计划。新西兰也有独立的绵羊基因组计划。联合国粮农组织和教科文组织也资助了一些动物基因定位研究，并计划将所有的动物基因组研究进行协调和统一，因为动物基因组计划的研究成果是人类共同的财富。

动物基因定位计划的主要研究内容是要构建动物的遗传图谱（或连锁图谱）和物理图谱（或称细胞遗传图谱）。构建遗传图谱的 DNA 标记具有高度的遗传多态性，通常是微卫星标记，遗传图谱标明了种系细胞在减数分裂时基因座位之间发生重组的频率，而物理图谱标明了基因座位在染色体上的具体位置。而构建物理图谱的 DNA 标记具有高度的进化保守性，一般为功能基因片段。遗传图谱是定位重要生产性状基因和标记辅助选择技术的基础，而物理图谱由于确定了基因在染色体上的位置，因此是克隆和体外操作重要生产性状基因的指南。目前，各种畜禽的遗传图谱和物理图谱的基本框架工作已经完成，有的完全可以进入实际应用。例如，人类基因组计划完成后，遗传图谱的建立为基因识别和完成基因定位创造了条件。6 000 多个遗传标记已经能够把人的基因组分成 6 000 多个区域，使得连锁分析法可以找到某一致病的或表现型的基因与某一标记邻近（紧密连锁）的证据，这样可把这一基因定位于这一已知区域，再对基因进行分离和研究。对于疾病而言，找基因和分析基因是个关键。又如猪遗传图谱中 DNA 标记的数量已经超过了 700 个，标记间的遗传距离平均小，而物理图谱中定位的基因数量也达到了 200 个，每条染色体上至少有 3 个以上的标记，这样非常容易依据标记找到需要研究的基因。

标记辅助选择指利用动物分子标记技术结合常规育种对动物的数量性状位点进行选择、保种、杂种优势分析和利用等，以达到更有效的育种目的。在育种程序中应用 DNA 标记辅助选择有许多优点。选择可以在畜禽生命早期开始而不必等待生产性能完全表现出来，可以在两种性别中同时选择任何生产性状，突破了限性性状（如产奶量）只能从单种性别选择的局限。可以选择屠体性状和抗性性状，而不必做昂贵的屠宰试验和疾病应激试验。标记辅助选择缩短了世代间隔，提高了选择强度，由于不受微环境的影响，因此增加了选择的准确性。

此外，随着生物信息学的发展及其在育种领域的运用，计算机图像分析系统和图文数据库的建立，使育种数据、种质资源、形态特征、生态环境等与动物育种有关的“数”和“形”联系起来，从群体行为到染色体组型都可以通过图像进行充分地观察和度量，从而可以从宏观和微观两方面提高育种效果。如在猪的育种实践中，通过计算机图像可分析 B 超活体测定的背部厚度以及眼肌面积，不必等屠宰后进行测定，降低了测定费用，加大了选择强度，提高了选种的准确性；采用核磁共振及计算机图像技术，可在活体上测量系水力、肌内脂肪含量及脂肪含量等肉质性状，加速这些性状的遗传改良。

转基因动物的生物安全一直是社会广泛关注的一个问题，也是关系转基因食品和产品能否实现产业化的关键问题。因此，需要从多方面对转基因动物及其产品进行安全评估。到目前为止，极为丰富的研究材料表明转基因动物产品与通过常规育种方法培育获得的动物食品在生物安全评价指标上没有大的差异。例如，科学家对转基因奶牛的奶和奶酪的化学成分进行了分析，与传统育种获得的牛的奶相比，发现脂肪酸和氨基酸表达谱及矿物质、维生素含量基本一致，奶牛初乳与正常奶牛的 IgG 含量和动态变化趋势一致，并且与同一区域同一饲养条件下的奶牛类似。但是，民以食为天，作为最新出现的转基因动物食品，其安全性必须严格鉴定，我国政府对于转基因动物的安全评价极其慎重，国务院于 2001 年 5 月 23 日颁布了《农业转基因生物安全管理条例》，并在农业部专门建立了国家转基因动物评价安全委员会，制定了相关评价标准和框架体系，每年定期精心组织开展对申报的转基因动物及其产品进行安全评价，对于我国转基因动物的安全起到了非常重要的作用，也为进一步完善我国转基因动物安全评价体系积累了丰富的经验，并奠定了相当坚实的基础。

## 5.8 动物腹部隆起

动物怀孕以后腹部会逐渐隆起变大，这是胎儿不断发育的结果。动物的怀孕是由激素控制的。激素音译为荷尔蒙，希腊文原意为“奋起活动”，它对机体的代谢、生长、发育、繁殖、性别、性欲和性活动等起重要的调节作用。就是高度分化的内分泌细胞合成并直接分泌入血的化学信息物质，它通过调节各种组织细胞的代谢活动来影响人体的生理活动。由内分泌腺或内分泌细胞分泌的高效生物活性物质，在体内作为信使传递信息，对机体生理过程起调节作用的物质称为激素。它是我们生命中的重要物质。依据其化学组成的不同分类，则可分成蛋白质、多肽系统（胰岛素、胰高血糖素、脑下垂体的各种激素、甲状旁腺激素），酚衍生物系统（肾上腺素、甲状腺激素），甾类化合物系统（生殖腺激素、肾上腺皮质激素）。激素在生物体内作用过程极为复杂，但也有显著特点，如激素必须与其特定靶器官和靶细胞的特异性受体结合才能产生生物学效应。其次，激素在体内由于受到分解酶的作用，故而作用时间短。此外，激素之所以“神奇”，在于微量的激素就能起到巨大的生物学效应，例如，动物体内孕酮水平只要达到 $6\times10^{-9}$克/毫升，便可以维持妊娠。其作用机制依据激素化学性质的不同而不同，在甾体类激素，经过激素和细胞质内受体的复合体与染色质结合，引起转录的活化，开始合成新的 mRNA（信使 RNA），进而合成酶蛋白、结构蛋白或调节蛋白。结果在细胞中出现了激素的这种作用。肽类激素，认为与细胞膜直接反应，在细胞内通过 cAMP（环磷酸腺苷，一种核苷酸）发挥激素作用。与动物繁殖最相关的激素主要有促性腺激素释放激素、性激素等。

促性腺激素释放激素，顾名思义，就是促进性激素释放的激素。它是由下丘脑分泌产生的神经激素，对脊椎动物生殖的调控起重要作用。对于雄性动物来说，具有促进精子发生和增强性欲的作用。对于雌性动物来说，诱导发情、排卵，提高配种受胎率。临床上治疗雄性动物性欲减弱、精液品质下降，雌性动物卵泡囊肿和排卵异常等症；同时可提高受胎率，增加产仔数。长时间或大剂量应用促性腺激素释放激素或高效类似物会产生“抗生育作用”。性激素是指由动物体的性腺，以及胎盘、肾上腺皮质网状带等组织合成的甾体激素，具有促进性器官成熟、副性征发育及维持性功能等作用。雌性动物卵巢主要分泌两种性激素——雌激素与孕激素，雄性动物睾丸主要分泌以睾酮为主的雄激素。

雌激素主要是雌二醇，其合成呈周期性变化，其有效浓度极低，在人和常用的实验动物如大鼠、狗等的血液中含量单位为微克/毫升。雌激素的靶组织为子宫、输卵管、阴道、垂体等。雌激素的主要作用在于维持和调控副性器官的功能。利用去卵巢的动物观察其副性器官变化，并与外源补充雌二醇的动物做比较，发现在雌激素影响下，输卵管、子宫的活动增加，萎缩的子宫重新恢复，其腺体、基质及肌肉部分都增生，子宫液增多，阴道表皮细胞增生，表面层角化等。

狗是早期从灰狼驯化而来的，驯养时间在4万年至1.5万年前，是人类最早驯化的动物，通常被称为“人类最忠实的朋友”。在我国文化中，狗属于十二生肖之一。这位最忠实的朋友已经深深地融入到人类的文明之中。可是家有宠物狗的朋友会发现，有时雄犬到处排尿，留下自己的气味，喜欢用前腿扒住人的手臂，爬跨母犬；而雌犬从阴门中流出分泌物，粉红色，喜欢接近公犬，并愿意接受公犬的爬跨，而且这时雌雄犬都会厌食、少食，一直躁动不安。让深爱它们的主人也跟着担心。不过，这些现象属于正常的生理行为，因为你的宠物狗在渴望另一半，也就是说它处在发情的季节!

雌性动物生长发育到一定年龄后，在垂体促性腺激素的作用下，卵巢上卵泡发育并分泌雌激素，引起生殖器官和性行为的一系列变化，并产生性欲，雌性动物所处的这种生理状态称为发情。在生理或非妊娠条件下，雌性动物每间隔一定时期均会出现一次发情，通常将这次发情开始至下次发情开始，或这次发情结束至下次发情结束所间隔的时期，称为发情周期。哺乳类的雄性动物都可以随时发情，而且雌雄动物会在性激素的作用下发生生理和行为变化。雌性动物的发情周期，实质是卵泡期和黄体期的交替环节，而卵泡的生长发育与排卵以及黄体的形成和退化受神经激素的调节和外界环境因素的影响。一般情况下，雌性动物的发情周期分为四个时期，分别是发情前期、发情期、发情后期和间情期。

发情前期卵巢黄体退化萎缩，新的卵泡开始生长发育。如母牛开始出现发情，食欲减退、兴奋不安、四处张望、走动不宁，时常发出叫声；当有公牛在场时，发情母牛往往被迫爬跨，而不愿接受爬跨，逃避但又不远离。

发情期愿意接受雄性动物交配，卵巢上卵泡迅速发育，雌激素分泌增多。如母牛食欲明显减退甚至拒食，更为兴奋不安、常常大声哞叫、四处走动，经常爬跨其他母牛，并同时也愿意接受试情公牛或其他母牛的爬跨而稳立不动。由阴道流出透明的黏液，黏稠牵连，用手拍压牛背十字部，表现凹腰和高举尾根。

发情后期卵巢卵泡破裂排卵后，黄体开始形成并分泌孕酮；动物由性欲激动状态逐渐转入安静状态；生殖道充血肿胀逐渐消退，子宫肌层蠕动逐渐减弱，腺体活动减少，黏液量少而稠；子宫颈管逐渐封闭，子宫内膜逐渐增厚；排卵后黄体开始形成。如母牛兴奋性减弱，哞叫声减少；外阴部、阴道及子宫颈的肿胀稍减退，排出的黏液由透明变为稍有乳白的混浊，黏液性减退，牵拉如丝状。

间情期性欲已完全停止，精神状态恢复正常。如母牛不愿接受爬跨并躲避但又不远离。

凡是到过动物园的人，都会被雄性孔雀的漂亮羽毛所吸引着（图 5 – 13）（图片引自百度百科 http：//baike. baidu. com/），特别是孔雀正在开屏的时候。你看，它竖起了那五彩缤纷的尾羽，昂首阔步地走着的时候，不是更会吸引游人的注意吗！孔雀为什么会开屏呢？要解开孔雀开屏之谜，我们应该首先来了解孔雀在什么季节开屏最多。动物学工作者和经常注意到这个现象的人会告诉我们，孔雀开屏最繁盛时候是在 3 ~ 4 月；生活在我国云南雨林里的野生孔雀也是在这个时候开屏的。这个时候正是它们的繁殖季节，所以孔雀开屏现象和繁殖有密切的关系，是孔雀的一种求偶表现。这种行为是由于动物本身生殖腺分泌出性激素的原因。随着繁殖季节的过去，开屏的现象也慢慢地消失了。

在我国的神话传说中，盘古开辟天地之后，不知经过多少年，忽然在天地间出现女娲。女娲在这荒凉天地中感到寂寞，有一天，她对着水照见了自己，心里想要是天地间有几个像自己的，彼此说说话，该有多好，便不自觉地抓泥土，和上了水；照自己的形体捏出泥偶，放在地上，迎风一吹，便成为活蹦乱跳的东西，于是给他起名为“人”。但是这只是神话传说，人是来自于一个小小的细胞——受精卵，在母亲温暖的子宫中发育成长，直至分娩来到这个世界。下面让

(a)　　　　(b)

**图 5－13　孔雀开屏**

我们开始这一段不可思议却又叹为观止的生命孕育之旅吧！

当上亿个精子来到雌性生殖道中时，生命的竞争就开始了，它们要经过漫长的跋涉，依靠雌性生殖道肌肉的收缩和自身尾部的摆动进行运动，以期最终来到输卵管的壶腹部与卵子会合。在长途跋涉中，有的精子天生精力不济，运动能力不强，结果半途放弃。有的方向错误，无功而死。据统计，牛、羊受精时，最初精子密度的数量级是 $10^7$，经过长途跋涉，到达输卵管壶腹部的精子密度的数量级只有 $10^2$，简单地说，就是从 1 千万个精子选出 100 个！可见，大自然的选择是多么残酷和严格啊！在雌性生殖道运行的过程中，由附睾分泌的去能因子附于精子表面，抑制了精子受精能力，但是随着运行，去能因子的作用被解除，精子才具有真正的受精能力，这一过程称为精子获能。随着精子的获能，氧耗量增加，精子运动加速，并迅速游向卵子。来到输卵管壶腹部后，最强壮的精子们期望与卵子结合，孕育新的生命（图 5－14）。与卵子相遇时，顶体开始产生一系列的改变（顶体是覆盖于精子头部细胞核前方的囊状细胞器）。顶体内的结合素可识别特异的糖基序列，以保证精子与卵子的种特异性结合。只有经过顶体反应才激活形成顶体素，它具有溶解卵透明带的作用；芳基硫酸酯酶有溶解卵黄膜的作用，促进受精。当第一个精子头侧面赤道部的包膜与卵细胞膜接触，随即精子的细胞核和细胞质进入卵内。精子进入卵子后，卵子浅层细胞质内的皮质颗粒立即释放其内容物到膜周围间隙中，引起了透明带中 ZP3 糖蛋白分子变化，使透明带失去接受精子穿越的功能。与此同时，随着皮质颗粒的膜与卵细胞融合，使细胞表面负电荷随之增多，从而制止精子质膜与卵膜的融合，称之为皮质反应。透明带结构发生变化，称为透明带反应。此时，透明带对精子的结合能力降低，防止了多精受精的发生，保证了单精受精的生物学特性。

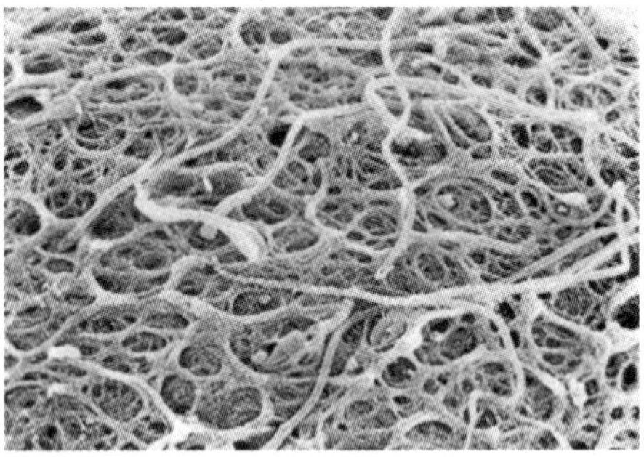

**图5－14　卵子表面争相受精的精子**

当受精完成后，受精卵慢慢移向子宫，开始发育。受精卵在运行途中，一面移动，一面进行细胞分裂，经胚球和桑葚期阶段，发育为胚泡。在受精后第4～5天，桑葚胚或早期胚泡进入子宫腔，桑葚胚在子宫腔内继续分裂变成胚泡。胚泡在子宫腔内停留2～3天，胚泡外面的透明带变薄，胚泡可以直接从子宫内膜分泌的液体中吸收营养。桑葚胚一面前进，一面继续进行细胞分裂，形成内细胞团，是以后胚胎发育的始基。此时的孕卵称为囊胚或胚泡（图5－15）。在受精后第7～8天，滋养层细胞与子宫内膜接触时分化出合体细胞。子宫内膜为合体细胞的蛋白分解酶破坏，囊胚即侵入子宫内膜的致密层，子宫内膜表面迅速修复，囊胚即埋于子宫内膜之中，这一过程称为受精卵的植入，或称着床。分裂成两层，即外胚层与内胚层。两层细胞分裂都很快，并再各形成一空腔，即羊膜腔与卵黄囊，二者之间的组织称为胚盘，将来分化成为胎儿身体各部分。受精后第3周开始，在胚盘的内、外胚层之间，由外胚层分化出中胚层，此时胚盘已由内、外、中三胚层组成，也就是说已形成胚胎。日后外胚层将形成神经系统、皮肤、毛发和指甲等；中胚层将形成肌肉、骨骼、血液、结缔组织、循环系统及泌尿生殖系统等；内胚层将形成消化、呼吸系统的上皮和有关的腺体等。

哺乳动物的胎儿依靠胎盘从母体获得发育所需的营养。胎盘的形态和绒毛的分布可分成四类。弥散型胎盘（散布胎盘）比较原始简单，绒毛膜囊是一个薄膜囊。囊壁各处分散伸出指状突起——绒毛，绒毛插入子宫内膜的陷窝中。如鲸、狐、猴、猪、马等的胎盘；子叶型胎盘（叶状胎盘）绒毛局部集中成为豆瓣状的绒毛叶分布在绒毛膜囊上，如羊、牛、鹿等反刍类动物的胎盘；环带型胎盘，绒毛集中排成环带状，如象、海豹、猫、狗、狐等食肉类动物的胎盘；盘状胎盘绒毛集中成饼形，如食虫类、翼手类、灵长类、啮齿类动物的胎盘。

正常妊娠的维持有赖于垂体、卵巢和胎盘分泌的各种激素相互配合，在受精与着床之前，在腺垂体促性腺激素的控制下，卵巢黄体分泌大量的孕激素与雌激素，导致子宫内膜发生分泌期的变化，以适应妊娠的需要。

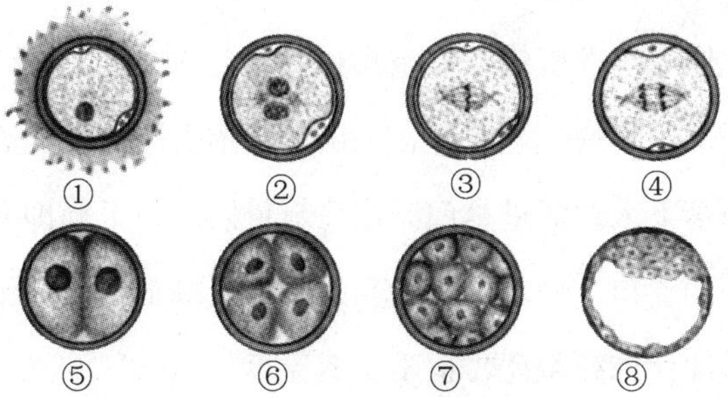


**图 5－15　从受精卵发育为胚泡**

不同动物的妊娠期有明显差异，人一般是 10 个月，牛一般为 282 天，猪为 114 天，马为 340 天。经过漫长的妊娠期，胎儿不断发育成长，最后由母体分娩，来到这个世界上。回想当初千万个精子的竞争，回想母亲怀胎的艰辛，生命的孕育真是最可礼赞的奇迹！

## 5.9　蜂群的繁衍

自然情况下，当蜜蜂群强子旺时，工蜂建造王台基，蜂王向王台基中产卵，王台封盖以后新蜂王羽化之前，老蜂王连同大多数的工蜂结队离开老巢，另建蜂巢生活；原群留下的蜜蜂和所有蜂儿，待新王出房后，又形成一群，这个过程就叫自然分蜂，是蜂群的繁殖方式，是蜜蜂社会化生活的本能表现。在蜂王向王台中产卵到新王羽化出房之前是蜂群特殊形式的怀孕过程，而老蜂王和连同一半的工蜂离开老巢是蜂群的分娩过程。

新蜜蜂王国的诞生——在王台封盖新王未出来之前的晴朗天气的上午，侦察蜂在巢脾上即时奔跑，发出分蜂信号，准备分蜂的蜜蜂异常兴奋，喝饱蜂蜜，之后部分匆忙冲出巢门，先在巢门前做低空盘旋，接着出巢蜂越来越多，待蜂王爬出巢门飞向空中，接着大队蜜蜂如决堤之水，蜂拥而出。它们在蜂场上空盘旋，跳着浩大的分蜂群舞，发出的嗡嗡声响彻整个蜂场，形成蜂群的大合唱。不一会，分出的蜜蜂便在附近的树杈或其他适合的地方聚集成（分）蜂团。通常分蜂团会停留 2～3 小时，其间，侦察蜂在分蜂团表面卖力地表演舞蹈，向追随者诉说新巢穴的方向和距离，通过舞蹈比赛，得到更多的蜜蜂认同。然后，蜂群结队随侦察蜂投奔，吃饱喝足的蜜蜂在低空形成一朵生命的“蜂云”，缓慢前进。蜜蜂飞抵新巢穴，一部分工蜂高翘腹部，发出臭味招引同伴，随着蜂王的进入，蜜蜂便像雨点一样降落下来，涌进巢门。进住新巢穴后，工蜂即开始泌蜡造脾，采集蜂群生活所需要的食粮。一个生机勃勃的新的蜜蜂王国就此诞生，新的团体生活从此开始，日后即使冻死饿死，也不重返原巢。

老蜂群新王加冕——约有一半的工蜂跟随老蜂王迁居新址，剩下的工蜂悉心守卫着孕育未来王后的皇宫（王台），耐心地等待新蜂王的诞生，并期待着新蜂王加冕成功。

经过 16 天的生长发育，蜂王羽化出房，这时的蜂王叫处女王，出房 8～9 天的处女王性成熟，于是便旅行结婚，与处在青春期的雄蜂在空中交配。如果有两只以上的处女王同时出房，就会发生争夺王位的战斗，只有最强壮的处女王能活下来，而在襁褓中还未出房的处女王将被扼杀在摇篮中。

正值青春期的处女王，选择气温 20℃以上、无风或微风晴暖天气的 14～16 时进行婚飞，一簇工蜂兴奋地围绕在它周围，进而一些工蜂趋向巢门，在巢门和处女王之间排列成行，另一些工蜂聚集在巢门口，高翘腹部分泌气味物质加以引导。此时，蜂群的正常采集工作几乎停止。当处女王到巢门口时，工蜂用前足和头驱使她起飞，若处女王犹豫返巢，工蜂则加以阻拦并继续逼迫，直到起飞为止，有一小批工蜂也同时起飞，似为处女王护航。这种为处女王进行加冕的仪式，直到处女王交配成功产下第一粒卵时才算完成。新蜂王产卵后，终生不再交配，从早春到秋末，不分昼夜地在巢脾上巡行，产下一个又一个的卵。意蜂蜂王每昼夜产卵可达1 800粒，超过自身的体重。它惊人的产卵能力，全靠蜂王浆在维持着她那旺盛的新陈代谢，同时，是蜂王浆使蜂王的寿命长达3～5年。当外界花儿逐渐稀绝，她也会节制生育，并在冬天停止产卵。

至此，从老蜂王向王台中产下受精卵开始，到老蜂王带领半数以上的工蜂离开重建家园，最后蜂王交配产卵，蜜蜂繁殖才算结束，一个新的蜜蜂生命体诞生。

## 5.10 借腹怀胎

2007年10月16日晨，南方航空公司一架从美国芝加哥起飞的波音747－400F型飞机载着“贵宾”——从加拿大进口的846头优质种猪，经过15个小时的飞行，降落在青岛流亭国际机场。这批85吨重的种猪总价值190万美元，平均每头价值2 200多美元，这还不包括许多后期费用。据了解，一般的本地种猪为每头五六千元，好的上万元。为什么这批国外种猪的身价不菲？据介绍，这些猪来自世界著名的种猪公司——加拿大海波尔公司，主要是加拿大大白、长白、杜洛克品种，这批猪在当地经过精挑细选，“身材”好，体质也属上乘。如果采用先进的生物技术——胚胎移植技术，直接从国外进口优质种猪胚胎的话，其费用可能只是进口种猪的1/10。

胚胎移植是将良种雌性动物配种后的早期胚胎，或者通过体外受精及其他方式得到的胚胎，移植到同种的、生理状态相同的其他雌性动物体内，使之继续发育成为新个体，所以也称作借腹怀胎。其中，提供胚胎的个体为“供体”，接受胚胎的个体为“受体”。胚胎移植实际上是产生胚胎的供体和孕育胚胎的受体分工合作共同繁育后代的过程。以奶牛为例，按照目前的技术水平，供体母牛每隔60天可进行超排处理一次，每次能获得可用胚胎4～5个，一头良种母牛每年能生产可用胚胎25～30个，移植到受体内能获得12～15头犊牛，而在自然状态下，一头母牛平均每年只能获得一头犊牛（图5－16）。

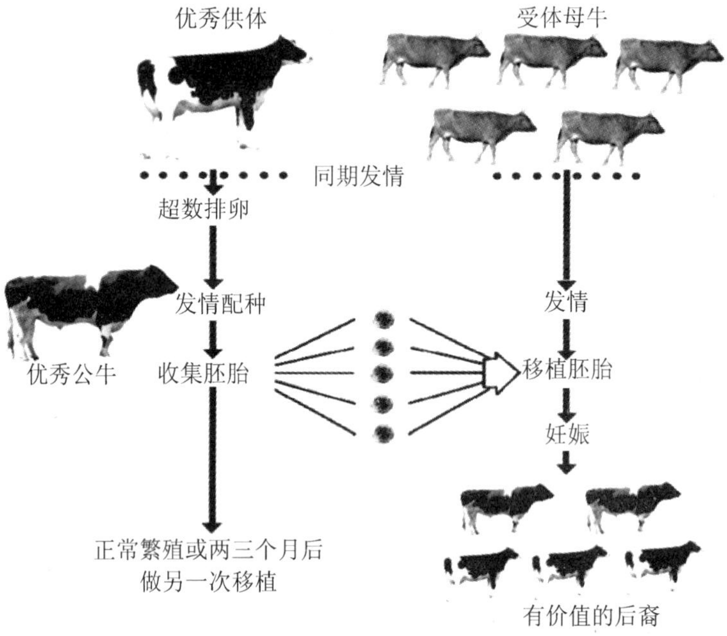


**图 5－16　牛胚胎移植技术路线示意图**

## 5.11　试管生命

1978 年 7 月 25 日深夜时分，英国曼彻斯特郊外的奥德姆总医院里，一个女婴的啼哭声划破夜空，震撼了世界……她就是世界上第一例试管婴儿——路易斯·布朗，这是体外受精技术的成果。体外受精技术指哺乳动物的精子和卵子在体外人工控制的环境中完成受精过程的技术（英文简称为 IVF）。它与胚胎移植技术密不可分。在生物学中，把体外受精胚胎移植到母体后获得的动物称试管动物。这项技术于 20 世纪 50 年代获得成功，在最近 20 年发展迅速，现已日趋成熟而成为一项重要的动物繁殖生物技术。

20 世纪 60 年代初至 80 年代中期，人们以家兔、小鼠和大鼠等为实验材料，进行了大量基础研究，在精子获能机制和获能方法方面取得很大进展。精子由最初在同种或异种雌性生殖道孵育获能，发展到用子宫液、卵泡液、子宫内膜提取液或血清等在体外培养获能，最后用化学成分明确的溶液培养获能。同时，通过射出精子和附睾精子获能效果的比较研究，人们发现射出精液中含有去能因子，并认识到获能的实质是去除精子表面的去能因子。这些理论和方法上的成就，推动了体外受精技术的发展。

牛的体外受精技术不仅应用于畜牧生产，同时也成为研究其他胚胎生物技术，如克隆、转基因、胚胎干细胞分离培养和性别控制等的重要辅助手段。体外受精存在的问题：一是囊胚发育率低，细胞数少。体外受精卵在培养过程中普遍存在发育阻断，即胚胎发育到一定阶段后停止发育并发生退化的现象。牛胚胎阻断发生在 8～16 细胞阶段，这就导致体外受精卵的囊胚发育率远低于体内受精。此外，与体内受精囊胚相比，体外受精囊胚的细胞总数和内细胞团细胞数明显减少。二是产犊率低，胎儿初生重高。家畜体外受精胚胎，特别是牛的 IVF 胚胎移入受体后，产犊率比体内受精低 15%～20%，但胎儿初生重比体内受精后代高 3～4 千克，导致受体母畜难产率高。

## 5.12　绵羊“多莉”

1996～1997 年英国科学家开创性地连续用胚胎成纤维细胞、成年动物乳腺上皮细胞获得了克隆绵羊——多莉，从此为体细胞克隆时代拉开了序幕（图 5－17）。多莉的产生与 3 只母羊有关：一只是怀孕 3 个月的芬兰多塞特母绵羊，另两只均是苏格兰黑面母绵羊。芬兰多塞特母绵羊提供了其全套遗传信息，即提供了细胞核（供体核）；一只苏格兰黑面母绵羊提供了除去细胞核的卵细胞（受体去核卵母细胞）；另一只苏格兰黑面母绵羊提供了羊胚胎的发育环境——子宫。

具体过程是从芬兰多塞特母绵羊的乳腺中取出乳腺细胞，将其放入低浓度的营养培养液中，细胞逐渐停止了分裂（称之为供体细胞），再将其细胞核取出；从一头苏格兰黑面母绵羊的卵巢中取出未受精的卵细胞，并立即将其细胞核除去，留下一个无核的卵细胞（称之为受体细胞）；利用电脉冲的方法，使供体细胞核与去核卵细胞发生融合，融合细胞还可以产生类似于自然受精过程中的一系列反应，能像受精卵一样进行细胞分裂、分化，从而形成胚胎细胞；将胚胎细胞转移到另一只苏格兰黑面母绵羊的子宫内，胚胎细胞进一步分化和发育，最后产出“多莉”。这只小绵羊与多塞特母绵羊的外貌完全相同。“多莉”生长正常，与芬兰多塞特公绵羊交配后生下了一只正常的芬兰多塞特羊“邦妮”。这说明体细胞克隆羊“多莉”具有正常的生育能力。它是世界上第一例经过体细胞核移植出生的动物，这是克隆技术领域研究的历史性突破，具有划时代意义。这一巨大进展意味着：在理论上证明了成年哺乳动物的体细胞不仅具有基因组的全能性，而且还能在卵母细胞质中回复到发育的起始状态，完成整个个体发生的过程；在实践上证明了利用体细胞进行动物克隆的技术是可行的，将有无数相同的细胞作为供体进行核移植，并且在与卵细胞融合前可对这些供体细胞进行一系列复杂的遗传操作，从而为大规模复制动物优良品种和生产转基因动物提供了有效方法。

1998 年 7 月，美国 T. Wakay ama 等用小鼠卵丘细胞作核供体，克隆出小鼠，而后又成功地用克隆出的小鼠卵丘细胞作核供体，从中克隆出第二代小鼠。他们克隆小鼠的技术与克隆“多莉”的技术不同，相对简单且成功率较高，称为“檀香山技术”。此后，美国、法国、荷兰、日本和韩国等国科学家也相继报道了体细胞克隆牛成功的消息。至 1999 年底，全世界已有 6 种类型细胞（胎儿成纤维细胞、乳腺细胞、卵丘细胞、输卵管或子宫上皮细胞、肌肉细胞和耳部皮肤细胞）的体细胞克隆牛诞生。1999 年，中国陈大元等将大熊猫的体细胞植入去核的兔卵细胞中，培育出了大熊猫的早期胚胎；2000 年 6 月 16 日，中国张涌等从成年羊的耳朵取下表皮细胞培育出世界首例成年体细胞克隆山羊“元元”。

2001 年 10 月 13 日，中国农业大学陈永福课题组利用卵丘细胞核移植技术在深圳获得我国首例克隆牛，但因喂奶不慎，克隆牛在降生 1 个多小时后不幸夭折。2001 年 11 月，莱阳农学院董雅娟等与日本山口大学合作，成功克隆出我国头两例健康的体细胞克隆牛。2002 年 1 月 18 日，中国科学院动物研究所陈大元等获得中国第 1 头自主完成的体细胞克隆牛“委委”，但不久即夭折。到 2002 年 2 月 13 日，另外 11 头代孕的母牛共产下 14 头克隆牛犊，目前存活 5 头。克隆技术不仅可以用来培育优良畜种，生产实验动物、转基因动物、人胚胎干细胞（用于细胞和组织替代疗法），而且可以复制濒危的动物物种，保存和传播动物物种资源。

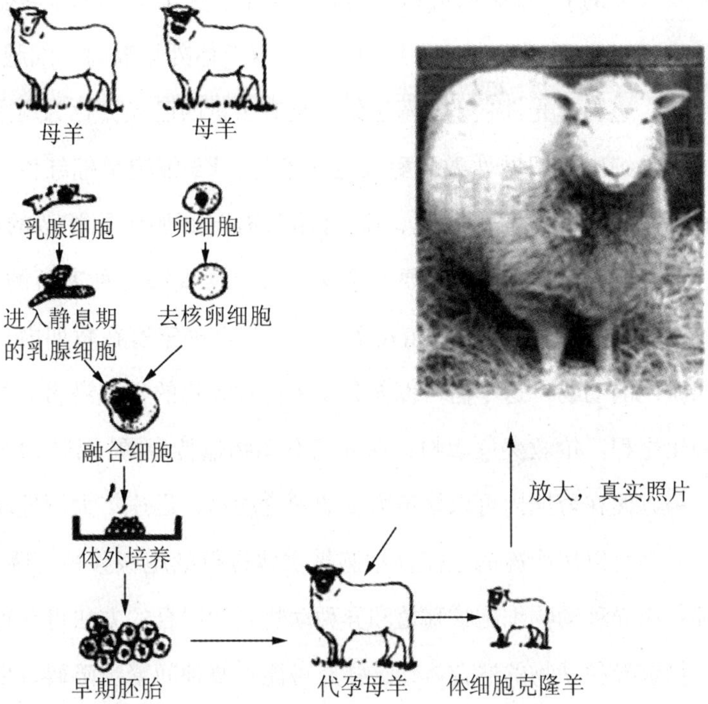


**图 5－17 体细胞克隆羊——“多莉”**

## 5.13 万能细胞

胚胎干细胞（或称 ES 细胞）是从早期胚胎内细胞团或原始生殖细胞经体外分化、抑制培养、分离和克隆得到的具有发育全能性的细胞。胚胎干细胞是一种高度未分化的细胞。它具有体外培养无限增殖、自我更新和多向分化的特性，所以也称万能细胞。其在体外抑制培养时，可以增殖、冷冻、操作和筛选，又可通过胚胎嵌合和细胞核移植参与各种组织的发育，形成克隆动物。ES 细胞作为一种新型的实验材料，它能分化出成体动物的所有组织和器官，包括生殖细胞。研究和利用 ES 细胞是当前生物工程领域的核心问题之一。广泛应用于动物克隆、转基因动物的生产、真核细胞基因的表达与调控、人类遗传病动物模型的创建、人类器官移植材料的生产以及细胞分化机制的研究等领域。

迄今为止，小鼠的 ES 细胞系已成功建立。其他动物如仓鼠、猪、牛、水貂、兔、山羊以及人类的ES细胞系也相继建立，在牛、兔上还得到了转基因嵌合体动物。ES细胞核大，胞质胞浆少，细胞界限明显。体外培养时，细胞排列紧密，呈集落状生长。边缘折光性强，集落边缘可见有少量的已经分化为扁平上皮细胞或梭形的成纤维细胞。用碱性磷酸酶染色法染色，ES细胞呈棕红色，而周围的成纤维细胞则呈淡黄色。总的来说，ES细胞具有与胚胎细胞相似的形态特征。利用ES细胞生产克隆动物有很重要的意义：大幅度提高良种家畜的繁殖效率，ES细胞与胚胎嵌合、ES细胞核移植技术可使一头良种家畜在短期内生产较多的具有遗传同质性的动物。这不但可以充分发挥良种动物的生产潜力，而且可以加速动物良种化进程。抢救濒危动物，保存稀有动物遗传资源，利用ES细胞克隆动物技术，一方面在短期内可以繁殖大量的濒危动物，迅速扩大濒危动物的群体数量；另一方面可以用冷冻的全能性细胞做供体进行细胞核移植克隆稀有动物。创造新物种，用异种动物细胞核移植和异种动物胚胎嵌合的方法可获得具有新性状的克隆动物或异种动物的嵌合体，这样有可能克服种间繁殖障碍，创造出新物种，获得用传统交配方法无法获得的新性状。

目前已报道的动物胚胎干细胞系建立的有小鼠、大鼠、水貂、恒河猴、猪以及人，但只有小鼠的胚胎干细胞较稳定，能产生嵌合体。胚胎干细胞在体外随培养时间的延长，不能维持整倍体正常核型。由于所选的培养液添加了血清，其中的某些成分可能在胚胎干细胞培养传代过程中富集，导致核型改变。还不能完全控制胚胎干细胞分化为所需的细胞，还不知道胚胎干细胞分化时是否有基因突变发生，胚胎干细胞是否有潜在的成瘤性。如何克服供受体免疫不相容，ES细胞克隆率低，ES细胞核移植技术不成熟，胚胎细胞核移植动物的生活力低等。这些问题都有待进一步研究。

## 5.14 田园风光和城市美景

在明媚的阳光下，鸡、鸭、鹅、牛、羊、猪、兔等家养动物（畜禽）在草场、山坡、林地、果园或田边、沟边等自由自在地活动、休息和嬉戏玩耍，尽情地呼吸着清新的空气，享受着阳光的沐浴，或在烈日炎炎时寻找树荫乘凉，或在寒风凛冽时寻找温暖避风的场所御寒，可以采食青绿的草，有的是野生的，如狗牙根、鸭舌草、狗尾草、公荚笋、酸模、莎草、扫帚菜、牛舌头、竹节草、牛筋草等，有的是种植的，如紫花苜蓿、白三叶、多年生黑麦草、无芒草、苦荬菜、苋菜、牛皮菜、雀麦、芒麦、羊茅、苏丹草、燕麦草等，"拾捡"林地的杨树、柳树、槐树、松针等树的落叶和果园内各种落果以及各种植物的籽实，寻觅各种各样的昆虫，如蚯蚓、蚂蚁、黄粉虫、土鳖虫、蛆、蚊子蝉、蚕蛹、蚕蜂蛹、飞蛾、竹毛虫、蜻蜓、蜈蚣、蝎子等，可以饮用潺潺小溪中清澈的流水或人为添加在畜禽专用饮水器中洁净的水，获得自己需要的各种各样的营养物质来生活、繁殖和生长，一幅田园风光画面呈现在我们面前，这就是动物的放牧饲养方式。

家养动物是由野生动物驯化而来，放牧饲养符合动物天然觅食的习性，可以自由地选择各种天然饲料资源来获得需要的能量、蛋白质、维生素、矿物质等营养素，如从土壤中或昆虫中获得钙、磷等矿物元素，从青绿的植物中获得维生素，动物体表中有一种叫7－脱氢胆固醇的物质在阳光中的紫外线照射下，可以转变为维生素$D_3$，维生素$D_3$具有提高血液中钙、磷饱和度和促进钙、磷吸收的作用，所以放牧的畜禽体格较健壮。

广阔的空间环境为动物提供了充足的活动空间，也提供了新鲜的空气，阳光中的紫外线可以杀灭动物体表的病原菌，因此，放牧状态下的动物比较健康，较少发病，不必要或较少地使用药物来预防或治疗疾病，可以避免或减少动物产品中的药物残留，使动物产品更加安全。同时，动物也感到更加舒适快乐。

放牧饲养是一种传统的饲养方式。在饲养畜禽数量少的情况下，是一种低成本的生产方式。但放牧饲养具有较大的流动性，当一个地方的饲料资源被利用后，需要更换放牧场地，所以草原的牧民过去的住所多是容易移动和搬迁的蒙古包。随着畜禽饲养数量的增加，放牧方式也受到较大的限制，如草场过度地放牧（也叫滥牧）或不适宜放牧的冬季和初春而进行放牧使得牧草的再生能力降低，甚至寸草不长，生态环境遭受严重破坏，形成恶性循环；如不同季节由于野生饲料资源量差异巨大，就出现了动物生产的季节性，边疆少数民族地区就出现了冬季由于少草短料、大雪覆盖等原因而大量出售或宰杀动物，也有冻死、饿死的情况，肥胖丰满的牛羊经过一个冬季也变得瘦骨嶙峋；如农区由于可以放牧的场地和面积有限，不可能大规模地进行生产；由于天然饲料资源数量的限制，单一依靠放牧动物很难获得足够的营养物质而影响其生产和养殖效益。

离离原上草，一岁一枯荣。
野火烧不尽，春风吹又生。
远芳侵古道，晴翠接荒城。
又送王孙去，萋萋满别情。

——唐·白居易《赋得古原草送别》

其中“野火烧不尽，春风吹又生”一句描述了野草的强大再生能力，野火不能烧尽野草，春天一到野草又长出来了。但在没有青草的冬季或草芽刚出的初春时节放牧动物（特别是高强度放牧），动物会啃掉草根和刚刚钻出的草芽，春风吹来，小草也难以再生。中国有广阔的草原（场），为了保证草场牧草的再生能力，避免草场的退化、沙化，实行了禁牧期，禁止在冬季和早春放牧。为了提高放牧效率，实行了划区轮放、确定适宜载畜量，以及异地育肥等措施。

我国90%的饲养动物在农区，农区有大量的草山、草坡、林地、果园和大田作物，天然饲料资源也很丰富，有的是成片的、大量的，但大部分是零星的、分散的，可以用以放牧饲养。如林下放养畜禽，果园放养家禽，玉米田内放养鸡等，既可以防虫、去草、肥田，又增加了经济收入。许多地方都将山林、果园散放饲养畜禽作为特色产业大力发展。

虽然放牧饲养方式是传统生产方式，生产规模较小，生产效率较低，但我国资源特点决定了现在和将来放牧饲养方式仍有存在的必要。现代的规模化放牧散养与传统放牧饲养有很大不同，需要采用科学的方法和技术，如选择适宜的牧养品种，确定恰当的放牧时间、群体数量、活动范围，调教喂料、饮水、归巢等，控制黄鼠狼、蛇及其他野生动物的危害等。可以利用黑光灯、高压电弧灭虫灯以及雌激素等方法诱杀昆虫，为畜禽提供更多的动物蛋白质，还能消灭虫害，降低果园和作物的农药使用量，实现生态种植和养殖的结合。可以利用人工方法生产一些蚯蚓、黄粉虫等动物性蛋白质饲料饲喂动物，促进动物生长，降低生产成本。放牧时，天然的饲料资源难以完全满足动物生产需要，不能发挥其最大生产潜力，必须根据天然饲料状况每天进行补充饲喂精饲料1～2次。

走进一座座坐落在远离闹市、村庄和居民点（要求距离城市 10 千米、距离村庄和居民点 1 千米，这样有利于隔离，减少传染病的发生）的养殖场，可以看到周围有高高的围墙，且只留一个大门；走进场内可以看到管理区、生产区和隔离区等根据地势和风向依次布置（管理区位于地势高的上风向，隔离区位于地势低的下风向，生产区位于中间），各区间界线明显，且有绿色的植物隔离带或低于场界围墙的隔离墙；管理区与生产区之间设置有车辆消毒池和人员消毒室，消毒室内安装有紫外线灯，可以发出蓝色的光或安装有洗浴喷淋装置，供进入的人员消毒使用；经过消毒更衣后进入生产区，可以看到一排排整齐的圈舍，圈舍内有猪、或鸡、或牛、或羊、或兔等畜禽，但每一个养殖场的所有圈舍内只饲养一种动物（生产的专业化），同一种动物不同的年龄、不同的性质（如种用畜禽还是商品畜禽）也要分布在不同的圈舍内。圈舍门前设置有消毒池，消毒池中有稀释的消毒液，脚踩消毒液后进入舍内，可以看到动物在舍内舒适地生活和生产，要么在笼内，要么在网上，要么在地面，不同种类、不同性质、不同饲养方式（如笼内饲养、网上平面饲养或地面平养）和不同日龄的动物占用不同的圈舍面积。可以利用墙体和屋顶上设计的自然通风换气系统或安装的机械通风换气系统进行通风换气，保持舍内空气良好；可以利用采光窗和安装的光照系统进行照明和光照控制（家禽生产中普遍采用控制光照时间和强度来提高生产性能）；可以利用控温、喷淋等系统来调节舍内的温度和湿度。动物需要的饲料和饮水都是人工提供的，可以是人工加水，也可以使用自动饮水系统饮水，可以人工加料也可以自动喂料；禽蛋的采集有的是人工捡蛋，也有的使用自动集蛋系统（现代化集蛋系统包括蛋的收集、分级、水洗、干燥、涂油、包装等诸多环节）；动物排出的粪尿可以通过自动清粪系统将粪尿清理到舍外（现代化自动清粪系统包括粪便收集、烘干、打包等环节）。密集、拥挤、喧闹以及“住房”、设备、设施的现代化等，犹如一座五彩缤纷的城市，这就是舒适高效的舍内生产方式。

随着社会的发展和经济水平的不断提高，人们的生活质量也要不断改善，就要求膳食结构更趋合理。合理的膳食结构仅有植物产品是不够的，必须有大量的动物性产品，这样，对动物性食品的需求极大增加，促进动物养殖业的大发展。使动物生产方式向规模化、集约化方向发展，并要逐渐实现现代化。对动物的饲养方式也提出了新要求，必须进行舍内饲养。

放牧饲养方式动物是被动地适应环境条件，而舍内饲养方式可以根据动物的生理特点和对环境的要求提供环境条件，保证动物生产潜力的充分发挥。寒冷的冬季，动物虽然可以主动寻找温暖的场所，但也不如待在人们提供的温暖的圈舍内舒适；炎热的夏季动物虽然可以寻找遮阳的场所，但也不如待在人工提供的凉爽的圈舍内舒适。环境温度严重影响动物的生产性能，动物是恒温动物，体内产热和散热要保持动态平衡。环境温度过高，动物体内产热不能及时释放（散热），为保持体温恒定而通过减少采食、活动、生长和生产等环节来减少产热。如果这样还不能维持体热平衡或环境温度进一步提高，就可能出现体温过高而热死；反之，如果温度过低，动物体内热量容易散失，会增加采食和活动，增加产热量。所以，环境温度过高、过低或突然变化都会影响动物的生长、生产和饲料报酬，降低生产效益。放牧饲养方式容易遭受极端气候（如过冷或过热）的影响，而舍内饲养方式可以彻底改变这种状况，在保温、隔热性能良好的圈舍内人为地提供适宜温度以满足动物的需要。

舍内饲养方式改变了动物被动寻找食物的方式，而是人为地给予提供，可以保证动物充足的饲料供给。人们可以通过饲料的储备来改善放牧状态下饲料的季节性供给，从而改变放牧饲养方式下动物生产出现的季节性，可以一年四季均衡生产；通过饲料的科学配制和加工，可以提供给动物营养全面、平衡且符合要求的全价饲粮，极大地提高饲料的利用效率，通过合理饲喂可以在最大程度上发挥动物生产潜力的前提下，最大限度地减少饲料的浪费和消耗，提高饲料报酬率，降低生产成本。

舍内饲养方式是动物规模化生产的保证，但也对人们提出了更高的要求，如果不能以科学的态度来对待，或缺乏相关知识和技术，可能适得其反。如舍内高密度饲养（如舍内网上饲养肉鸡，出栏前每平方米可以饲养 12 只左右，舍内 1 只挨着 1 只，几乎没有空隙），空气质量容易污浊，如果不能及时排出，则氨气、硫化氢、二氧化碳等有害气体含量可能超标，就会危害动物健康；夏季舍内热量多，如果不能及时散失，加之太阳的辐射热，很容易使动物发生热应激，轻者影响生产性能，严重则导致死亡；集约化的高密度饲养，动物的粪尿产量巨大，如果处理不好，就会导致严重的环境污染，如污染场区和周边的空气、水源和土壤等。高密度饲养也极大增加了疫病的传播机会，如果隔离不严、管理不善，很容易发生疫病，甚至导致饲养的动物“全军覆灭”。

我国舍内饲养虽然有悠久的历史，规模化、集约化舍内饲养也有很大发展，但存在的问题也很多，如场址选择不当、规划布局不合理、动物圈舍过于简陋、隔离条件差、环境控制不力等，严重影响到动物生产的效率和效益；饲养环境条件差，动物容易发生疾病，人们为了减少疾病危害，生产中大量地使用药物，如滥用抗生素、不按照国家要求使用违禁药物和添加剂等，导致产品中药物残留，危害人们健康，污染生态环境。

规模化、集约化舍内饲养时，必须树立科学观念，根据不同动物的生物学特性和市场经济规律，从场址选择、规划布局、圈舍设计建设、饲养管理、疾病防治等全方位加以控制，才能获得较好的效果。

## 5.15 品种多样的“食材”

当你享用着美味的红烧肉、肯德基，喝着香醇可口的牛奶时，你可知道它们是怎么来的吗？它们都是由畜禽利用其特有的转化机能转化的，转化的原料就是动物的食物——饲料。多种多样的物质材料，如玉米、大豆、青草、树叶、萝卜、农作物秸秆、糠麸、食盐以及动物的皮、毛、血等，另外还有某些有益微生物如乳酸菌、酵母菌等，就连骨头、沙砾也都可以成为动物的“食材”。动物的“食材”种类真是太多了，我们可以将它们分为七大类，下面对此逐一做介绍。

第一类是粗饲料。指干物质中粗纤维含量在18%以上的饲料，以风干物的形式饲喂的饲料，如青干草、作物秸秆等。反刍动物主要的食物就是粗饲料，粗饲料能促进家畜的反刍、胃肠蠕动和消化，同时，提供精饲料能确保各方面营养需要并保证生产更多的产品。

粗饲料来源广泛，数量多，如干树叶、青干蒿、野干草、花生秧，各种秸秆、豆皮等。但此类饲料含粗纤维多，蛋白质和维生素的含量低，消化率也低。俗话说：“寸草铡三刀，无料也上膘”，说明要提高粗饲料的消化利用率，必须进行加工处理。

随着营养科学的不断发展，粗饲料的加工处理方法多种多样，主要有物理加工法、化学加工法和生物加工法。粗饲料切段与粉碎、制成颗粒和揉碎属于物理加工处理法，饲料切段后可减少咀嚼时能量的消耗，也可减少饲料的浪费。饲料粉碎后增加了饲料与消化液的接触面积，提高了饲料的消化率，但粉碎过细会引起消化率降低。饲料制成颗粒后，有利于机械化饲养，减少了饲料浪费，由于风尘少，质地硬，大小合适，故适口性强，而揉碎后提高了适口性和饲料利用率。秸秆碱化、氨化等属于化学加工处理法。秸秆经碱溶液处理后能使植物细胞壁变得松散，易被消化液渗透，从而提高秸秆中有机物的消化率。氨化处理是通过氨化与碱化双重作用以提高秸秆的营养价值。秸秆饲料蛋白质含量低，当与氨相遇时，其有机物与氨发生氨解反应，破坏木质素与多糖（纤维素、半纤维素）链间的酯键结合，并形成铵盐，成为牛羊瘤胃内微生物的氮源。同时，氨溶于水形成氢氧化铵，对粗饲料有碱化作用。秸秆经氨化处理后，粗蛋白质含量可提高100%～150%，纤维素含量降低10%，有机物消化率提高20%以上，是牛羊反刍家畜良好的粗饲料。可以利用尿素、碳酸氢铵作为氨源。靠近化工厂的地方，氨水价格便宜，也可作为氨源使用。青贮、酶解、微生物等处理属于生物学方法。通过微生物和酶的作用，使粗饲料纤维部分降解，并且产生糖和菌体蛋白，以改善适口性、消化率和营养价值，生产实践中主要采用青贮、酶解和发酵三种方法。这些方法对粗纤维分解作用不大，主要起到水浸、软化的作用，并能产生一些糖、有机酸，可提高适口性。但在发酵时产生热能，使饲料中的能量遭到损失。

单一加工处理方法虽然也提高了粗饲料的消化利用率，但仍达不到理想的效果，特别是难以实现产业化规模处理。因此，需要将不同处理技术合理地组装配套，提出新型调制工艺。目前，较多的是将化学处理与机械成型加工调制相结合，即先对秸秆饲料进行切碎或粗粉碎，再进行碱化或氨化等化学预处理，然后添加必要的营养补充剂，并进一步通过机械加工调制成秸秆颗粒饲料或草块。通过该复合处理技术，既可达到秸秆氨化或碱化处理的效果，又可显著改善秸秆饲料的物理性状和适口性，大大提高秸秆饲料的密度，有利于其运输、储存和利用，因而有利于实施工厂化高效处理，是今后秸秆饲料利用的重要途径。

第二类是青绿多汁饲料。青绿多汁饲料实际上是青绿和多汁两种饲料的统称，前者包括草地牧草、田间杂草、栽培牧草和绿色作物饲料、青贮饲料等，如三叶草、苜蓿草、青刈玉米等。后者包括块根、块茎、瓜类，如胡萝卜、白萝卜、马铃薯、甜菜、南瓜、木瓜和甘薯等。

青绿饲料含水多，富含高品质的蛋白质、多种维生素、矿物质，无氮浸出物含量较多，占干物质的40%~50%，纤维素较少，占30%，而且易于消化吸收，饲喂奶牛，不仅可提高产奶性能，还有助于奶牛健康；多汁饲料水分含量高，纤维素含量低（一般不超过10%），糖类较多，蛋白质和维生素少，含钾高而缺钙、磷。动物食后容易消化（消化率高达80%~90%），对繁殖母畜具有促进发情、受胎的作用，对泌乳母畜有促进乳汁分泌的作用，是促进奶牛产奶的极好饲料。

青绿多汁饲料不仅营养丰富，而且适口性好，奶牛特别喜欢吃。在奶牛的日粮中，青绿多汁饲料应占50%，在产奶期至少需要2~3种青绿多汁饲料，如鲜草、青贮、萝卜、薯块、瓜菜类等。全年不断青绿多汁饲料是奶牛高产的重要保证，只有这样，奶牛才能为人们生产出足量的营养丰富的鲜奶。

青绿多汁饲料可以饲养各种畜禽，但在规模化舍内饲养时，依靠精饲料的畜禽利用青绿多汁饲料困难较多，如青绿多汁饲料供应不足和不均衡、饲喂不方便、劳动强度大或不利于机械操作等，青绿多汁饲料多用于草食动物，特别是奶牛以及其他散放饲养的动物，如鹅、猪等。青绿多汁饲料的利用方式有打浆、干燥、青贮等。

第三类是能量饲料。干物质中粗纤维含量小于18%，粗蛋白质含量小于20%的饲料，如玉米、小麦、麸皮、玉米油、动物油等。能量饲料中富含糖类和脂肪，不仅可以为动物活动、代谢提供大量能量，而且其提供能量的成本也是最低的。这类饲料主要包括禾本科的谷实饲料以及它们加工后的副产品（如玉米、高粱、小麦、大麦、麦麸、米糠等）、块根块茎类（马铃薯、甘薯、木薯、胡萝卜、南瓜等）、油脂类（如豆油、玉米油、菜籽油、棕榈油和脂肪含量高的原料，如膨化大豆、大豆磷脂等）和糖蜜等。

能量饲料中的玉米可以称得上“饲料之王”。玉米产地极广、价格低廉，颇受养殖者青睐。由于玉米的颜色鲜亮、味道甜香，各种家养动物皆爱食用。在中国粮食作物中玉米产量仅次于水稻及小麦，高居杂粮之首，是主要的能量饲料，各种畜禽都离不开。

玉米之所以号称“饲料之王”，是因为它含有丰富的营养，含8%～10%的蛋白质，70%以上的淀粉，还含多种矿物质和维生素。如黄玉米中含有胡萝卜素和叶黄素（具有增加蛋鸡的蛋黄及奶牛的黄油颜色的特性）、4%～5%的脂肪，其中亚油酸含量较高（亚油酸是必需脂肪酸，家畜缺乏亚油酸可导致生长不良、皮肤病变、繁殖力下降）。玉米极易消化，营养物质的消化率分别为：有机物质88%，蛋白质81%，各种必需氨基酸85%～90%，脂肪80%，粗纤维44%，无氮浸出物93%。玉米是精饲料中用量最多的饲料，在饲料配方中的比例为40%～70%。美中不足之处是，玉米中的蛋白质含量较低、含钙少、缺乏维生素D，特别是烟酸和核黄素贫乏，单用时家畜容易生病，影响生长和繁殖。

近几年来，人们开展了玉米新品种培育工作，已经培育出高蛋白玉米、高赖氨酸玉米和高油玉米，使得玉米在养殖业中的地位更加重要，使用范围更广、更普遍。

第四类是蛋白质饲料。干物质中粗纤维含量小于18%，粗蛋白质含量大于或等于20%的饲料，如鱼粉、饼粕类以及饲用酵母等。蛋白质饲料和能量饲料一样均属于精饲料的范畴，其作用主要是为动物提供蛋白质。蛋白质饲料主要包括植物性蛋白饲料、动物性蛋白饲料、昆虫性蛋白饲料、单细胞蛋白饲料与非蛋白氮饲料。

植物性蛋白饲料包括豆类籽实及其加工产品，如籽实加工副产品、各种油料籽实及油饼等。它们不仅富含蛋白质，而且各种必需氨基酸属谷实类较多，所以其蛋白质品质优良，无氮浸出物含量低，占干物质的27.9%～62.8%，粗纤维含量低，维生素含量与谷实类相似，所不同的是豆类籽实中含脂肪比谷类籽实高出很多，达15%～24.7%。另外一些优质的豆科牧草和豆科树叶也含有丰富的粗蛋白质和纤维素，如苜蓿草粉、刺槐叶粉（洋槐叶粉）和松针粉等。

动物蛋白饲料是动物的直接或间接产品，如鱼粉、肉粉、骨肉粉、血粉、羽毛粉、乳制品、内脏粉等。这类饲料的蛋白含量高，除乳制品和骨肉粉蛋白含量为27.8%～30.1%外，其他都在50%以上。而且品质大多都特别好，富含人体各种必需氨基酸，特别是植物性饲料缺乏的赖氨酸、蛋氨酸和色氨酸都比较多；这类饲料含无氮浸出物很少（乳制品除外），粗纤维含量几乎等于零，有些脂肪含量高，加之蛋白含量又高，因此，它们的能值高，仅次于油脂；灰分含量高，钙磷丰富，且比例良好，利于饲养动物的吸收利用，同时动物性蛋白饲料还含有丰富的维生素，特别是维生素 $B_2$ 和维生素 $B_{12}$。此外，这类饲料还有一种特殊的营养作用，即含有一种未知的生长因子，它能促进动物提高营养物质的利用率，不同程度地刺激生长和繁殖，是其他营养物质所不能代替的。

昆虫性蛋白饲料是将昆虫作为动物饲料。昆虫是地球上种类最多且生物量巨大的生物类群，据统计世界上已知的昆虫种类达100万种以上，可作饲料的昆虫有500余种，是最具开发潜力的动物性蛋白饲料资源，各种畜禽都可以利用。目前开发利用的昆虫有蝇蛆、蚯蚓、黄粉虫、丰年虫、蚕蛹、蚕沙、蛾、蜂、蚁等。昆虫繁殖快，数量大，食物简单，属于可持续利用的生物资源。昆虫蛋白具有高蛋白、低脂肪的特点，而且低胆固醇、矿物质丰富、营养结构合理、易于吸收。其蛋白质含量接近或高于优质鱼粉的含量，且纤维含量少，氨基酸比较平衡，各种营养因子齐全，易于吸收，是最大的蛋白质资源。昆虫还含有丰富的脂肪，脂肪酸含量为10%～50%，最高可达60%，如竹节虫等。而且昆虫体内不饱和脂肪酸的含量很高。另外，昆虫体内还含有可溶性甲壳素——壳聚糖。壳聚糖具有多种生物活性，可以增强体内巨噬细胞作用。同时，还能促进动物肠道益生菌的生长。此外，昆虫还含有丰富的矿质元素，如钾、钠、钙、铜、铁、锌、锰、磷等，许多食用昆虫的钙、锌、铁等含量较高，并且昆虫体内含有丰富的维生素A、维生素 $B_2$、维生素D及麦角甾醇等物质。

单细胞蛋白饲料是通过发酵方法生产的酵母菌、细菌、霉菌及藻类细胞生物体等。单细胞蛋白饲料营养丰富、蛋白质含量较高，且含有18～20种氨基酸，组分齐全，富含多种维生素。除此之外，单细胞蛋白饲料的生产具有繁育速度快、生产效率高、占地面积小、不受气候影响等优点。因此，在当今世界蛋白质资源严重不足的情况下，发展单细胞蛋白饲料的生产越来越受到各国的重视。我国是马铃薯生产大国，在其加工过程中产生了大量的副产品——薯渣，马铃薯鲜渣或干渣均可直接做饲料，但蛋白质含量低，粗纤维含量高，适口性差，饲料品质低。以马铃薯渣生产单细胞蛋白质饲料可以变废为宝，开辟饲料新资源，避免废渣对环境污染。生产单细胞蛋白饲料的原料很多，如工业废液类（包括造纸废液、酒精废液、味精废液、淀粉废液、生产柠檬酸废液、糖蜜废液、木材水解废液、豆制品废液等）、轻工业残渣（包括白酒糟、啤酒糟、果酒渣、醋糟、酱油糟、豆渣、粉渣、玉米淀粉渣、药渣、甜菜渣、甘蔗渣、果渣、饴糖渣等）、化工产品类（包括石油、石蜡、柴油、天然气、正烷烃、甲醇、乙醇、醋酸等）以及农作物秸秆、秕谷壳、饼粕类、畜禽粪便、有机垃圾、风化煤等，可以变废为宝，变害为利。

非蛋白氮饲料是指含氮的非蛋白可饲物质（除真蛋白以外的其他所有含氮物质化合物）。主要包括一些有机非蛋白氮化合物如氨、酰胺、胺、氨基酸和无机氮化合物如铵盐类。作为非蛋白氮补充饲料的一般为氨的衍生物，尿素、双缩脲、氨、铵盐及其他合成的简单含氮化合物。作为简单的纯化合物质，非蛋白氮对动物不能提供能量，其作用只是供给瘤胃微生物合成蛋白质所需的氮源，以节省饲料蛋白质。非蛋白氮饲料常用于反刍动物，因反刍动物的瘤胃中生活着大量细菌、原虫和真菌等。瘤胃细菌可以产生脲酶，将尿素分解为二氧化碳和氨，瘤胃细菌可将糖类发酵产生挥发性脂肪酸和酮酸。瘤胃细菌可以利用氨和酮酸合成微生物氨基酸，进而合成微生物蛋白质。这些微生物蛋白质随着瘤胃食糜流入真胃和小肠，被消化吸收。

蛋白质饲料中的“优秀代表”是鱼粉和豆粕（或豆饼）。俗话说“料中有海鲜，鸡蛋产不完”，是说明鱼粉是蛋鸡高产的必需饲料。鱼粉既是平衡蛋白质和氨基酸的优良动物性蛋白饲料，也是平衡矿物质特别是微量元素的好饲料，是家禽的一种优质动物性饲料。鱼粉中蛋白质含量在 50% ~70%，氨基酸含量为 50%，脂肪含量为 10% ~20%，钙含量为 3.8% ~7%，磷含量为 2.8% ~3.5%，钙磷比例为（1.4 ~2）:1，磷的利用率几乎为 100%。还含有鸡常用的铜、铁、锰、锌、硒等微量元素，锌和硒含量均高。B 族维生素丰富，尤其富含胆碱和维生素 $B_2$。另外，鱼粉还含有未知促生长因子。鱼粉营养丰富，氨基酸种类多而平衡，易消化，鸡对鱼粉蛋白质和脂肪的消化率分别为91%～93%和78%～91%。生产实践表明，鱼粉是动物性饲料中营养最好的饲料。但由于鱼粉资源缺乏、价格高，所以饲料中添加鱼粉，生产成本高。动物营养专家现已成功地研制开发出鸡的无鱼粉日粮，用豆粕取代鱼粉，效果很好。

豆粕（或豆饼）是由大豆提取油以后的残渣经加工而成的（浸提工艺是粕，机榨工艺是饼），粗蛋白质含量在45%左右，必需氨基酸和维生素含量较高，是植物性蛋白饲料中最好的。在蛋鸡饲料中以豆粕完全取代鱼粉，另添加人工合成的蛋氨酸、赖氨酸等氨基酸，产蛋水平与有鱼粉日粮相当。由于鱼粉和豆粕资源匮乏，市场价格高，饲料成本提高，许多饲料加工销售企业和养殖户为降低饲料成本，使用肉骨粉、花生粕、棉籽粕、菜籽粕、蓖麻粕、芝麻粕以及其他非常规饲料来替代，如果替代比例不适宜，必将会影响畜禽的生产性能发挥，可能适得其反，降低养殖效益。

第五类是矿物质饲料。矿物饲料主要有钙磷饲料（贝壳粉、石粉、蛋壳粉等可提供钙质；骨粉或磷酸氢钙既可以提供磷又含有钙）、食盐和微量元素添加饲料。

健壮的骨骼是家畜生产大量畜产品的基础，骨骼的生长发育离不开钙和磷，而骨粉是良好的钙源和磷源。骨粉是以家畜骨骼为原料经蒸汽高压灭菌后再粉碎而成的产品，一般为黄褐色至灰白色粉末，有肉骨蒸煮过的味道。按加工方法可分为蒸制骨粉、脱胶骨粉和焙烧骨粉。蒸制骨粉含磷10%左右，脱胶骨粉含磷12%，焙烧骨粉含磷在10%以下。骨粉除含钙、磷外，还含铁、镍、硒、锌等微量元素，含18种氨基酸，氨基酸总量在26.7%，必需氨基酸总量在5.5%，蛋白质含量为35.7%，脂肪含量为10.3%。此外，骨粉还含有许多其他维持生命活动所必需的营养成分，如维生素A、维生素$B_1$、维生素$B_{12}$等。

食盐是人类膳食中的调味品，没有了盐，饭菜就没了滋味。另外，盐可提供钠离子和氯离子，如果钠离子和氯离子缺乏，人体的代谢功能就会发生紊乱并产生异常反应，从而损害身体健康。动物和人一样，同样离不开盐。盐能刺激唾液分泌，促进食欲，食盐中的氯离子参与胃液中盐酸的形成。当食盐缺乏时，动物食欲减退，生长受阻，体重降低，泌乳减少，繁殖力下降。食盐在不同动物饲料中的比例不同，如果添加过量，可引起食盐中毒。食盐占配合饲料的比例：鸡为0.25%～0.3%，猪为0.35%，肉牛精料中的比例为0.6%。补给食盐的办法，一是按比例加入配合饲料中；二是直接将食盐加入饮水中；三是将食盐制成盐砖，让家畜自由舔食，这种办法更适合放牧动物采用。

微量矿物元素饲料主要有硫酸亚铁、硫酸铜、硫酸锌（或氧化锌）、硫酸锰（或氧化锰）、碘化钾、亚硒酸钠、氯化钴等。

第六类是维生素饲料。青绿饲料中含有较多的维生素，包括牧草类（如豆科牧草中紫花苜蓿、黄花苜蓿、青刈大豆、落豆秧、三叶草、紫云英、菜豆秧、野豌豆、小豆秧等和禾本科植物中的燕麦草、大麦、小麦、羊草、玉米秸、猫尾草等，以及野草）、水生植物、叶菜类等。

如苜蓿草粉，除含有丰富的B族维生素、维生素E、维生素C、维生素K外，每千克草粉还含有高达50～80毫克的胡萝卜素，用来饲喂蛋鸡可以增加蛋黄颜色，饲喂肉鸡可以增加皮肤颜色；松针粉除含有丰富的胡萝卜素、维生素C、维生素E、维生素D、维生素K和维生素$B_{12}$外，尚含有铁、钴、锰等多种微量元素，在饲料中添加3%的松针粉，一般能够满足维生素供给；槐树的鲜嫩叶营养价值最高，也含有大量的维生素，饲料中添加3%～5%的槐叶粉，不需要再额外添加维生素。

规模化生产条件下，青绿饲料供应已不太可能，可以在饲料中添加工业合成或提纯的维生素，如维生素A、维生素E和多种维生素复合制剂等，以避免维生素的缺乏带来的不良后果，保证动物的健康和生产性能发挥。

第七类是饲料添加剂。为改善饲料品质，促进动物生长、繁殖、健康而掺入饲料中的少量或微量物质，如抗生素、酶制剂、微生态制剂等。

“牛吃的草，挤出的是奶”，是形容它甘于奉献的精神，实际上也反映出动物是一个转化“机器”，可以将饲料转化为动物产品。同一种动物的转化效率取决于采食饲料的质量和数量，采食的饲料质量越好，采食饲料的数量越多，转化的动物产品也越多。不同的动物，营养需要不同，饲料种类不同，采食饲料量不同，转化能力也不同。所谓饲料的质量，就是饲料中各种营养物质的含量以及平衡性，营养物质含量符合要求，各种营养素平衡性好，饲料质量就高，转化动物产品的效率也高，也就是饲料报酬好。另外，饲料中存在一些抗营养物质，如豆类中存在的蛋白酶抑制剂（主要是胰蛋白酶和糜蛋白酶抑制剂）、凝结素（一种糖蛋白）等影响蛋白质的消化吸收，饲料中的植酸影响磷的利用以及含有的单宁、缩酚酸类、棉酚、脂氧酶、胀气因子等不仅影响饲料中养分的利用，甚至引起疾病。集约化、规模化的高密度舍内的饲养，饲养环境控制不良，动物疾病发生概率增加，等等，为了强化基础饲料营养价值，提高动物生产性能，保证动物健康，节省饲料成本，改善畜产品品质，在饲粮中添加少量或微量物质，这些物质就是饲料添加剂。

饲料添加剂虽然在饲料中用量很少，但作用显著。饲料添加剂可分为营养性添加剂和非营养性添加剂两大类。营养性添加剂有维生素添加剂（复合多维素）、微量元素添加剂和氨基酸添加剂，可提高日粮的平衡性（或全价性）；非营养性添加剂有酶制剂、酸制剂、微生态制剂、中草药、抗生素、驱虫剂、防霉剂、着色剂以及甜味剂等，可提高饲粮的消化率和抗病防病能力、防止饲料霉变、改善产品品质以及增加动物采食量等。

饲料添加剂要根据不同动物、不同日粮类型（如玉米—豆粕型、玉米—豆粕—鱼粉型、玉米—杂粕型等）和不同产品质量来选用，由于用量少，必须采用逐级混合的方法与其他饲料混合均匀，不能盲目增加或减少用量。同时，饲料添加剂的使用要严格遵守国家标准。抗生素添加剂目前在许多国家已经禁用，我国也有这方面的规定，不能滥用抗生素。

## 5.16 富含营养素的食谱

营养是机体摄取的食物，经过消化、吸收、代谢和排泄，利用食物中的营养素和其他对身体有益的成分构建组织器官、调节各种生理功能，维持正常生长、发育和防病保健的过程。动物的生长、繁殖和生产等生理活动离不开营养物质（或营养素），已知需要的营养物质种类已经达到40多种，可能还有一些未知营养物质。随着科学技术的发展和营养科学的进步，动物需要的营养素会更加明确，种类也会更多。目前主要的营养物质有水、能量、蛋白质和必需氨基酸、维生素、矿物质（包含微量元素）等。

水对于地球上的生命起着重要的作用，它是生命的源泉，是动物（包括人类）赖以生存和发展的、不可缺少的、最重要的物质资源之一。动物的生命一时一刻都离不开水，水是动物生命需要的最主要的物质。

水是人类和动物机体的重要组成部分，如人体内的水分，大约占体重的65%。其中，脑髓含水75%，血液含水83%，肌肉含水76%，连坚硬的骨骼里也含22%水呢！新生犊牛和较瘦的绵羊体内水含量为74%（肥胖的绵羊为40%），8千克重的仔猪体内水含量为73%，100千克的肥猪含水量为49%，母鸡含水量为56%，雏鸡含水量为85%。

水参与体内所有的代谢，没有水，食物中的养料就不能被吸收，废物不能排出体外，生理机能就会失调。动物失去其所有脂肪和一半以上的蛋白质，它仍然能存活，而失去机体内水的1/10则将会引起死亡。动物每天体内水的循环率比其他任何物质都高。以猪为例，生长猪每天水循环量是120～130毫升/千克体重。没有食物，只要有水的供给，动物能存活3个月之久；而没有水的供给，只摄取其他营养素，动物最多能活1周。

水是最常见的物质之一，也是容易被人们忽略的营养素。供给水的数量和水质直接影响到动物的健康和生产。不同动物对水的需求量也不同，如肉牛每天需水量为26～66升，奶牛为38～110升，马为30～45升，猪为11～19升，绵羊和山羊为4～15升，鸡为2～4升，火鸡为4～6升。但许多因素会影响动物的需水量，同一种动物，如环境温度升高时、生产性能高时、食物中含氮物质或粗纤维含量高时，需水量都会增加。如果供水不足将严重影响动物机体代谢；水中的化学因素（如硬度、酸度、矿物质）、生物因素（如细菌、藻类）等超过一定量也会影响动物的生长及生产，甚至引起疾病和繁殖障碍。

荷兰科学家格里特在1838年发现了蛋白质。他观察到有生命的东西离开了蛋白质就不能生存，所以蛋白质是生命的基础。蛋白质是生物体内一种极重要的高分子有机物，占人体干重的54%。动物的肌肉、神经、结缔组织、血液等均以蛋白质为基本成分。动物的皮、毛、羽、爪、角等均由角质蛋白构成。蛋白质主要由氨基酸组成，因氨基酸的组合排列不同而组成各种类型的蛋白质。人体中估计有 10 万种以上的蛋白质。生命是物质运动的高级形式，这种运动方式是通过蛋白质来实现的，所以蛋白质有极其重要的生物学意义。动物的生长、发育、运动、遗传、繁殖等一切生命活动都离不开蛋白质。生命活动需要蛋白质，也离不开蛋白质。

在生物学中，蛋白质被解释为是由氨基酸通过肽键连接起来形成的多肽，然后由多肽连接起来形成的物质。通俗地说，它就是构成动物机体组织器官的支架和主要成分，在动物生命活动中起着重要作用。可以说没有蛋白质，就没有生命活动的存在。

动物体内的一些生理活性物质如胺类、神经递质、多肽类激素、抗体、酶、核蛋白以及细胞膜上、血液中起"载体"作用的蛋白都离不开蛋白质，它对调节机体生理功能、维持新陈代谢起着极其重要的作用。动物活动中肌肉的成分以及肌肉在收缩、做功、完成运动动作过程中的代谢无不与蛋白质有关，离开了蛋白质，动物就无法活动。同时，蛋白质是修补机体组织的必需物质。如毛皮动物体内的蛋白质不断通过新陈代谢更新，经过 6 ~ 7 个月就有 50% 的蛋白质被新蛋白质所代替，一切机体的生命活动过程都伴随着蛋白质的消耗。动物生产的产品中也含有大量的蛋白质。

如果动物摄取的蛋白质不足，会影响其生长、生产和健康，甚至引起死亡。相反，蛋白质摄取过量，不仅造成浪费，而且会引起动物机体代谢紊乱，出现中毒等现象。

蛋白质的基本单位是氨基酸。氨基酸是无色晶体，熔点一般在 200℃ 以上，有的无味，有的味甜，有的味苦。如谷氨酸，味鲜，是我们日常生活所食用的味精的主要成分。氨基酸分为必需氨基酸和非必需氨基酸，有些氨基酸动物体内不能合成或合成量不能满足需要，必须从食物中获得，这些氨基酸称为必需氨基酸。如人体的必需氨基酸有甲硫氨酸、缬氨酸、亮氨酸、异亮氨酸、赖氨酸、色氨酸、苯丙氨酸；动物体内可以合成，不必另外补充的氨基酸称为非必需氨基酸，如天冬氨酸、谷氨酸、丙氨酸、丝氨酸、鸟氨酸、甘氨酸、精氨酸、脯氨酸、羟脯氨酸、酪氨酸、半胱氨酸、胱氨酸等。氨基酸可以从蛋白质中水解制得，也可化学合成。

大家都知道，在17世纪时英国科学家瓦特发明了蒸汽机（注：詹姆斯·瓦特是英国著名的发明家，是工业革命时期的重要人物。他对当时已出现的蒸汽机雏形做了一系列的重大改进，发明了单缸单动式和单缸双动式蒸汽机，提高了蒸汽机的热效率和运行可靠性，对当时社会生产力的发展做出了杰出贡献。他改良了蒸汽机、发明了气压表和气动锤。后人为了纪念他，将单位制中功率和辐射通量的计量单位称为瓦特，常用符号“W”表示。瓦特1736年1月19日生于英国格拉斯哥。童年时代的瓦特曾在文法学校念过书，虽然没有受过系统教育，但瓦特在父亲做工的工厂里学到许多机械制造知识，随后他到伦敦的一家钟表店当了学徒。1763年瓦特到格拉斯大学工作，负责修理教学仪器。在大学里他经常和教授讨论理论和技术问题。1781年瓦特制造了从两边推动活塞的双动蒸汽机。1785年，他因改进蒸汽机的重大贡献，被选为皇家学会会员。1819年8月25日瓦特在靠近伯明翰的希斯菲德逝世。在瓦特的讣告中，对他发明的蒸汽机有这样的赞颂：“它武装了人类，使虚弱无力的双手变得力大无穷，健全了人类的大脑以处理一切难题。它为机械动力在未来创造奇迹打下了坚实的基础，将有助并报偿后代的劳动”）、美国科学家爱迪生发明了电灯（注：托马斯·阿尔瓦·爱迪生是位举世闻名的发明家，他除了在留声机、电灯、电话、电报、电影等方面的发明和贡献以外，在矿业、建筑业、化工等领域也有不少著名的创造和真知灼见。爱迪生一生约2 000项创造发明，为人类的文明和进步做出了巨大的贡献）、英国科学家牛顿发现苹果从树上掉下来而提出地球的“万有引力”学说（注：伊萨克·牛顿，是17世纪人类最伟大的科学家。他是人类历史上屈指可数的几个科学巨人之一。他在物理学、数学和天文学方面的贡献，都具有划时代的意义。1665至1667年间，牛顿一直在思考引力的问题。一天傍晚，他坐在苹果树下乘凉，一个苹果从树上掉了下来。他忽然想到，为什么苹果只向地面落下，而不向天上飞呢？他分析了哥白尼的日心说和开普勒的三大定律，进而思考行星为何绕着太阳运行而不脱离？行星速度为何距太阳近就快，远就慢？离太阳越远的行星，为何运行周期就越长？牛顿认为它们的根本原因是太阳具有无比巨大的吸引力。经过一系列的实验、观测和演算，牛顿发现太阳的引力与它巨大的质量密切相关。牛顿进而揭示了宇宙的普遍规律：凡物体都有吸引力；质量越大，吸引力也越大；间距越大，吸引力就越小。这就是经典力学中著名的“万有引力定律”），震撼了世界物理学界。这些科学家们是发明、发现并阐明“能”以及能量转换的最典型且最具代表性的先驱。

人类以及各种动物的所有生存的过程也是一个能量转化的过程。动物的所有活动，如呼吸、心跳、血液循环、肌肉活动、神经活动、生长、生产产品和使役等都需要能量，所以能量是生命的动力。动物为了生存而摄取食物或饲料，食物饲料在机体内通过消化、吸收而合成机体的各种组织细胞，并产生机体活动所需的能量，包括维持体温所需的热能。食物是构建组织，供给动物呼吸、行走、思维等所有动作所需“能量”的总来源。

动物所需的能量主要来自饲料三大养分（糖类、脂肪和蛋白质）中的化学能。在体内，化学能可以转化为热能（脂肪、葡萄糖或氨基酸氧化）或机械能（肌肉活动），也可以蓄积在体内。能量是饲料的重要组成部分，饲料能量浓度对动物采食量起着决定作用，动物的营养需要或营养供给均可以能量为基础表示。饲料中的能量不能完全被动物利用。其中，可被动物利用的能量称为有效能。饲料中的有效能含量即反映了饲料能量的营养价值，简称为能值。研究动物对饲料能量的利用、动物对有效能的需要量及影响饲料能量转化效率的因素是动物营养学的重要研究内容。

哺乳动物和禽类饲料能量的最主要来源是糖类。因为，糖类在常用植物性饲料中含量最高，来源丰富。脂肪的有效能值约为糖类的 2.25 倍，但在饲料中含量较少，不是主要的能量来源；蛋白质用作能源的利用效率比较低，并且蛋白质在动物体内不能被完全氧化，氨基酸脱氨产生的氨过多，对动物机体有害，因而，蛋白质不宜做能源物质使用。鱼类对糖类的利用率较低，其有效供能物质尚属蛋白质，其次是脂肪。此外，当动物处于绝食、饥饿、产奶、产蛋等状态，饲料来源的能量难以满足需要时，也可依次动用体内储存的糖原、脂肪和蛋白质来供能，以应一时之需。但是，这种由体组织先合成后降解的供能方式，效率低于直接用饲料供能的效率。

1897 年，艾克曼在爪哇发现人只吃精磨的白米即可患脚气病，未经碾磨的糙米能治疗这种病。并发现可治脚气病的物质能用水或酒精提取，当时称这种物质为“水溶性B”，这项发现是19世纪最伟大的发现之一。1906年证明食物中含有除蛋白质、脂类、糖类、无机盐和水以外的“辅助因素”，其量很小，但为动物生长所必需。1911年卡西米尔·冯克鉴定出在糙米中能治疗脚气病的物质是胺类（一类含氮的化合物），性质和在食品中分布的类似，且多数为辅酶，动物体的供给要彼此平衡，否则可影响生理作用。这一类物质就是维生素B复合体，包括泛酸、烟酸、生物素、叶酸、维生素$B_1$（硫胺素）、维生素$B_2$（核黄素）、吡哆醇（维生素$B_6$）和氰钴胺（维生素$B_{12}$）。有人也将胆碱、肌醇、对氨基苯酸（对氨基苯甲酸）、肉毒素、硫辛酸包括在维生素B复合体内。

维生素是一组化学结构不同，营养作用、生理功能各异的低分子有机化合物，动物需要量虽然很少，但生物作用很大，是生命的必需物质，主要以辅酶和催化剂的形式广泛参与体内代谢的多种化学作用，从而保证机体组织细胞结构功能正常，调控物质代谢，以维持动物机体的健康和各种生产活动。缺乏时，可影响正常的代谢，出现代谢紊乱，甚至危害健康。如日常生活中，有些婴幼儿、儿童、青少年出现的佝偻病或者软骨症，就是由于体内维生素D不足，引起钙、磷代谢紊乱，产生的一种以骨骼病变为特征的全身、慢性、营养性疾病。佝偻病主要的特征是生长着的长骨干骺端软骨板和骨组织钙化不全，维生素D不足使成熟骨钙化不全。软骨症主要特征是骨质生长迟缓，全身酸痛，生长发育不良等。

动物如果维生素D供给不足，也可以发生佝偻病。但经常晒太阳的动物，佝偻病较少发生，其原因是动物体表皮肤中有一种物质——7-脱氢胆固醇，在阳光中紫外线照射下，可以转变成维生素$D_3$，促进机体钙、磷代谢，减少或避免佝偻病的发生。

维生素主要存在于青绿饲料中，经常采食青绿饲料的动物一般不会缺乏维生素。野生动物和牧养条件下的家养动物，可以采食到各种饲料，特别是青绿饲料，一般很少出现维生素缺乏。而在集约化、高密度舍内饲养条件下，动物不能自由地寻觅食物，加之生产性能较高、环境条件恶化，对维生素的需要量大幅增加，又缺乏青饲料的供应和阳光的照射，容易发生维生素缺乏症，因此必须注意添加各种维生素来满足生存、生长、生产和抗病需要。维生素的种类众多，但归纳起来分为两大类：一类是脂溶性维生素，包括维生素A、维生素D、维生素E

及维生素 K 等；另一类是水溶性维生素，主要包括 B 族维生素和维生素 C。

矿物质又称无机盐，它包括除碳、氢、氧、氮以外的体内其他元素。动物体内有 50 多种矿物质，它们是生物体的重要组成部分。动物体内含量大于体重的 0.01% 的称为常量元素，包括钙、镁、钾、钠、磷、氯、硫等，而在 0.01% 以下的元素称为微量元素。动物体内主要的微量元素有锌、铜、铁、铬、钴、锰、钼、锡、钒、碘、硒、氟、镍、硅等。微量元素在体内含量虽小，却有很重要的生理机能。诸元素在体内不能产生与合成，必须由食物来提供。

矿物质元素分布于动物体内的各个部位，起着重要的作用。它是组成骨骼和牙齿的重要物质，支撑动物的活动和采食。以离子的形式存在于血液、淋巴液或细胞液中，起着调整动物体液 pH 值及渗透压的作用。与蛋白质和脂肪结合，存在于氨基酸、核酸及大部分辅酶中，参与能量代谢及酶的活动。

钙、磷是重要的矿物质元素，动物体中矿物质中 70% 以上是钙磷化合物。以羟磷灰石［$3Ca_3(PO)_2 \cdot Ca(OH)_2$］基本形式存在于骨骼和牙齿中的钙占全身钙的 99%、磷占 80%，起到支持和保护作用，同时共同参与凝血过程。钙对神经兴奋性的传导、血液凝固、酶的活性、细胞膜功能等方面起着重要作用。磷还以无机磷己糖磷酸、磷酸蛋白、磷脂质、核酸、腺苷三磷酸、磷酸肌酸等形式广泛分布于机体体液中，并在代谢中起着重要作用。如果钙、磷供应不足，动物容易发生佝偻病、软骨病和瘫痪；钠、钾、氯在维持动物机体内酸碱平衡、细胞渗透压和调节体温方面起重要作用，它还能改善饲料的适口性；镁是构成骨质必需的元素，它与钙、磷和糖类的代谢有密切关系。缺乏时，易神经质，出现震颤，呼吸困难，生长、生产受阻。

微量元素虽然需要量很小，但作用巨大。动物如果缺硒，就会引发白肌病；幼畜缺硒，不吃不喝不长肉；种畜缺硒不能正常地繁殖下一代。如果缺碘，幼畜就会患大脖子病和侏儒症；母畜缺碘，会使胚胎早期死亡或被吸收、流产和生出无毛弱仔；如果缺铜，就会患贫血症和抑制铁的吸收，导致被毛生长缓慢和褪色，还可使动物中枢神经系统遭受损害，使幼龄动物共济失调和后肢痉挛，损害动脉血管的弹性，引起心肌纤维化，甚至突然死亡。铁是血红素、肌红素的组成成分，钴是维生素 $B_{12}$ 的成分之一，缺铁和缺钴会出现营养性贫血。为了家畜的健康和获得健康的畜产品，在家畜饮食中必须补给硒、碘、铜、铁、钴、锌、锰、碘等微量矿物元素。

粗纤维就是我们常说的膳食纤维。它是糖类中的一类非淀粉多糖，主要来源于植物的细胞壁。膳食纤维很难被人体消化吸收，而且大多口感粗糙，在早年的营养学中就被称为粗纤维。粗纤维对人体有四大好处：一是改善胃肠道功能，能够防治便秘、预防肠癌；二是改善血糖生成反应，降低餐后血糖含量，帮助治疗糖尿病；三是降低血浆中的胆固醇含量，防治高脂血症和心血管疾病；四是控制体重，减少肥胖病的发生。但也不宜摄入过多，否则会降低其他营养素的利用率。

反刍动物瘤胃有很强的发酵能力，因此可较好地利用纤维类成分。但单胃动物由于其生理特点，对粗纤维中不同成分的利用程度有较大差异。胃和小肠对纤维素、半纤维素和木质素的利用能力都较差，但在大肠部位，可通过寄居于大肠的微生物对纤维素、半纤维素等成分进行发酵，产生挥发性脂肪酸。与反刍动物类似，大肠微生物很难分解木质素，已有研究表明，木质素含量及其与纤维素、半纤维素的结合程度，会影响大肠微生物对纤维素、半纤维素的利用。单胃动物日粮中粗纤维含量过高，饲料通过胃肠的速度会加快，导致养分的吸收利用率降低，饲料效率变差。若饲料中粗纤维含量高时，含有的植酸、草酸盐及硅酸盐等会与矿物质形成不溶性的络合物等而影响钙、磷等的利用率；但粗纤维含量太低，饲料在动物消化道中停留时间太长，水分吸收太多，粪便干燥而引起便秘。同时，粗纤维含量低的饲料，受采食量的限制，动物采食后很难有饱腹感，从而会引发跳圈、争斗等一系列应激问题。

动物生产的过程是饲料中的营养物质被吸收利用然后转化为动物产品的过程，为动物提供的食物营养素越全面平衡，越有利于动物生长、健康和产品转化，其生产效率也就越高。还没有发现一种饲料原料的营养物质可以完全满足动物的营养需要，所以，需要将多种饲料原料合理搭配，配制成富含各种营养素的动物食谱，满足动物的营养需要。

不同动物对饲料中的营养要求有很大差异，如家禽对蛋白质含量要求高，家畜对蛋白质含量要求较低；同一种动物不同生产阶段对饲料中的营养要求也有所不同，如幼畜生长发育快，要求饲料中的蛋白质含量较高，成年畜较低。所以，在配制动物食谱时要依据营养标准或饲养标准。饲养标准是以动物的营养需要（动物在生长发育、繁殖、生产等生理活动中每天对能量、蛋白质、维生素和矿物质的需要量）为基础的，经过多次试验和反复验证后对某一类动物在特定环境和生理状态下的营养需要得出的一个在生产中应用的估计值。在饲养标准中，详细地规定了动物在不同生长时期和生产阶段，每千克饲粮中应含有的能量、粗蛋白质、各种必需氨基酸、矿物质及维生素含量或每天需要的各种营养物质的数量。但是，动物的营养需要受到动物的品种、生产性能、饲料条件、环境条件等多种因素的影响，要因畜制宜地选择饲养标准。

有了饲养标准，有了各种各样的“食材”，动物营养师们就可以按照动物的食性选择“食材”，设计配制营养全面丰富的食谱，满足动物的需要。值得注意的是食谱的质量和成本与“食材”种类和质量密切相关。因为各种“食材”之间的营养具有互补性，所以要尽量选择多种“食材”，不要单一；要选择物美价廉、容易得到的“食材”，才能保证食谱的营养全面和成本低；选择的“食材”种类要相对稳定，不要频繁地更换，以免引起动物消化和吸收不良。

## 5.17 肥胖是“万恶之源”

肥胖可导致心脏病、糖尿病等一系列问题，已成危害人类健康的一大“杀手”。肥胖对家养动物来说，也不是什么好事，也不能无节制地让其随意采食，也需要进行限制饲养。否则，不仅会影响生产，还会危害健康。

如留作种用的后备猪限制性饲养，适当控制体重的增长速度，有助于各器官系统的充分发育，保持中上等体况，防止过肥而影响生殖器官发育；母猪限制饲养，可降低饲料成本，减少胚胎死亡率，增加产仔数，减少难产和母猪压死仔猪的情况；公猪限饲，可节约饲料，防止过于肥胖，提高配种能力。种公猪的营养水平和饲喂量，视品种类型、体重大小、配种利用强度等具体情况确定；育成期母鸡适当限制饲养，避免过肥和体重增加过快，有利于性器官发育，同时可以提高产蛋期饲料的利用率。肉鸡适当限制饲养，可以减少猝死症和肉鸡腹水症的发生；产蛋母鸡产蛋后期（45周龄以后）限制饲养可以避免体内过多的脂肪沉积在生殖器官上而影响产蛋（过肥产蛋数减少）和蛋壳质量（脂肪沉积在卵壳腺体上，造成钙和磷的不能有效分泌，蛋壳质量差，破壳蛋、无壳蛋多）。产蛋后期限制饲养可以采用探索性减料技术，避免限制过度而影响正常产蛋。方法是日喂料量减少2~3克，然后观察2~3周，产蛋正常可以再减2~3克，再观察再减料，如果产蛋有异常要立即恢复异常前料量，如此进行，既避免减料过度影响产蛋，又节省饲料而防止过肥。

## 5.18 环境的“威力”

动物是经过漫长的历史发展和进化而来的，与周围环境（作用于机体的一切外界因素）息息相关。动物的生存、生产需要食物，没有食物动物就会死亡，动物需要从环境中摄取食物。同时，食物中的营养被消化吸收后剩余的残渣（粪便）也要排出体外，与环境进行物质交换；机体进行代谢离不开氧气，吸收大气中的氧气，然后将产生的二氧化碳排入大气，与环境进行气体交换；恒温动物要保持体温恒定，体内代谢产生的热量（化学能）必须通过环境进行释放，同时，也会从体外获得热量（如幼畜需要人工加温提供热量），与环境进行能量交换。所以，环境是影响动物生存质量和生产水平的决定因素，环境安全就是动物安全。同时，动物生产也会反过来对环境质量产生影响，从而影响到人类和动物的生存。

环境对动物的生产力影响有多大？研究表明，动物的生产力，大约20%取决于遗传，40%~50%取决于饲料，30%~40%取决于环境条件，越是高产的品种，对环境的依赖性越强。大量的事实也证明，环境条件的改善可以使饲养效果和家畜生产力水平显著提高。环境包含的内容是很广泛的，比较重要的环境因素有水、土壤以及空气环境，即温度、湿度、光照、通风、有害气体（氨气、硫化氢、一氧化碳等）、噪声、微粒和微生物等。

水是构成世界的重要物质，它与人类的生存和社会的发展息息相关，海水承载巨轮，河水灌溉农田，雨水滋润万物。水是动物重要的环境因素之一，也是重要的营养素。不仅要保证供给动物充足的水，而且要保证水的质量。水供给不足影响机体代谢、生长和健康；饮用被有害有毒物质、病原微生物等污染的不良水质的水，就会危害动物健康，甚至引起死亡。动物饮水的质量必须符合饮用水标准，如不得有异臭异味，不得含有肉眼可见物，每100毫升总大肠杆菌群数成畜不多于10个（幼畜和禽不多于1个），氟化物、氰化物、总砷、总汞、铅、铬、镉、硝酸盐等毒理学指标不超标。水源在使用过程中要注意保护，避免被工业废水、生活污水、养殖场污水和雨水等污染。

土壤原是动物生存的重要环境，但随着现代畜牧业向舍饲化方向的发展，土壤的化学成分对家养舍饲动物的直接影响愈来愈小，但可通过饮水和饲料等间接影响家畜健康和生产性能，如高氟地区的动物容易发生高氟病，缺硒地区的动物容易发生硒——维生素E缺乏症。保证水质良好、注意饲料质量，可以避免土壤对动物的不良影响。

环境温度是实现动物体热平衡和调节的决定因素之一，环境温度过高或过低，都会影响动物体热平衡和调节，使动物感到不舒适。温度变动缓慢，在一定的范围内，机体可以本能地进行调节并与之适应。但变化过大或过急，机体将产生行为和生理上的不良反应。现代医学证明，动物在舒适区范围内（注：舒适区是等热区某一温度区域，机体无须通过任何体温调节方式，即可达到产热和散热相等，动物最为舒适，其代谢强度和产热量处于生理的最低水平，故把这一区域称为舒适区。）的环境温度下，物质代谢率最低，维持需要的能量最少，动物感觉也最舒适，抵抗力强，生产力高。但舒适区范围较窄，生产中不宜控制，常保持在等热区（注：等热区是指恒温动物主要依靠物理性调节维持体温正常的环境温度范围）范围内。不同动物等热区范围不同，如生长猪、育肥猪为15～25℃，并随体重增加而下降；雏鸡1日龄为34.4～35℃，此后有规律地下降，到18日龄为26.7℃，32日龄为18.9℃；各种产蛋家禽为12～23℃；奶牛产乳的适宜温度是10～15℃；草食家畜生长肥育的适宜温度是8～20℃。如果环境温度过低，动物食欲旺盛，摄食量增加，用于维持代谢的能量增加，饲料转化率明显降低并常常导致哺乳类实验动物性周期推迟；环境温度过高，动物食欲减退，采食量下降，生理机能发生改变。环境温度超过30℃时，导致哺乳类实验动物雄性睾丸萎缩，产生精子的功能下降，精子质量降低，数量减少。雌性动物则出现性周期紊乱，泌乳能力下降或拒绝哺乳，妊娠率下降。为了保持适宜的温度，我们必须为动物设计建筑保温隔热的“住所”，安装升温、降温的设备等。

湿度是指空气的潮湿程度，一般用相对湿度表示，即空气中实际含水量同等温下饱和含水量的百分比值。相对湿度对动物机体热调节有密切关系，在温度适宜的情况下，相对湿度对畜禽影响较小，但在高温情况下，高湿加剧动物热应激；低温情况下，高湿则加剧动物冷应激（注：应激是指动物受到应激因素刺激而出现的生理学和行为学的反应），都会影响动物生产力和抵抗力，严重时被热死或冻死。但湿度过低，使畜禽舍内灰尘飞扬，容易引起动物的呼吸道疾病。对各种家畜来说，空气的相对湿度以50%～70%为宜，最高不超过75%。乳牛舍用水量大，不超过85%。我们可以在畜禽舍内放置一个干湿温度计，随时观察湿度变化，湿度超过标准时，可以加大通风量（夏季）或提高舍内温度（冬季），也可以根据舍内温度情况双管齐下。

光照有自然光照和人工光照。光照的颜色、强度以及光照时间的变化都会对动物产生影响。我们常常见到马、驴等在春季日照逐渐延长的情况下发情交配（也称长日照动物），而山羊、绵羊等在秋季日照逐渐缩短的情况下发情交配（称“短日照动物”），这就是光照时间变化（光周期，即明亮和黑暗的交替时间）对动物繁殖的影响。不同颜色的光对动物也有影响，红光和橙光时小公鸡的睾丸发育快、重量大。红光时猪的性成熟时间推迟，而蓝光、黄光时性成熟时间提前。黄色光照容易引起鸡的啄癖，橙光、红光时不易发生。因此，合理设计采光系统，保证适宜的光照时间和光照强度，使动物生产潜力得到充分发挥。

动物离不开大气，与大气进行着气体交换和能量交换。大气中不仅含有动物需要的氧气，也含有不需要的二氧化碳、氩、氖等气体，甚至含有有害的氨气、硫化氢、一氧化碳、微粒和微生物，这些物质的存在和含量影响着空气的质量，当然这些物质含量随着时间、场所的不同而不同。如在畜禽舍的空气中，氧气含量会降低，二氧化碳、一氧化碳（使用煤炭加热的幼畜舍）、氨气、硫化氢、臭味素以及微粒和微生物含量会增高，如果通风换气不良，甚至会到危害畜禽的程度，引起畜禽中毒。舍内二氧化碳、一氧化碳含量高可以引起动物的缺氧而窒息；氨气、硫化氢等有害气体含量高时，容易吸附到动物黏膜组织（氨气和硫化氢易溶于水），对黏膜产生刺激和危害，破坏黏膜屏障功能和局部黏膜免疫系统，容易引起眼病（眼睛流泪、灼痛，角膜和结膜发炎，视觉障碍）、呼吸道病（咳嗽、气管炎和支气管炎、肺水肿、出血、呼吸困难、窒息等）和一些嗜呼吸道病原引发的传染病，如新城疫、禽流感、大肠杆菌病、口蹄疫等，同时降低动物的免疫力，影响生长和生产；舍内飘浮的细小颗粒物被动物吸入后极易引起呼吸道疾病，如支气管炎、哮喘、尘肺等，严重者甚至产生急性肺水肿而导致动物死亡。同时，空气中的微生物大多附着在微粒上，在吸入微粒时也受到病原微生物的侵袭而发生传染病。

走进青草葱葱、绿树成荫的场所，人们会感到空气清新，心旷神怡。绿色植物不仅可以美化环境，而且可以净化环境。可以明显改善场区的温度、湿度和气流等状况，明显增加场区空气中氧气含量，减少空气中的有害气体。绿色植物进行光合作用，可以吸收大量的二氧化碳，同时又放出氧气，如每公顷阔叶林，在生长季节每天可以吸收约 1 000 千克的二氧化碳，生产约 730 千克的氧气。植物叶子表面粗糙不平、多绒毛，有些植物的叶子还能分泌油脂或黏液，能滞留或吸附空气中的大量的微粒和微生物，有的植物，如玉米、大豆等可以直接利用空气中的氮气作为肥料等。所以，加强养殖场的绿化至关重要。同时，还要注意畜舍的通风换气、除潮防湿和卫生管理等，才能为动物创造一个洁净清新的空气环境。

噪声对动物健康、发育、繁殖等也都有影响。噪声使动物感到不舒服、烦躁。噪声过大，易引起动物极度的恐惧和不安，从而影响其生长和生产。要保持养殖场环境安静，远离交通要道、远离市区和工矿企业，选择噪声低的设备，尽量减少噪声的不良刺激。实验表明，给畜禽放轻音乐有利于畜禽的生产。

饲养密度是指每平方米饲养动物的头（只）数，是影响动物舒适度和自由表达天性的又一重要因素。规模化、集约化养殖业，将畜禽饲养在狭小舍内，空间不足，就会使动物丧失散步、嬉戏、炫耀等机会；将畜禽固定在狭小的笼内，动物高度的密集，会使动物因缺乏同类之间的交流而感到烦躁、孤独和无聊。高密度的饲养方式，使畜禽十分拥挤，不能充分活动，体格羸弱，抗病力差，个体大小不一，影响生长和生产；高密度的笼养、栏养工艺、拴系工艺使动物出现许多行为问题，如笼养工艺，家禽的做窝、沙浴、抖动羽毛、伸展肢体、梳理羽毛等行为不能充分表达，出现食蛋、啄羽、啄趾及啄肛等恶癖，同时出现脂肪肝综合征、产蛋疲劳症等工艺病。如栏养工艺，环境单调、密集、活动少，出现咬尾、咬耳、咬蹄、咬栏、母猪食仔、无食咀嚼、食粪癖等以及拴系工艺出现的卷舌、舔异物、熊痞等异常行为。同时，高密度饲养容易使舍内环境恶化，如卫生差、空气质量不好等。所以，要从动物福利角度考虑，给它们提供适宜的饲养环境，采用丰富性的饲养工艺，使动物有自由活动、采食和饮水的空间，使动物的生产潜力充分发挥，生产出更加优质的产品。

随着人类社会的进步，人们日益关注环境对人类生存的影响，然而对环境对动物的影响关注得相对较少。对于生命而言，人类和动物无“高低贵贱”之分，适宜的环境同样能使动物“心情”舒适。关注动物环境，保证动物的环境安全也有利于人类获得更大的利益、创造更大的价值。

动物高效生产需要舒适的环境，舒适的环境需要动物生产的管理者去营造，科学技术的发展，为营造舒适环境提供了便利的条件。如材料科学的发展为畜禽舍的科学设计创造了条件，许多养殖场采用的夹层钢板瓦（中间是泡沫塑料）屋顶就具有较好的保温隔热性能；现代工业的发展极大促进了机械设备在畜牧业中的应用，如机械通风系统、自动控光系统、降温和加温系统、饲喂饮水系统、清粪系统和产品采集系统等陆续在生产中应用，特别是电脑的出现，使许多养殖场更加自动化和智能化，不仅保证了环境的舒适，也极大地提高了劳动效率。如陕西省奶牛中心高产奶牛舍，建设得像星级宾馆，从奶牛饲料的混合配比到投料饲喂，再到饮水的保温供应，甚至粪便的清理，全部实现了自动化。奶牛在休息的时候，还可轮流享受最先进的自动按摩服务。

## 5.19 管理的效益

管理出效益。科学的饲养管理方法、饲养管理制度使动物的生产有章可循，规范高效。

人们生活水平的提高不断要求有更多的动物产品生产出来，社会的发展和科学技术的进步也促进了动物生产方式的不断转变。现在的动物像一台高效的“机器”，一年四季都在不停地工作，将饲料变成产品。如动物的舍内高密度笼养和栏养，极大地减少了畜禽舍面积，降低了基建成本；实行机械化或自动化操作，极大地提高了生产效率；环境的人工控制，根据畜禽需要提供适宜的温度、湿度、光照和换气量，使蛋禽失去了自然状态下季节产蛋的习性，一年四季都可以均衡地生产，产蛋量更多，使肉畜肉禽生长速度更快，使母畜繁殖成活率更高；如网上饲养，将畜禽固定在网上，畜禽产生的粪便和尿液直接落在网下，保持畜禽更加洁净卫生，也减少寄生虫卵的感染机会，网上饲养容易观察畜禽状态，利于饲养管理，提高畜禽的成活率，先进的饲养方式为动物高效生产奠定了基础；牛羊的拴系饲养，使每头牛羊都有固定的床位，用绳索将牛羊拴在相应的位置，使牛羊并排在料槽前采食饮水。这样可以做到精细化管理，使每头牛羊都可均匀采食，减少打斗等应激，工艺流程专业化程度高，节省劳力，劳动强度小，适宜于规模化场采用，已被北美、欧洲发达国家普遍采用，牛羊的散栏饲养，指牛羊无固定槽位，不拴系。

科学技术的发展，使人们对畜禽的生物学特性越来越了解，饲养管理技术也越来越成熟，对动物的高效生产起到促进作用。新技术的运用，极大地提高了畜禽的生产性能。如肉牛育肥方面，使用增重剂（如通过瘤胃起作用的莫能霉素等）、瘤胃缓冲剂（可以降低瘤胃内异常发酵酸度过高，防治慢性酸中毒，如碳酸氢钠、氧化镁等）、益生素（如乳酸杆菌、双歧杆菌、枯草杆菌等）以及甲醛液（甲醛可以与饲料中蛋白质结合，形成不溶解的络合物，能防止瘤胃微生物对蛋白质的分解，起到保护作用，避免养分的损失）等，能获得明显的肥育效果和经济效益。奶牛的 TMR 日粮技术，即将奶牛的粗饲料、精饲料和青贮饲料以及各种添加剂混合在一起，满足奶牛的营养需要。这种技术可以提高饲料利用率，增加产奶量，提高奶中酪蛋白含量。

蛋鸡管理方面，采用体重控制（控制育成期体重，使其符合标准体重，避免早产和过肥）、选留淘汰（及时淘汰低产蛋鸡，提高饲料转化率）、光照管理（制订科学的光照方案，保持光照稳定等）、减少应激、强制换羽（缩短停产时间）、环境控制等措施，对保证蛋鸡生产性能的发挥起到重要作用。

猪的管理方面，采用“全进全出”系统（所有的猪只同时被移出一栋或一间猪舍。随后在新的猪只进入前，猪舍被彻底清扫、消毒。即使有一头猪留在猪舍中，其疾病也将留在猪舍中。于是，疾病就将循环往复地继续存在下去）、隔离早期断奶、分性别和阶段饲养等技术，提高了仔猪成活率和育肥猪的增重率。

牛羊的划区轮牧、围栏放牧等技术的运用，避免了草场的破坏，提高了牛羊的成活率和出栏率。划区轮牧就是按照不同季节把草山、草场划分成若干小区，间隔一定时间轮流放牧，让草山、草场有休养生息的时间和空间，这种方式可减少牧草的浪费，节约牧场面积30%～60%，提高牧草产量20%～30%，有利于疾病控制，生态效益明显；围栏放牧就是将家畜圈在牧场内或将某些家畜分群，防止家畜对农田、新建草场、使用除草剂的草地或供以后放牧的“储备”草地以及林木等破坏，这样有利于草地的合理利用，提高放牧的效率。

易地育肥（一种高度专业化的肉牛育肥生产制度，是在自然和经济条件不同的地区分别进行犊牛的生产、培育和架子牛的专业化育肥）技术的推广应用，对于搞活牧区和农区、山区和平原的养牛业和经济发展具有重要意义。在我国的草原牧区和很多山区，饲养牛的头数较多，冬季一般气候比较冷，草场过度放牧，多年来这些地区养牛往往是秋肥、冬瘦、春乏，甚至死亡，一头牛养4～5年才能出栏，经济效益很低。采用易地育肥就可利用该地区秋肥的优势，在进入枯草季节前，将其转移到农区，此时正值粮食、秸秆收获季节，采用秸秆加精料进行强度育肥，然后出售、屠宰或出口创汇。这种易地育肥技术从地理位置和温差上大大降低了牛只的能量消耗，缓解了草原牧区、半牧区牛多圈舍少、草原过度放牧的矛盾，从而走出秋肥、冬瘦、春乏的恶性循环，加快牛群周转，提高经济效益。同时也发挥了农区气候温暖、草料丰富、管理精细的优势。

按照动物生物学特性要求，制订出各种动物饲养管理程序或规程，使管理制度化、规范化、精细化，保证了畜禽健康和生产潜力的充分发挥。

## 5.20 抵御疾病

疾病伴随着动物，不论是化学的、物理的、生物的还是自身生理和遗传的原因，轻则危害健康，重则导致死亡。对于生产动物来说，疾病一旦发生，生产性能必受影响，特别是生物性疾病，即由微生物、寄生虫引起的传染病和寄生虫病。

自然状态下，动物患病主要靠动物的免疫系统进行抵御，但也会寻找天然药物和防治方法。如小鼠吃到有毒的食物时会找一种黏土吃，以吸附毒素；黑猩猩或一些类人猿会将毛茸茸的树叶吞进肚内以清除肠道中的寄生虫；干旱地区的野生有蹄类动物常到盐池饮水，因为采食的草类含钾高，这样可以保持离子平衡；动物常有在泥水或地面上打滚的习惯，这样可以清除体表的寄生虫；即使再凶猛的肉食鱼类也不伤害为其清除体表污物和寄生虫的鱼类（目前记录的清扫鱼类已有 50 种以上）；狗和猫有时也不食肉，会找草类食物，或许是为了清除体内的寄生虫和毒素；哺乳动物出现外伤后会“流血”和“舌舔”，这也是治疗方法。出血不仅可以清理创口，而且能够激活免疫系统。而“舌舔”是对外部伤口的消毒（唾液中含有大量杀菌和溶菌的物质，可能还含有对自身无害和对别种生物有害的细菌。如人类常用唾液涂抹被蚊虫叮咬处，也不无道理）。

规模化、集约化生产条件下，家养动物天性和行为受到限制，不可能找到天然药物和防治方法。高度的密集饲养，严重影响到动物抵抗力，也增加了生物性疾病（疫病或传染病）传播发生的机会，所以，疾病尤其是传染病成为影响家养动物健康和生产效益的最重要因素。传染病一旦发生，损失在所难免。因此，预防和控制传染病成为动物高效生产的保障。

传染病的发生传播，必须具备三个相互连接的基本环节：传染源、传播途径和易感动物。这三个环节只有同时存在并相互联系时，才会造成传染病的发生和蔓延，其中缺少任何一个环节，传染病都不能流行和传播。传染源（传染来源）是指某种传染病的病原体在其中寄居、生长、繁殖，并能排出体外的动物机体。具体来说，传染源就是受感染的动物，包括传染病病鸡和带菌（毒）动物。传播途径是病原体由传染源排出后，经一定的方式再侵入其他易感动物所经的途径。传播方式有直接接触传播（被感染的动物与易感动物直接接触，如交配、啄斗等）、间接接触传播（病原体通过传播媒介使易感动物发生传染，媒介可能是生物，也可能是无生命的物体，如节肢动物、野生动物、人类、受污染的空气、饲料、水、土壤、用具等）。易感动物是指对传染病无抵抗能力（体内没有抵抗某种传染病的特异性抗体）的动物个体。影响动物易感性的因素主要有遗传因素（不同动物或同一动物不同品种、品系对传染病抵抗力存在差别）、外界因素（饲养管理因素包括饲料质量、鸡舍卫生、粪便处理、拥挤、饥饿断水以及隔离检疫等都是与疫病发生有关的重要因素）以及特异免疫状态（接种免疫后产生特异性抗体对某一传染病具有抵抗力，就不易感）。控制疫病最有效方法是切断这三大环节的相互连接链，畜牧业发达国家采取的有效方法是生物安全措施，即采取阻断病原微生物（病毒、细菌、寄生虫、立克次体、霉菌等）进入养殖场和动物机体的一切措施。

随着规模化养殖业发展，畜禽数量增多，饲养密度加大，加之大量从国外引种而不进行安全评估等，使传染病发生出现几大特点：一是传染病的种类多。不仅过去有的现在仍然在发生，而且又出现许多过去没有的传染病。如家禽的传染病多达上百种，常见的也不少于 30 种。我国原有的猪传染病一个也没有消灭，反而年年增加，据资料显示，从 20 世纪 70 年代以来，新增加的猪传染病有 21 种，其中近十年内增加了 7 种。到目前为止，在我国常见的猪传染性疫病有 40 多种，其中频频发生、危害严重的在 20 种以上。二是毒株变异增强。如鸡马立克病和法氏囊病的病毒都出现强毒株、超强毒株，传染性支气管炎出现肠型、生殖道型、腺胃型等变异株，新城疫病毒已出现了 8 种血清型等。猪的链球菌毒株变异、猪瘟病毒的血清型改变等。三是多病原混合感染。当前畜禽疾病主要是由于多种致病因子的协同作用而造成的发病，它们导致的复合性疫病危害极为严重且难控制。其中，病原体的混合感染既有细菌和细菌，也有病毒与病毒和细菌与病毒，往往是几种病原体，既有原发性也有并发性和继发性，更由于急性感染激发了一些潜在的条件性、环境性病原体的发病，而一些免疫抑制性疫病更使病情加重。另外，饲养方式、环境条件、饲料营养以及寄生虫病等一些致病因子，都成为当前畜禽疾病发生的相关因素，这种多种致病因子引发的疾病，确诊难度大，防治效果差，造成损失严重。四是呼吸道病综合征（PRDC）危害严重。由于环境的恶化导致呼吸道黏膜的损伤以及以侵犯呼吸道为主的病原的侵袭，使呼吸道发生多种严重病变，等等，加剧了疫病对养殖业的危害程度，直接影响畜禽生产性能的发挥、产品质量和生产效益。

疫病控制是一个系统工程，必须树立“预防为主”“防重于治”“养防并重”的疾病防制原则，从设施、设备、技术和管理等多方面着手，控制疾病，特别是疫病的发生。

隔离是阻断病原进入养殖场和动物体内的最重要手段。养殖场地要建在地势高燥，开阔平坦，排水方便、水质良好，远离污染源，周围要有围墙（围墙是实墙，高度为2.5米以上），只留一个大门（设置有消毒池和消毒室）供饲养管理人员进出；场区规划布局合理，设置有两条道路，即清洁道和污染道，互相不交叉。不同区域要有明确界线，不能互串；引种要检疫，确认无病后混群饲养；设备用具、人员、饲料等进入要消毒；做好防鸟、防鼠、防蚊蝇等，因为它们常是病源的携带者和传播者。

消毒是减少病原微生物的重要方法。消毒是利用物理的、化学的、生物的方法杀灭病原微生物的方法。加强通风换气、阳光或紫外线照射（注：有的消毒室内安装紫外线，人消毒时不能看灯光，否则容易发生光照性眼炎，出现流泪、羞光、灼痛等症状）、铲除舍内污物等，减少或杀灭舍内或物体上病原微生物数量是物理消毒法；在养殖场大门口、生产区和畜舍入口等的消毒池内放置氢氧化钠、二氧化氯等消毒剂，供出入人员脚踩，在洗手盆内放置消毒液供饲养人员工作前洗手消毒，定期使用高效、无毒的消毒药液，在有畜禽的情况下对畜禽舍喷雾或喷洒以及使用消毒液浸泡用具和熏蒸畜禽舍等都是化学消毒法；粪便的堆积发酵可以杀灭里面的病原微生物和寄生虫卵，为生物消毒法。制定消毒制度，严格消毒管理可以减少传染病的发生。

卫生管理是预防疫病的重要措施。如受污染的饲料和饮水是引发多种疫病的原因，如鱼粉和骨粉中常含有沙门杆菌和大肠杆菌，饲料霉变、酸败，饮水中含有大肠杆菌和有毒有害物质等，必须十分重视饲料和饮水卫生；养殖场和畜禽舍要保持清洁；采用“全进全出”的饲养制度，彻底清理消毒出售、转群或淘汰后的畜禽舍等；加强粪便、污水和病死畜禽的无害化处理；注意定期灭鼠和杀虫等。

增强动物抗病力是预防疾病的根本。保持适宜的环境，如舍内空气要新鲜，避免氨气、硫化氢、二氧化碳、一氧化碳等有害气体超标和微粒、微生物含量过高。注意夏季降温和冬季保暖等，可以维护机体黏膜系统完整，减少病原侵入机体；加强饲养管理，保持营养全面平衡供给，减少环境应激，提高机体适应力和抵抗力；发生应激前后两天，可以在饲料或饮水中添加维生素 C、维生素 E、速溶多维等抗应激剂，可以提高机体抵抗能力；加强免疫接种，可以增强特异性抗病力。如我们给鸡注射新城疫疫苗后，可以减少鸡新城疫的发生。但免疫接种是一个复杂的生物学过程，能否成功受多种因素的影响，如疫苗的种类、疫苗的质量、免疫的时间、免疫的方法，等等，必须根据不同对象和实际情况，制定科学的免疫程序，并合理地免疫接种。同时，要充分认识到免疫接种也不是万能的，也有很大的局限性，只能作为防治疫病的一个手段。

药物防治有利有弊。根据养殖场的发病情况和疫病的流行特点，制定一个投药程序，有计划地在一定日龄或在气候转变时期对畜禽群投药，可以做到预防在先，防止或减少发病。为了有针对性地用药和避免抗药性的产生，应做药敏试验，选用敏感药物，并常变换给药的种类。但要注意不能滥用药物、不能使用违禁药物，要严格遵守休药期。

## 5.21 抗生素是一把“双刃剑”

1992 年，美国科学家在肉鸡饲料中发现“超级细菌”，这种肠球菌对目前所有的抗生素都具有耐药性。为什么会出现“超级细菌”？这是动物长期使用抗生素的结果。

抗生素是细菌、霉菌或其他微生物的代谢产物或人工合成的类似物，通俗地讲，抗生素就是用于治疗各种细菌感染或抑制致病微生物感染的药物。20 世纪中叶，抗生素等的发现以及化学抗菌物质合成的成功，首先在人类投入使用，随后被广泛用作饲料添加剂，在动物保健和畜牧生产中发挥了重要作用。目前，畜牧业成为抗生素应用大户，据媒体报道，我国抗生素一半用于临床，一半用于畜牧养殖业。专家推算，中国每年生产的大约 21 万吨抗生素中有 9.7 万吨用于畜牧养殖业，占年总产量的 46.1% 。

但抗生素也是一把“双刃剑”，由于大量使用饲用抗生素，已经危害动物、生态环境及人们的健康，同时也直接影响到畜禽产品的安全性和国内外市场的销售。

动物长期使用抗生素添加剂，可以造成动物体内菌群失调，微生态平衡被破坏，导致消化吸收障碍以致引起内源性感染，使耐药菌株出现得越来越多。饲料中长期添加抗生素，对肠道菌群造成新的选择压力，只有对抗生素产生抗性的突变菌株才能在这个新环境中生存下来，不断筛选，耐药性不断增强。细菌突变一般只能造成一种细菌的抗药性，导致抗药基因广泛传播的是细菌之间遗传物质的交换。正是由于细菌之间存在着活跃的遗传物质交换，遗传突变产生的耐药基因可以从一种肠道菌转移到另一种肠道菌，导致抗菌基因的大面积扩散，耐药菌株的不断增加。近几年来，抗生素耐药性的问题日趋严重和复杂，如青霉素钾、头孢菌素类等大量使用会诱发体内产生 β 内酰胺酶，使青霉素内酰胺结构破坏而失去活性，导致青霉素、头孢菌素耐药性增高。如青霉素从 1939 年开始批量生产，到 1943 年就产生了耐药性菌株。在 1967 年、1976 年、1983 年又有新型青霉素的耐药菌株出现；在国内，磺胺类、四环素类、青霉素、氯霉素、卡那霉素、庆大霉素等药物在畜禽中已大量产生抗药性，临床治疗效果越来越差，使用剂量也大幅度增加，特别是母畜使用后可造成仔畜生下来就具有抗药性。不少耐药菌不仅能耐受一种或少数几种抗生素，而且能够耐受多种抗生素，甚至有发展到耐药谱越来越广的趋势。20 世纪 80 年代，人工合成的抗生素喹诺酮类在饲料中大范围使用，人们从动物肠道中分离出抗喹诺酮的耐药细菌。1992 年美国科学家在肉鸡饲料中发现“超级细菌”，这种肠球菌对目前所有的抗生素具有耐药性；如鸡白痢沙门菌，在抗菌药物的选择性压力下，耐药率大幅上升，多重耐药菌株越来越多，耐药谱也越来越宽。此外，致病性大肠杆菌、鸡源葡萄球菌等病原的耐药性也呈现出类似的变化规律，对多种抗生素不敏感。赵静等对从北京某猪场分离的 20 株猪源大肠埃希菌所做的对 16 种较新抗生素的药敏试验，结果分离菌株对其中 13 种药物均显示程度不同的耐药性。且多数猪源大肠埃希菌为 5 耐以上多重联合耐药性。

猪链球菌病是由多种不同群链球菌引起的一种人兽共患的传染病，猪常发生败血型和关节型两种类型，本病的发生很普遍，而且日趋严重，发病率和死亡率均较高，给养猪业和动物源性食品安全构成严重威胁。许力干等利用 2004 ~ 2005 年 5 月从广西壮族自治区内 18 个县市不同猪场临床分离的 32 株链球菌，采用药敏纸片扩散法对 12 种常用抗生素进行了耐药状况研究，结果表明：广西壮族自治区内猪链菌分离株耐药性非常普遍，而且耐药谱广，分离株对 3 种以上抗生素都具有耐药性，其中有 3 株对试验的 12 种抗生素都具有耐药性，表现为多重耐药性。

同时，动物产品中的抗生素的残留也会危害人类健康。1997 年韩国对 45 000 个样品（牛肉 10 000 个、猪肉 23 000 个、禽肉 12 000 个）中 5 种抗生素（青霉素类、四环素类等）、6 种磺胺和 6 种杀虫剂的残留检测结果表明，四环素、磺胺和氨基糖苷类的超标残留率平均为 6%。同年我国也报道，鸡肝脾脏、鸡蛋清和蛋黄中四环素类抗生素残留量分别达 4.66 毫克/千克、7.5 毫克/千克和 6.5 毫克/千克，检出率分别为 33.9%、60% 与 60%。一般来说，抗生素的残留对人类健康的危害并不一定都表现为急性毒性作用，人体经常摄入低剂量的抗生素残留物，经过一定时间后，会逐渐在体内蓄积而导致各种器官发生病变，甚至癌变。某些过敏体质个体对有些药物的敏感性比一般个体高，即使接触很少的残留药物也会引起变态反应，如经常饮用含低剂量抗生素的牛乳，会使人由于反复受到抗生素的刺激而被致敏，已被致敏的人再次接触（用药或食用含有抗生素残留的食品）同种抗生素，将发生过敏反应。从未使用过抗生素的初生婴儿如果由于食用含有青霉素残留的牛奶而被致敏，当其得病时虽初次使用青霉素也将产生过敏反应，严重者可导致死亡。抗生素残留还可以引起人的变态反应、过敏反应、致癌、致畸、致突变以及免疫抑制等。

抗生素的残留也是导致人的耐药菌株增加的主要原因之一。1957 年，日本最早报道了病原菌的抗药性现象，发现某些引起疾病的宋内志贺菌具有 1 种以上的抗药性，到 1964 年，40% 的流行株有四重或多重抗药性。1972 年，墨西哥有

1 万多人被抗氯霉素的伤寒杆菌感染，导致 1 400 多人死亡。美国也报道过具有六重抗药性的鼠伤寒杆菌引起的食物中毒，1992 年，美国就有 13 300 名患者死于抗生素耐药性细菌感染；我国台湾有66% ~83% 的肺炎链球菌对青霉素产生抗药性和 83% ~95% 的肺炎链球菌对红霉素产生抗药性；1994 年，英国媒体报道，在患者样品中发现有可以抵抗现有全部抗生素的细菌存在。迄今已经发现至少 3 种能够导致严重威胁生命的细菌，即粪肠球菌、肺炎分枝杆菌和绿脓假单胞菌，可以耐受 100 多种抗生素；英国伦敦皇家医学院科学家迈克尔·米勒的研究小组检查了 539 名 7 ~8 岁的小孩的粪便，结果发现其中带有不少抗药菌，这些菌能抵抗一些小孩从未服用过的抗生素。所以，带有这些耐药性菌株的人体一旦出现发病，在临床上可能会出现无药可用的情况。据 WHO 引用美国的统计资料表明，每年仅由于感染空肠弯曲菌、产气荚膜梭状芽孢杆菌、$O_{157}$和 $H_7$ 型大肠杆菌、单核细胞增多性李斯特菌、沙门菌、金黄色葡萄球菌等，就造成美国 330 万 ~1 230 万人患病和约3 900人死亡，因此每年的经济损失为 65 亿 ~349 亿美元。1997 年美国明尼苏达州发生的弯曲杆菌病流行之所以能够引起人们的惊慌，一个原因是美国每年感染这种疾病的人数约有 400 万，其中 200 ~800 人死亡；另外，弯曲杆菌还跟一种神经严重损伤的急性感染性多神经炎综合征有关，有研究表明每年因弯曲杆菌造成的此类病例约有 5 000 例。引起人们恐慌的另一个重要原因是，弯曲杆菌对氟喹诺酮类抗菌药有严重耐药性，而这种抗生素非常广泛地被应用于人类来治疗弯曲杆菌引起的疾病。

目前，滥用抗生素的危害越来越明显，各国也陆续出台饲料中禁用抗生素的法规。欧盟从 2006 年、日本从 2008 年开始禁止所有抗生素在饲料中的使用，我国农业部目前允许在饲料中使用的抗生素药物添加剂有 24 种。

另外，药物在养殖业中使用比较普遍，对于预防和治疗疾病，促进生长起到一定作用。“是药三分毒”，不按规定剂量、范围、配伍和停药期使用兽药，过多过滥地使用兽药，导致药物残留，残留于畜禽体内的兽药（主要是抗生素、激素、驱虫药等）便会被人体摄入，对人体产生危害。如激素类药物会扰乱人体正常的分泌活动、并且具有一定的致癌性，在人类表现为儿童早熟、肥胖儿、儿童异性化倾向、肿瘤等；硝基呋喃类、硝基咪唑类、喹噁啉类药物、砷制剂等具有

“三致作用”。人们长期食用含有药物的动物性产品，对自身的危害可想而知。

## 5.22 “瘦肉精”和“毒奶粉”事件

2001年，广东省河源市484人食物中毒，经查证为“瘦肉精”中毒，广东顺德“瘦肉精”猪肉使630人中毒住院。2006年上海的“瘦肉精”事件，造成300多人有中毒症状，其原因就是人食用了添加“瘦肉精”的猪产品加工的饺子。2008年，浙江嘉兴中茂塑胶实业有限公司70名员工在午饭后开始出现手脚发麻、心率加快、呕吐等症状，医院确认为“瘦肉精”中毒。2009年，广州市出现“瘦肉精”恶性中毒事件，共67人发病。“瘦肉精”是什么呢？

“瘦肉精”是盐酸莱克多巴胺、盐酸克仑特罗等的统称，该药物既不是兽药，也不是饲料添加剂，而是肾上腺类神经兴奋剂，具有平喘作用。将“瘦肉精”添加于饲料中，可以增加动物的瘦肉量、减少饲料使用、使肉品提早上市、降低成本。曾经作为新成果推广应用，但使用后发现其毒性和副作用极强。它可以在动物体内残留，特别是动物内脏残留量更高，人食入过量可引起中毒，长期使用有可能导致染色体畸变，诱发恶性肿瘤。目前，我国已经禁止在畜牧业中应用。河南省农科院张改平院士已经发明了快速检测“瘦肉精”的试剂盒，可以在很短的时间内检测出动物产品中的残留。

2009年3~8月，陕西、甘肃、宁夏、河南、山东、湖南、湖北、江苏、安徽、江西等省（区）出现“肾结石宝宝”，其中甘肃省已报告59例，并有2人死亡。这些肾结石宝宝都是用三鹿奶粉喂养。事情经媒体披露后，卫生部着手紧急追查，9月11日晚间，三鹿乳业集团发布声明称，三鹿婴幼儿奶粉受到三聚氰胺的污染，市场上大约有700吨，将全部召回。继三鹿“毒奶粉”之后，中华人民共和国质检总局对全国所有的婴幼儿奶粉生产企业进行了以三聚氰胺为重点的专项检查，截至9月17日，共检出22家奶粉厂家69批次产品含有三聚氰胺，中国的奶业遭遇最深刻的行业重创以及最严重的信任危机。“毒奶粉事件”一出，“罪魁祸首”三聚氰胺几乎成为“毒”的代名词，三聚氰胺到底为何物？为何被加入到奶粉中？它对人体有哪些危害？

三聚氰胺（蜜胺，有的也称“蛋白精”）是一种重要的氮杂环有机化工原料，白色结晶粉末，无味。以三聚氰胺废料、羟甲基羧基氮等为原料的一类假蛋白饲料，统称为“蛋白精”。“蛋白精”主要为含氮杂环化合物，属于非蛋白质含氮化合物，主要用于工业生产。“蛋白精”在饲料中不能被动物所吸收，它们降低了饲料中真蛋白质的含量，影响了动物生产性能，甚至可能对动物产生危害，成为现今饲料业持续健康发展和动物产品安全防范的重点。农业部在《饲料添加剂品种目录》（农业部公告658号）中公布了尿素、碳酸氢铵、硫酸铵、液氨、磷酸二氢铵、缩二脲、异丁叉二脲、磷酸脲等9种非蛋白氮饲料添加剂，并仅限在反刍动物饲料中使用。三聚氰胺、羟甲基羧基氮等一类添加物未获农业部批准，不允许在任何饲料中添加使用。“蛋白精”最大特点是含氮量很高，其含氮量可达66%，折合成粗蛋白含量可达400%，在饲料中掺入少量就可以迅速提高其“蛋白含量”，极大地降低了饲料成本，在牛奶中添加可以提高牛奶的氮含量，增加其黏稠度，加之多为白色粉末，易被染色，很容易混入原料中而不被发现。所以，一些不法商贩和企业会将其加入饲料或牛奶中。如饲料或奶中加入三聚氰胺，人们食用会造成生殖、泌尿系统的损害，膀胱、肾部结石，并可进一步诱发膀胱癌。

丰富的动物资源为我们进行动物生产奠定了基础，现代科学技术的应用极大地促进了动物生产的发展。但我们不能不感到，动物生产过程中存在的许多问题时刻在困扰着人们，如动物健康、产品质量（药物、添加物、有毒有害物质等残留、产品污染）、人畜共患病（非典、禽流感、链球菌病等）等。虽然科学技术的发展和应用解决了许多问题，但科学技术也不是万能的。现代集约化畜牧业生产中，大量的科学技术在应用，大量的现代设备被采用，但困扰人们的问题仍然没有解决。所以，动物生产中不仅要重视科学技术的应用，而且要树立“动物为我、我为动物”的观念。不能将动物只是看作生产的机器，而要将动物看作是一个个鲜活的生命，关注动物的情感，关注动物的感受，在产前、产中和产后多为动物考虑和着想，使生产方式、生产体系、生产条件、生产技术等更符合动物的要求，这样许多问题可能就迎刃而解了。

# 6 动物是人类的朋友

动物的灵性、情感、智慧、美德，无一不在彰显着生命的奇迹、心灵美好的愿望和灵性的神奇。无可否认，人类是地球上最具智慧和潜能的生命。但人类也是动物大家庭的一员，与其他动物同处在一棵进化树上。正是有了千千万万有尊严的生命的恩赐，才使得我们在地球上生存繁衍，生生不息。我们应该明白：人类只是地球上的一个物种而已，并没有傲视其他物种的特权。动物们既然能够生存，就一定有其生存下去的理由。英雄甘地曾经说过："对我而言，羔羊的生命与人类的生命一样的尊贵。"每一个生命都是有尊严的，有权拒绝一切外来的伤害。随着人类社会文明的进步，我们应当扩大关怀的范围，设身处地考虑动物的处境，善待动物，尊重生命，尽量减少动物不必要的痛苦。

## 6.1 应该多为动物想想

新华网上海2013年3月9日电　上海黄浦江松江段江面出现大量漂浮死猪。据上海市农委提供的信息，截至9日16时，共打捞死猪900多头，并进行无害化处理。9日下午，上海市政府召集有关部门召开现场会议，要求采取有效措施，迅速处置漂浮死猪。目前，漂浮死猪尚未对当地饮用水的取水安全造成大的影响。上海有关部门通报，截至3月18日下午3时，上海市累计打捞死猪9795头，当天全市相关区域内共打捞起漂浮死猪335头，较昨日下降32.3%，打捞量已连续四天持续下降。打捞的死猪全部运至上海市动物无害化处理中心焚烧处理。

上海黄浦江死猪漂浮事件成为关注的焦点，各路记者马不停蹄地捕捉最新消息，发表最新新闻，死猪的来源成为人们的讨论话题。通过死猪耳标追溯，许多来自浙江省嘉兴市。3 月 18 日中央电视台“晚间新闻”报道，记者深入浙江省嘉兴市新丰镇竹林村调查。在 3 月 6 日之前，除了当地人，恐怕没有多少人知道浙江省嘉兴市新丰镇竹林村。3 月 6 日，《嘉兴日报》在一篇报道中提到，今年前两个月竹林村有 1.8 万头猪病死（这一数据后来被竹林村村干部否认），使竹林村一夜“出名”，多批记者到竹林村采访。

中央台记者报道，竹林村是嘉兴的第一养猪大村，1 300 多户人家就有近 900 家养猪，今年猪饲养量达到 14.7 万头。竹林村有土地 8 000 亩，平均每亩土地承载的猪达到 18.4 头，超过现有条件下可以容纳猪头数的很多倍，结果是养猪过程中产生的一些废弃物不能有效地消纳，环境污染严重，病死猪的比例过高，为降低成本，随手扔在周边的湖泊、河流、沟渠或空地等。

动物生产过程中不仅给人类带来了大量的产品，也会产生大量的副产品，如粪便、尿液、污水、病死畜禽、种蛋孵化后剩余的死胚蛋、蛋壳以及释放的臭气等废弃物。如养殖场中检测出的有害气体有近 200 种。奶牛、猪、鸡饲料中的 70% 左右的含氮物质被排泄出来。大量的畜禽粪便如果不及时处理，在高温下，发酵和分解产生的氨气和硫化氢等臭味气体，排放到大气中，将会使臭味成倍增加。同时产生的甲基硫醇、二甲基二硫醚、甲硫醚、二甲胺及多种低级脂肪酸等有毒有害气体，污染空气，造成空气中含氧量相对下降，使动物及人的免疫力下降，呼吸道疾病频发，影响畜禽产品质量；粪便和冲洗粪便的废水中含有氮、磷及粪渣等有害物质，可以通过地表径流污染地表水，也可以通过土壤渗入地下污染地下水。水中过多的氮、磷会使水体富营养化，引起藻类疯长，争夺阳光、空气和氧气，最终将使水体变黑发臭，导致鱼类及水生生物死亡，并影响沿岸的生态环境。畜禽粪便过量施用，残留土壤中的氮、磷等物质渗入地下水，将导致地下水中二氧化氮、氮、硝酸根离子浓度升高，人若长期或大量饮用，可能诱发癌症等疾病。

如果认真思考，会发现造成污染的罪魁祸首不是动物本身，而是我们人类自己。人们为了追求经济效益，不考虑土地所能承受的限度，盲目增加饲养数量，高度密集饲养，废弃物处理方法或措施不到位，结果是饲养条件差，环境污染严重，动物抵抗能力降低，疾病危害严重，死亡数量多。

动物虽然是人类获得经济效益的工具，但它们是活的生物体，有自己的天性、生存要求和福利期盼。如果我们能从动物的角度多为动物想一想，不是一味地去追求经济效益的最大化，而是根据动物的需求采取有效措施。如欧盟各成员国在 20 世纪 90 年代就通过了新的环境法，规定了每公顷动物单位（载畜量）标准、畜禽粪便废水用于农用的限量标准和动物福利（圈养家畜和家禽密度标准），鼓励进行散养，限制养殖规模的扩大。凡是遵守欧盟规定的牧民和养殖户都可获得养殖补贴。如果根据农场的耕作面积安装粪便处理设备，通过减少载畜量、选择适当的作物品种、减少无机肥料的使用、合理施肥等，为动物提供最为适宜的生存环境、生产环境，保证动物的福利要求，使动物健康快乐地生活和生产，那可能也就没有了污染，也不会出现上海黄浦江死猪漂浮的事件了！

## 6.2 难道全是动物的错？

自 2001 年以来，世界卫生组织（WHO）已确认 1 100 多起具有全球影响的传染病事件，其中超过 70% 是人畜共患病（注：是指在脊椎动物和人之间自然传播的疾病和感染。它可由病毒、细菌、衣原体、立克次体、支原体、螺旋体、真菌、原虫和蠕虫等病原体引起）。而近 30 年来新发现的传染病达 40 多种，其中大部分为起源于动物的新病原，同时一些古老的或已基本控制的人畜共患病又死灰复燃。

动物源性传染病，如鼠疫、森林脑炎、蜱传回归热、钩端螺旋体病、恙虫病、乙型脑炎、炭疽、狂犬病、莱姆病、布鲁菌病以及禽流感、猪链球菌病、口蹄疫等，经常存在于某地区，由于该地区具有该病的动物传染源、传播媒介及病原体在动物间传播的自然条件，这类疾病的病原体能在自然界动物中生存繁殖，在一定条件下可传播给人。有报道显示，在 1 709 种已知对人致病的感染病原中，有 832 种（49%）来源于动物，其中包括病毒、朊粒、细菌、真菌、原虫和蠕虫。这些病原中的 156 种所引起的疾病具有突发性。突发事件中 73% 的病原来源于动物。首先令世人震惊的是 1967 在年欧洲发生的马尔堡病毒出血热。马尔堡病毒暴发的疫源动物是一群从乌干达出口到联邦德国和南斯拉夫用于制备疫苗的几百只非洲绿猴，这些动物中至少有13只在到达联邦德国时感染了疾病并全部死亡，在联邦德国和南斯拉夫两地实验室工作的有关人员共31人发病，死亡7人。一般认为猴子是马尔堡病毒的宿主，但在乌干达的野生猴子中并未发现相应抗体，以后的年代里，非洲仍有马尔堡病毒感染的病例出现。甚至在1999年，在刚果民主共和国仍有局部暴发流行，马尔堡病毒出血热的总病死率达54.5%。埃博拉病毒与马尔堡病毒同为丝状病毒科成员，为高度致死性、高度传染性的烈性传染病。1976年首次在非洲扎伊尔北部的埃博拉河附近暴发埃博拉出血热，并从埃博拉地区分离出病原，故名为埃博拉病毒，同年也在苏丹发病。根据回顾调查1972年即在扎伊尔有1例患者发病。1976年扎伊尔发病318例，死亡280例，病死率为88%。在苏丹发病264例，死亡152例，病死率为50%。由于发病迅速、传染力强，在没有严密的个人防护措施的情况下造成医院内感染，患者数量急速上升。在这之后，埃博拉病毒就销声匿迹了。但从1994年后，埃博拉出血热再次打破沉静，开始活跃，在扎伊尔、加蓬、苏丹、科特迪瓦、乌干达、刚果等国暴发流行。其中1994年加蓬发病44例，死亡32例；1995年扎伊尔发病315例，死亡244例。近年，在刚果仍有相当的病例，死亡率在90%以上。此外，其他国家也发现带毒动物，1989年~1996年，美国、意大利等都从菲律宾进口的猴子中检出埃博拉病毒。

自20世纪90年代以来，尚有来源于鼠类的Gunarito病毒引起的委内瑞拉出血热（1991），SinNomber病毒引起的在美国发生的汉坦病毒呼吸综合征（1993），Sibia病毒引起的巴西出血热（1994）；在澳大利亚，由Hendra病毒引起的病毒脑炎（1995）；在阿根廷由Ardes病毒引起的出血热（1996）；在美国由西尼罗病毒引起的西尼罗热（1998）；在马来西亚、新加坡由尼帕病毒引起的脑炎（1999）等。在20世纪细菌病因的传染病中，最为震惊的是1994年在印度苏特拉市发生的肺鼠疫暴发流行。在短短的10多天内，先后有1 000多人住院，50人死亡，200万人口的城市有60万人逃离家园，社会秩序大乱。由于是经空气传播的肺鼠疫大面积流行，引起全球极大恐慌。在21世纪初，一种前所未有的新的传染病在中国大陆传播与流行，它就是2002年11月开始的，在2003年上半年达到流行高峰的传染性非典型肺炎（非典），即严重急性呼吸系统综合征（简称 SARS）。SARS 冠状病毒以果子狸为宿主。果子狸是野生动物，但其栖息地常离人居区不远。同时，也对野生蝙蝠做了广泛调查，香港大学在当地的鲁氏菊头蝠身上发现一种非常像果子狸非典病毒的冠状病毒，并将其命名为“蝙蝠非典病毒”。因此，野生蝙蝠可能是非典病毒的源头宿主，果子狸可能是将病毒从野外传染到人类身上的中间宿主。在半年多的时间内，SARS 波及世界上 28 个国家和地区，发病 8 422 例，90% 发生在中国。病死率在流行的不同阶段并不一致，随着防治经验的积累，病死率有所降低，一般为 11% 。

1985 年在苏格兰首次发现疯牛病（或称牛海绵状脑病），之后欧美多个国家均发现疯牛病，并出现人类吃食了病牛肉、奶产品后感染人类海绵状脑病的案例。目前疯牛病仍是不治之症，且发病人数不断上升，发病率和死亡率分别以每年 21% 和 23% 的速度增长。疯牛病是由朊病毒引起的亚急性、渐进性、致死性中枢神经系统变性疾病，以神经元空泡化、脑灰质海绵状病变为特征。其潜伏期长，且机体感染后不发热、不产生炎症、无特异性免疫应答，故早期难以发现。中国至今还未发现疯牛病，1990 年中国农业部即禁止从英国进口牛、牛精液、牛胚胎、牛肉及其肉骨粉等，并禁止在动物饲料中使用任何哺乳动物的肉骨粉，阻止和减少朊病毒在动物之间及动物与人之间的传递机会。

1997 年在中国香港发生 18 人感染 H5N1 禽流感病毒（高致病性）以后，相继出现人类发生高致病性禽流感并出现死亡的病例，目前世界上已有上百人死于禽流感。到 2003 年底，亚洲 10 多个国家和地区先后爆发禽流感疫情，导致数千万家禽病死或被扑杀销毁。流感病毒以飞沫为媒介传播，传播迅速，呈流行性或大流行性。人感染后的症状表现为高热、咳嗽、流涕、肌痛等，多数伴有肺炎，严重者心、肾等多脏器衰竭导致死亡。

2005 年中国发生了人类猪链球菌感染。自该年 6 月 24 日发现第一例以来，中国四川资阳市相继发生了由猪链球菌 2 型引起的感染，多数病例发病急，临床表现严重，约 50% 病例发生中毒性休克综合征。截至 2005 年 7 月 31 日，四川省累计报告人感染猪链球菌病 181 例，死亡 34 例，病例分布在 9 个市的 26 个县（市、区），102 乡镇（街道）、170 个村（居委会）。

2006 年 1 ~9 月中国卫生部公布，狂犬病发病数累计 2 254 例。狂犬病是由狂犬病毒引起的急性、直接接触性、病毒性传染病，所有温血动物均易感，其中以犬科动物、猫科动物易感性最高，野生的狐、狼、獾、浣熊、臭鼬、蝙蝠等为其自然宿主和传染来源。人则主要由带毒的犬、猫咬伤所感染，病死率高达 100%，居各类传染病之首。

2006 年 5 月 20 日至 8 月 8 日，在北京同一品牌餐馆的两个店铺，发生了食用未煮透的福寿螺而罹患广州管圆线虫病的事件。本次发病者中未报道有死亡者，但引起广大社会与卫生界人士的极大关注，再次响起了要求加强寄生虫病防治的呼声。

据统计，全球已知道的 300 多种动物传染病和寄生虫病，其中有 100 多种为人畜共患病，如禽流感、口蹄疫、猪链球菌病、疯牛病、旋毛虫病等可直接侵害人体。即使动物所患的非人畜共患病，如猪瘟、鸡新城疫等虽不直接感染人，但其分解的毒素也会引起人的食物中毒。

动物可以携带病毒，可以传播疾病，也可以发生疫病，常常威胁着我们的健康和安全，引起了数不清的人类感染动物源性传染病的事件，但这些难道全是动物的过错吗？

尽管许多疾病和动物有关，但真正的肇事者恰恰是人类自己。传染病如同悬在人类头上的达摩克利斯之剑，随时可能使地球上的“自然之主”遭遇杀身之祸。在被疫病困顿的情况下，人确实显得渺小脆弱。但事实如此，更多的人喜欢动物是源于自私，而不是源于审美。更多的人在对待动物这件事上充分地暴露了人的丑陋，人类将攻击的矛头指向了无助的动物。

如非洲扎伊尔北部的埃博拉河附近埃博拉出血热的流行就与猩猩、猴子等非人类灵长类有关，当地人有喜食大猩猩生肉的不良习惯（埃博拉病毒病常引起猩猩致病和死亡，也是当地大猩猩种群数目急剧减少的原因），如果人们不捕杀猩猩、猴子就可能不会有埃博拉出血热的流行；如 2003 年非典型肺炎的发生，其宿主是果子狸。千百年来果子狸一直生活在荒郊野外，与人类“井水不犯河水”，倒也相安无事。如果人类不侵入果子狸的领地，与果子狸保持距离，SARS 冠状病毒是不会自动传染给人类，是人类的无知和贪婪使许多人越过了雷池，他们一而再再而三地与果子狸“亲密”接触，否则，也不会有非典这一史无前例的灾难。SARS 真正的“元凶”不是果子狸等一些野生动物，而是吃食野生动物的野蛮陋习，宰杀和经营野生动物的不法行径！如果我们不是昧着良心一味追求经济效益，让病死的畜禽流向市场或不进行无害化处理而随处乱扔，也就可以避免许多动物源性传染病传给人类和食物中毒事件的发生。

中国科学院动物研究所所长张知彬认定，疫病的蔓延根源于人类无节制地开发自然，向大自然索取，污染了水、空气，砍伐了大量的树木，打破了人、动物与自然三者之间的平衡关系，人类遭到自然界的惩罚也是必然的。

## 6.3 如何与动物相处

随着社会的发展，人们意识正在转变，回归自然、走进自然，与动物接触的机会越来越多。据统计，在美国每天就有 1 亿人与动物直接接触，有 1/3 的美国人每天与动物打交道。世界各国各地区的情况也大体相似，中国也不例外。人与动物生活在同一个地球上，都是“地球村”的居民，应该如何与动物相处？

四川新闻网转载的新闻《为小鸟下跪》已给予我们很好的启示。文章写道：“一则十分感人的新闻发生在澳大利亚举行的网球公开赛的赛场上，当赛事正在激烈地进行时，一只突然飞进赛场的小鸟，不幸被高速飞来的网球击中，落地而死。击中小鸟的运动员顿时神情沮丧，立即放弃比赛，毫不犹豫地来到小鸟跟前，虔诚地向它下跪。正在球场的观众亲眼目睹此情此景，无不为这位网球运动员的高尚行为感动。”小鸟之死是一个偶发事件，并不是运动员的过错，至少不是有意的加害行为。但是，这名运动员并不原谅自己，竟在众目睽睽之下为死去的小鸟下跪，对自己无意的伤害行为认错、忏悔。

这只小鸟是不幸的，瞬间便失去了宝贵的生命，但同时又是幸运的，得到了万物之灵的人的尊重。于细微处见精神，这件事反映了这样一个事实：为小鸟下跪的运动员爱护自然、热爱鸟类的观念已经深深地牢记在心，并成为个人习以为常的自觉行动。

通过这篇报道我们看出了这个运动员的伟大，看出了其善良品格和博爱的精神，象征荣誉的奖杯又算得了什么！同时，也给人们昭示一个道理：动物和我们人类，既是邻居也是朋友，应该彼此和谐共处，才能保持地球这个“大家庭”的繁荣昌盛。

果子狸这些本来与人类没关系的动物，它们有属于自己的家，它们在懵懂之时被人们捕获，又被当作美食食用，后来又因疑为 SARS 病毒祸首而惨遭杀戮。要么上餐桌，要么上刑场，同是地球上的生物，果子狸的命运却是如此被动和无奈！科学家从 6 只果子狸标本和 1 只貉标本中分别分离到 3 株和 1 株 SARS 病毒，经基因全序列测定，果子狸 SARS 样病毒与人类 SARS 病毒有 99% 的同源性！因此，告别野味，是我们亲近野生动物的善良无私之举，也是我们人类自身的一种痛定思痛、迟到的忏悔。给野生动物生存的空间，从而达到人、动物和自然和睦相处的佳境，是对人这种“万物主宰”的一种考验。

每个动物都有自己的活动领域和生活方式，都有其独特的作用，它们以自然的方式进行新陈代谢，形成环环相扣的食物链，保持着一种动态平衡，所以这个世界才能和谐地运转。如果人为地进行过分的干预，使其食物链断裂、生存空间受到挤占，最后可能得到我们所不愿看到的结局。

胡勘平在《鹿和狼的故事》里写到：“20 世纪初，美国亚利桑那州北部的凯巴伯森林还松杉葱郁，生机勃勃。大约有 4 000 只的鹿在林间出没，凶狠残忍的狼是鹿的大敌。美国总统西奥多 · 罗斯福很想让凯巴伯森林里的鹿得到有效的保护，繁殖得更多一些。他宣布凯巴伯森林为全国狩猎保护区，并决定由政府雇请猎人到那里去消灭狼。……经过 25 年的猎捕，有 6 000 多只狼先后毙命。森林中其他以鹿为捕食对象的野兽（如豹子）也被猎杀了很多。得到特别保护的鹿成了凯巴伯森林中的‘宠儿’。在这个‘自由王国’中，它们自由自在地生长繁育，自由自在地啃食树木，过着没有危险、食物充足的幸福生活。很快，森林中的鹿增多了，总数超过了 10 万只。10 万多只鹿在森林中东啃西啃，灌木丛吃光了就啃食小树，小树吃光后又啃食大树的树皮……一切能被鹿吃的食物都难逃厄运。森林中的绿色植被一天天在减少，大地露出的枯黄一天天在扩大。灾难终于降临到鹿群头上。先是饥饿造成鹿的大量死亡，接着又是疾病流行，无数只鹿消失了踪影。两年之后，鹿群的总量由 10 万只锐减到 4 万只。到 1942 年，整个凯巴伯森林中只剩下不到8 000只病鹿在苟延残喘。”

罗斯福无论如何也想不到，他下令捕杀的恶狼，居然也是森林的保护者！尽管狼吃鹿，它却维护着鹿群的种群稳定。这是因为，狼吃掉一些鹿后，就可以将森林中鹿的总数控制在一个合理的程度，森林也就不会被鹿群糟蹋得面目全非。同时，狼吃掉的多数是病鹿，又有效地控制了疾病对鹿群的威胁。而罗斯福下决心要保护的鹿，一旦数量超过森林可以承载的限度，就会摧毁森林生态系统的稳定，给森林带来巨大的生态灾难。也就是说，过多的鹿会成为毁灭森林的罪魁祸首。

凯巴伯森林中发生的这一系列故事说明，生活在同一地球上的不同生物之间是相互制约、相互联系的。仅仅根据人类自身的片面认识去判定动物的善恶益害，有时会犯严重的错误。森林中既需要鹿也需要狼，人们必须尊重动物乃至整个生物界中的这种相互关系。

人类要改造世界，却不能以破坏生态为代价，我们已经极大地挤占了野生动物的生存空间，还要食其肉剥其皮，满足我们的口腹之欲，这样无尽的索取当然会让我们付出惨痛的代价。如造成物种大量减少、生物链条断裂、生态环境恶化。大自然已忍无可忍，洪水泛滥，沙暴迭起，气温骤升，报复行动逐步升级。艾滋病、非典不都是从动物身上来的吗？走进大自然当然是一种健康的生活方式，但一定要和动物保持一定的距离，不仅仅是为了防止许多不知名的病毒和细菌侵扰人类，更重要的是给野生动物一个良好的、自由的生长繁殖的环境。人和动物不是对立的，动物也不是人类的附属品，想怎样处置就怎样处置，研究、养殖它们可以，但目的是为了让人类生活得更加健康。人们常说：爱它就给它自由，同样，爱护动物就请和动物保持距离。

爱护动物，爱护自然，就是爱护人类自己。这是我们应当得到的教训。只有当爱护动物、爱护自然、爱护生命成为社会共识和人们的自觉行动时，人与动物、人与自然的关系才能得到切实的改善，人类才会有更美好的生存环境。

## 6.4 保护动物就是保护人类自己

过去人类杀害、虐待野生动物是司空见惯的事。从茹毛饮血的原始社会到文明发达的现今时代，野生动物时常成为人类餐桌上的美味。时至今日，即使出现像艾滋病、非典型肺炎这样的沉痛教训，人类也全然没有放下屠刀。

据野生动物保护组织粗略统计，深圳人平均每天要吃掉近 20 吨、多达 30 多个种类的野生动物。广州市每日蛇肉交易量高达 10 吨左右。而在上海每年有近 1 000 吨野蛇、50 多吨野生蛙类和 5 万多只野鸟成为盘中“美餐”。狂吃野味的直接后果，就是造成野生动物的种群锐减。据统计，素有“鸟类王国”之称的海南省，20 年前有 350 种鸟，如今剩下不足 210 种。

合肥网 2012 年 11 月报道，江西省资溪县大量野生动物猕猴被无情猎杀，盗猎者 9 枪杀戮 7 只猕猴，其中有 3 只幼猴。在资溪县惨遭杀戮的动物都属于国家保护的“三有”野生动物。“三有”野生动物是指国家林业局发布的有益、有重要经济价值、有科研价值的陆生野生动物。

以藏羚羊、藏野驴、野牦牛等野生动物为主的藏北羌塘草原，被人们称为“野生动物的乐园”。逐水草而居的藏族牧民和野生动物，在羌塘草原谱写着人与自然和谐共处的美丽的动人乐章。但是，由于藏羚羊绒在西方国家被誉为“软黄金”，藏羚羊成了不法分子盗猎和走私的对象。在 20 世纪 80 年代后期到 90 年代中期，藏羚羊几度遭到了大肆捕杀，一些藏羚羊绒被走私出境，在印度等地加工成披肩，最后在欧美市场上以高价出售。从此，刺耳的枪声不断响起，藏北辽阔的草原上失去了往日的安详和宁静。根据在西藏查获的各类案件和国内外专家调查的结果表明，当时，每年大约有4 000只藏羚羊被武装盗猎团伙捕杀，藏羚羊的数量急剧下降。正义的人士开始行动，一场正义与邪恶之间的较量，在藏北草原上展开了。2002 年 5 月，当尼玛县森林公安民警罗布玉杰一行在羌塘保护区内巡逻时，碰上了一群带有武器的盗猎分子。为了保护可爱的藏羚羊，罗布玉杰在与盗猎团伙激战的过程中，不幸中弹身亡，永远地躺在了羌塘草原上。

如今，不知道有多少动物种类濒危甚至灭绝，自然科学家估计，每天都有数十个物种灭绝，这种进程因人类的活动而大大加快。自然与自然资源保护国际联盟列出了截至1996年的5 205个物种的“红色警告名单”。它们全部面临灭绝的命运。原因很多，包括自然栖息地被毁、引进的物种和人类捕猎带来的破坏。许多物种如大象、犀牛、野虎、大熊猫、鸟类等动物，如果不采取保护措施，它们都将面临恐龙的命运。

据最新统计表明：目前有180种哺乳动物物正处于濒危状态，其中1/4处于极度濒危；182种鸟类也已处于濒危状态，其中1/8濒临灭绝。由于鸟类和哺乳类动物体型大，引人注目，所以它们的濒危状态更容易引起重视，但除此之外，还有相当数量的鱼类、昆虫和植物正在从我们身边悄悄地消失……据联合国环境规划署统计，在仅存的1亿个物种中，鸟类每2年灭绝一种，兽类每一年就消失一种。今后的趋势是，植物将以每小时一种的速度灭绝，动物每天减少一种。如此惊人的速度，人们不禁要问，这仅存的1亿物种在地球上还能生存多久？

近100多年来，由于人口的激增、环境的恶化和人类的乱捕滥猎，野生动物们的生存正面临着各种各样的威胁，地球上的动物种类也正在急剧减少，它们彼此间自然形成的互相依存的食物链也被破坏，动物们一个接一个、一种接一种地消失。物种灭绝的速度已超过了自然灭绝速度的100倍，中国也已经有10多种哺乳类动物灭绝，还有20多种珍稀动物面临灭绝。中国是濒危动物分布大国。据不完全统计，仅列入《濒危野生动植物种国际贸易公约》附录的原产于中国的濒危动物有120多种，列入《国家重点保护野生动物名录》的有257种，列入《中国濒危动物红皮书》的鸟类、两栖爬行类和鱼类有400种，列入各省、自治区、直辖市重点保护野生动物名录的还有成百上千种。更有许多即将离人类而去的珍稀动植物。如大熊猫，野外仅存1 000只左右；白鳍豚，不超过100只；白臂猿，野生存量50～70只；华南虎，仅余50只在动物园中；指猴，1966年见过9只，命运不详。值得提醒的是，中国西藏野骆驼的数量已经少于大熊猫！野生动物的灭绝可能会导致相应的连锁反应，而由此所造成的损失是我们永远也无法挽回的。动物是一种珍贵的自然资源，是人类的共同财富，也是生物链中最重要的一环，它的保护和持续利用关系到全人类的切身利益。当所有动植物都被人为地灭绝时，孤独的人类还能生存吗？当最后一只老虎在林中徒劳地寻找配偶时，当最后一只未留下后代的雄鹰从高空坠向大地时，难道人类还不应该看到自己的结局吗？

那么，为了不再看到野生动物那绝望的眼神，为了人类自身的健康，为了我们这个共同的地球家园，作为世界的主宰力量，人类应该如何保护野生动物？

我们应该认识到人对动物负有直接的义务，而且只有把它上升到法律的高度，才能形成人与动物稳定的良好的互利关系。值得欣慰的是，国际上出台了一系列动物保护条约，许多国家都也出台了动物保护的法律法规。如 1946 年签订《捕鲸公约》的签约国由最初的 15 个发展到现在的 71 个，中国于 1980 年 9 月 24 日加入。条约的签订在一定程度上遏制了捕鲸行为。《南极生物海洋资源保护公约》于 1982 年 4 月 7 日开始生效，现有签约国 33 个，中国于 2006 年加入。公约的目的是保护和合理利用南极海洋生物资源，防止过度捕捞造成生态环境损害，以保护南极辐合带以南的鱼类、软体动物、甲壳类动物和包括鸟类在内的所有其他生物种类。《濒危野生动植物种国际贸易公约》1973 年 3 月 3 日在华盛顿制定并签署，2010 年已拥有 176 个缔约国。另外，还出台了《湿地公约》《波恩公约》《生物多样性公约》等。德国国会通过了一项惊人的决议，要用宪法来保障动物作为生命存在的权利；瑞典在原有动物保护法律的基础上，于 1997 年制定了强制执行的《牲畜权利法》；亚洲地区如新加坡、马来西亚、泰国、日本等国和我国香港、台湾地区都在 20 世纪完成了动物福利立法。

中国野生动物保护的立法工作开始较早，早在 1950 年，就通过行政手段发布了有关动物保护的行政法规。1989 年正式颁布了《中华人民共和国野生动物保护法》，这是我国动物依法保护逐渐完善和成熟的一个重要标志，在 2004 年 8 月 28 日由中华人民共和国第十届全国人民代表大会常务委员会第十一次会议通过《关于修改 <中华人民共和国野生动物保护法> 的决定》。立法的目的是为保护和拯救珍贵、濒危野生动物，保护、发展和合理利用野生动物资源，维护生态平衡。该法规定，野生动物资源属于国家所有，国务院林业、渔业行政主管部门分别主管全国陆生、水生野生动物管理工作。对野生动物实行“加强资源保护、积极驯养繁殖、合理开发利用”的方针，保护野生动物及其生存环境，对珍贵、濒危的野生动物实行重点保护，并在主要生息繁衍的地区和水域，划定自然保护区，同时依法保护开发利用野生动物资源的单位和个人的合法权益。禁止任何单位和个人非法猎捕或者破坏。在自然保护区、禁猎区和禁猎期内，禁止捕猎和其他妨碍野生动物生息繁衍的活动。非法捕杀国家重点保护野生动物或在禁猎区、禁猎期或者使用禁用的工具、方法猎捕野生动物的，依照关于惩治捕杀国家重点保护的珍贵、濒危野生动物犯罪的补充规定，由野生动物行政主管部门没收猎获物和违法所得，处以罚款；情节严重、构成犯罪的，将根据《中华人民共和国刑法》追究刑事责任。围绕国家保护法，从中央到地方，又相继制定了30余个配套的行政法规和规章，比较重要的如《国家重点保护野生动物驯养繁殖许可证管理办法》（1991），《陆生野生动物保护实施条例》（1992），《水生野生动物保护实施条例》（1993），《关于禁止犀牛角和虎骨贸易的通知》（1993）以及《濒危野生动植物进出口管理条例》（2006）等。各省、自治区、直辖市也陆续制定了地方《野生动物保护法实施办法》及地方《保护野生动物名录》。动物福利在我国起步较晚，但有的已经涉及动物福利方面的内容。比如从2003年起实施的《北京市公园条例》规定，凡在公园中惊吓、殴打、伤害动物的，要处以50元以上100元以下罚款，构成犯罪的要依法追究刑事责任。2006年实施的《中华人民共和国畜牧法》中就有不允许使用未经高温处理的餐馆、食堂的泔水喂养家畜等条款。2007年颁布的《生猪屠宰管理条例》，要求生猪的运输、装卸、停留、待宰以及宰杀过程，都应采取合乎动物行为的方式，以尽量减少生猪的紧张和恐惧。但是，中国目前还没有从动物福利角度出发的专门立法，而这方面的权利保护是动物保护立法体系中的重要分支。2009年，我国第一部涵盖动物福利的《中华人民共和国动物保护法》（建议稿）和《反虐待动物法》已经出炉，说明国家开始重视动物福利的问题，愿意并尝试与国际接轨。相信不久的将来，一部既能改善动物福利，又不背离现实的文化传统与生活传统的更契合中国实际、更能启发公众认同的动物福利保护的法律将被人们所接受。

随着动物保护事业的发展，一些动物保护组织也应运而生，也涌现出许多保护动物的感动人物，他们为保护动物做出了卓越的贡献，甚至牺牲了生命，值得人们尊敬和敬佩！

如1987年9月15日夜晚，扎龙自然保护区的工作人员徐秀娟为了寻找一只走失的鹤而牺牲在复堆河中。徐秀娟是我国环境保护战线第一位因公殉职的烈士，她将23岁的青春年华，献给了一生热爱并为之呕心沥血的养鹤事业。为了纪念这位年轻的护鹤天使，江苏盐城和齐齐哈尔市扎龙自然保护区分别修建了纪念馆、纪念碑，宣传徐秀娟的事迹，激发人们热爱大自然、保护野生动物，与自然和谐相处的热情。2008 年 10 月 12 日中央 10 套播出九江市武宁县的一个农民潘际银自发地保护野生动物的故事：在九江希武宁县境内有一位农民，在家养有2 头野猪、2 只国家一级保护动物白颈长尾雉、2 只国家二级保护动物白鹇、1 只省级保护动物鹿、60 多只野鸭和 5 只野鸡……俨然一座“野生动物园”。“动物园园长”潘际银是位标准的野生动物保护迷，见有人捕到野生动物，他就买下来饲养或放生；见有人捡到野鸟蛋，他就要回来孵；有人捕捉青蛙，他紧盯不放，直到把人赶走为止。2012 年 5 月，一批海外华人发起了名为“与狮同行”的非洲野生动物保护与生态自然环境考察骑行之旅，他们骑摩托车从南非开普敦一直到肯尼亚，希望此举能引起公众关注，最终唤起人们对非洲野生动物栖居地的关注与保护。

在雪域高原深处青藏铁路的建设工地，你不仅能听到、见到为了筑起荡荡坦途的许多感人的故事，也能听到筑路工与雪域高原野生动物和睦相处以及保护野生动物的趣事，如野狐狸吃家兔、黑老鸹开会、收养幼猎隼等。

昆仑山夜色苍茫，近在咫尺的雪峰在月光下闪着神秘而静寂的光，只有风在山谷里呼啸而过。正从风火山工地开车返回格尔木驻地的中铁二十局青藏铁路预制厂司机李志浩，全神贯注开车行驶在青藏公路上。当车行至五道梁时，突然，他远远地发现在车前方大约百米内，有 40 多头肥硕健壮的野驴聚集在公路两旁吃草，有几头正在悠然横穿公路。当李师傅将车缓缓停下时，车离野驴只有五六米远，那棕背白肚的毛在灯光的照耀下，泛着柔和的光亮。见车来了，它们一点也不惊慌，吃草的野驴只是抬起头来望了望车，又埋头吃草；两头大一点的野驴正在车前通过公路，紧随其后的一头小野驴紧走几步也跟了过去；另一头小野驴犹豫了一下，又从路中间扭头原路返回路旁。一位同车的同事，第一次这么近见到野驴，看到它们憨厚可爱的样子，他很新奇，欲拉开车门下去走近看看。“别下去，不要惊吓它们，我连喇叭都舍不得摁，怕惊吓它们。”李师傅忙制止了这位同事。当野驴完全走下路基后，他才缓缓启动车继续行走，那位同事似乎有点遗憾，恋恋不舍地回头望着那些野驴。

美国主要有两个大的动物保护机构，一个是动物警察机构（Animal control cops，简称 ACC），属于政府动物保护机构；另一个是 SPCA（The American Society for the Prevention of Cruelty to Animals），属于民间动物保护机构。另外，还有相当多的动物保护机构。美国的动物警察人数众多，而且有相当大的权力，他们可以随时抓捕虐待动物或遗弃动物的人。有这样一件事：有一个人，在停车场上，把一只小狗当玩具甩来甩去，并高高抛起来，直到附近的人看到冲出来制止，他才停止他的暴行。但这只小狗已经严重受伤，从嘴巴到内脏都有问题。美国动物警察把小狗送到治疗中心抢救，然后逮捕了那个人，并到法庭去控告他。这个人还不承认他的罪过，可是停车场的录像把他整个施暴过程都拍下来了。后来，法官当场就给他定了罪：两年徒刑，不得保释！一出法院的门，警察就把手铐给他戴上了！所幸那只小狗度过了危险期，后来被人领养。

动物有生存的权利，人是动物界的一部分，人虽然进化出来了，但不能因此向动物举起屠刀，对动物进行杀戮！动物也是有情感的，面对它们的绝望，人类的确应该好好反省了。想想现在自然环境的恶劣程度，想想各种动物源性传染病的肆虐给人类带来的灾难，想想我们餐桌上产品的安全状况，难道我们不应该深刻反思吗？不应该为自己的行为负责吗？非典型肺炎的出现、各类动物性产品污染事件的出现等，再一次给人类敲响了警钟，善待动物，就是善待人类自己；保护动物，就是保护人类自己。在与动物千百年来的博弈中，人类得出的结论只有一个——必须与动物和谐相处。人类不能再破坏自然环境了，要保护脚下这个地球和地球上的生灵。如果有一天这些动物都回到它们祖先生活的地方，那时将是动物们的节日，那也将是人类的节日……

# 结 语

1981 年 12 月，《动物世界》栏目在中央电视台一套节目黄金时间播出。唯美的、激荡的、惊心动魄的画面：猎豹那矫健优美快如闪电的奔跑、蜂鸟那稍纵即逝的玲珑身影、角马迁徙时威武壮观撼人魂魄的场面、懒猴在热带雨林夜晚眨动的大大的圆眼、长臂猿在树上跳跃的灵动、树懒挂在树枝上数小时不移动直到要大小便的时候才到树下来的懒惰、西班牙山林的金雕、澳大利亚的考拉、非洲和东南亚体肥笨拙的犀牛、蓝色海洋中通晓人意的海豚、远游 30 年仍重归故里的大海龟、澳大利亚近海里伪装巧妙绝顶的澳洲海马，等等，似曾或未曾谋面的奔腾跳跃的自然生灵一下从隐秘的世界都活生生地在我们眼前跳动，就在这方寸之中，就在这荧屏之上；赵忠祥老师那低沉浑厚、别具一格的经典解说：雨季过去，角马、野牛等要迁徙啊，会经过一些浅水，浅水里面会有鳄鱼，过河的时候会有很多动物被袭击等等，都深深地打动了亿万观众，也唤起人们对动物的喜爱。

地球经历了约 42 亿年的演化历史，许多生物种群至少已经历了 10 亿 ~16 亿年才演化成今天物种多样性的格局。地球上的生物估计有 300 万到 3 000 万种，其中动物占了绝大部分。天上飞的、地上跑的，水里游的、草里跳的、舍内养的、笼内关的，千姿百态，瑰丽多彩，《动物世界》所展示的只是动物的“冰山一角”。

人也是动物，是一种哺乳动物，但人类远远高于其他动物，因为人类是有智慧的动物，有文化的积累，有真正的语言、会很好地使用火、有巨大的发明创造力，能够有目的地利用工具来制造工具，可以有目的地利用自然、利用动物，这是其他任何动物都不可企及的。人类在生产斗争和科学实验中，不断地积累实践经验，然后上升到理论，再用其来指导实践，这样就形成了动物科学。远在人类文明出现以前，人类为了满足衣、食、住、行的需要，就已经在不断地认识和利用动物，诸多史前的壁画也证实了这一点，迄今有 2 300 多年历史了，所以说动物科学应该是在自然科学中最早发展的学科之一。

社会的发展、科学技术的进步以及其他交叉学科的发展，极大地促进动物科学的学科发展。一是动物科学的范畴更加广泛，动物的进化起源、动物的多样性状况及形成、动物的外貌特征及机体结构、动物的行为、珍稀濒危动物的保护、动物资源的合理利用、有害动物防控、动物的生理生化、动物的遗传特性和繁育、动物饲料营养、动物的环境控制、动物的福利等，都是动物科学所研究的内容；二是动物生产和保护的水平不断提高，科学发展和技术的应用，使人类对动物的生物学规律认识得更加透彻，为更好地利用动物奠定了基础。如化学科学的发展使人们对动物的生理生化特点、体内各种物质组成、对营养物质需求等研究得更加深入，为动物生产提供了更好的饲料；环境科学发展使人们对动物的环境需求研究得更加透彻，为动物生产提供了适宜的环境条件；遗传育种科学的发展可以通过先进的育种技术极大提高了动物的生产潜力；生物技术的应用更是为动物生产添上腾飞的翅膀，转基因技术、胚胎工程技术、动物克隆技术以及分子生物技术等现代生物技术在动物育种中的应用，极大提高了动物的繁殖效率和后代品质。单细胞蛋白、转基因植物、酶制剂、新型甜味剂、营养与基因表达调控等在动物饲料生产中的应用为开发饲料资源、提高粗饲料营养价值、解决饲料资源不足带来了希望。

动物科学的发展为农业、水产、畜牧和医疗卫生等事业的发展和进步做出了巨大的贡献，在社会、经济中具有重要的作用，处于重要地位。它表现在以下几方面：一是在人类社会生活和生存中的重要地位。动物资源是人类赖以生存的重要条件之一，作为食物、饲料、工业原料、药材、害虫天敌、传粉媒介、观赏和装饰物等，其用途广泛。但资源数量是有限的，如何很好地利用和保护资源，是动物科学所要涉及的内容。二是在物种起源和进化研究中的地位。动物比较解剖学、动物胚胎发育学、古动物学和现代动物遗传学的成就，为物种的形成、器官和结构的产生提供了有力的论据。人类要了解自身的起源也与动物的进化不可分割。这对人类今后如何影响动物和人类自身的进化过程十分重要。三是在生态系统和自然科学研究中的地位。动物是在自然界中适应、生存和演化发展的，它的兴衰可能与宇宙的某些因素对地球的某些影响或与某些植物的变化有关。动物在生态系统中的位置、功能和作用十分重要，人类破坏环境对动物的生存会造成威胁，反过来其所产生的严重后果又影响着人类自身的生存。同时，动物中还有许多难以解释的现象，这给人们提供启迪和无穷的研究课题，如动物对生物电、气味、温度和磁场等感知的灵敏度，也是目前高科技仿生学中将要解决的难题。动物科学与自然科学和社会现象的关系十分密切，对人类未来科技和生活带来不可估量的积极影响，很多学科的研究都离不开动物科学。四是在医药卫生学科研究中的地位。动物药用有着悠久的历史，几乎各类动物都可入药。用动物的培养液和活性物质的提取物做中药，并研究其药效和药理作用，已成为动物学研究的一个重要组成部分。另外，动物生物学的研究给现代医药卫生学的发展和进步提供了不少有益的启示；五是在环境科学和污染治理中的地位。动物中的许多类群已被广泛用作水域污染的重要指示生物。无脊椎动物对污染物都有反应，包括那些用标准化学检测方法也无法监测出的污染物。而脊椎动物对环境污染也有一定的反应，例如通过观察鱼类、两栖类及鸟类受污染毒害的状况可以了解污染的来源和程度，为人类自身健康受到的威胁提出警告。通过对害虫天敌的种类和生物学等的研究，又可为生物防治和减少农药的使用提供依据，从而减轻环境污染。动物科学的独特地位就要求其不仅在宏观上有一个巨大的发展，更要求在微观上将动物遗传、生化、细胞、分子、信息、物理、工程等学科和技术融合在一块，形成最前沿的、最具生命力的、新兴的、有着很好的应用前景的交叉学科，如分子杂交和基因工程学的产生就是动物微观生物学发展进程中的一个巨大飞跃，它将人类带入一个按照自己的需要改造和创建新的生物的时代。

“每时每刻都有动物个体与物种的消亡。无论是温驯的还是残暴的，巨大的还是纤小的；无论是漂亮的天使还是狰狞的丑八怪，许多动物都面临着危机。有些动物物种不是因为别的，而是因为人类活动而遇到生存危机，就更令人担忧。

人类应该为它们担心，为它们分忧，为它们倾注更多的关注与爱心。”这是赵忠祥在《赞美大自然的生灵》中的一段话。灭绝虽然是生物进化中的正常现象，但由于人类活动造成的野生动物灭绝速度已经达到正常灭绝速度的1 000多倍，从而使大量的野生动物过快地消失或濒危：一是人口增加对自然资源需求的不断增大，山林被砍伐，草地被践踏，湖泽被开垦以及土地和水资源利用过度，导致动物生存空间被挤压和生活环境被破坏，影响物种的正常生存。二是滥捕乱猎。由于有市场，许多人为了一己私利甚至不惜以身试法捕杀野生动物，进行交易，导致野生动物的种群数量急剧减少，出现濒危甚至灭绝。三是环境污染。城乡工农业污水、大气污染物等大量排放，特别是酸雨的危害，重金属以及长期滞留的农药残毒的富集，使许多水陆生物及生态系统因环境恶化而濒临灭绝。

人口、资源和环境是当今世界面临的最重要的三大问题。自有人类以来，对动物资源的利用已是人类赖以生存的重要因素之一。随着人口的增长，各种资源都在逐渐减少，环境的恶化使动物赖以生存的空间和栖息地愈来愈少。近百年来，动物的种类和数量急剧减少已成为共识，因而动物资源的保护和持续利用已成为当今动物科学最关心的问题。

家养动物的种类在增加，许多野生动物都逐渐被驯化被饲养，成为家养动物中的一员，为人类服务；家养动物的品种在改善，现代育种技术的应用培育出许许多多优良的、高产的品种，使家养动物的生产潜力得到极大的提高；饲料科学、环境科学以及现代生物技术和疾病防控技术的推广应用，为动物生产提供了充足的营养、高产的环境、狭小的空间等条件，极大地提高动物的生产效率。所有这些，人类都是从自身角度考虑的，如何让动物最大限度地服务人类，却很少顾及动物的感觉、情感——动物的福利问题。

动物福利是指农场中的动物与其环境协调一致的精神和生理完全健康的状态。动物福利所强调的，不是我们不能利用动物，而是应该怎样合理、人道地利用动物，要尽量保证那些为人类做出贡献和牺牲的动物享有最基本的权利。通俗地讲，就是在动物的饲养、运输和屠宰过程中，要尽可能减少其痛苦，不得虐待动物。动物福利包括生理福利（为动物提供充足清洁的饮水和保持健康所需的饲料，让动物无饥渴之忧虑）、环境福利（为动物提供适当的居所，使其能够舒适地生存和睡眠）、卫生福利（为动物做好防疫和诊治，减少动物的伤病之苦）、行为福利（为动物提供足够的空间、适当的设施，保证动物表达天性的自由）、心理福利（减少动物遭受各种恐惧和焦虑的心情，包括宰杀过程）五大方面。由于过分地强调生产的高效，不注重动物的福利，结果动物缺乏活动的空间、天性难以表达、遭受各种恐惧、生活场所污浊、身心处于亚健康状态等，导致动物的行为异常、疾病频发，生产性能下降和产品质量降低等。为了减少疾病发生和提高生产性能，人们滥用药物和添加剂，导致药物、有害有毒物质在产品中残留，最终受害的还是人类自己。

动物除了没有与人类相通的语言外，同样具有感觉、情感等。因此，动物作为一种有感觉的生命存在，其天性需要得到人类的尊重和承认。任何违背自然规律，盲目追求最大利润的做法都是不可取的。随着社会的发展进步、人类文明程度的提高，人对自然资源、环境资源的认识和利用方式也在发生改变。越来越多的人认为，保证动物福利、给予动物平等的生命权是人类社会发展进步的表现，对动物福利的重视同样是与国际社会倡议的自然、环境与人类社会协调发展的目标相一致的。关注动物福利，就是保障人类福利。

动物、植物、人类共同构成了自然社会，并保持着生物链的平衡。人类与动物息息相关，动物资源是自然生态系统中最重要的组成部分，自然生态系统应该在人类的关注、爱护下，变得更符合人类生存发展的需要。我们只有一个地球，也只有一个动物界。保护动物，有序利用动物，实现可持续发展，不仅为我们自己，也为我们的子孙后代造福。

人类发展到今天，使我们认识到道德不仅要调节人和社会的关系，还要调节人和自然界的关系。爱护动物，尽我们所能拯救濒危的动物，科学利用动物，是道德的要求，也是衡量一个国家、一个民族科学文明的尺度。

爱护动物，就是爱护人类自己！

# 参考文献


［1］王金宝．畜禽家族［M］．济南：山东科学技术出版社，2007.

［2］陈新启，扈泓．动物的文化［M］．上海：上海文化出版社，2009.

［3］崔军．动物世界［M］．吉林：延边大学出版社，2012.

［4］赵兴波．动物保护学［M］．北京：中国农业大学出版社，2011.

［5］李辉．中国动物遗传育种研究进展［M］．北京：中国农业科学技术出版社，2005.

［6］刘榜．家畜育种学［M］．北京：中国农业出版社，2008.

［7］张忠诚．家畜繁殖学［M］．北京：中国农业出版社，2010.

［8］李如治．家畜环境卫生学［M］．北京：中国农业出版社，2003.

［9］达姆龙．动物科学概论［M］．张沅，译．北京：中国农业大学出版社，2012.

［10］陈永富．动物科学［M］．杭州：浙江大学出版社，2009.

# 后 记

每当我们仰望浩瀚无垠的苍穹时，便会感到地球在茫茫太空中只不过是沧海一粟。在璀璨的银河系中，虽然有无数个星球，但只有地球是目前人类所知唯一存在生命的天体。在这个郁郁葱葱、充满生机的世界里，不仅孕育出极具智慧和创造能力的人类，同时也孕育出了许多动物和其他生命。

地球已经经历了40多亿年的漫长演化，生命世界里最奇妙的动物，在地球上已经生存了数亿年或更长时间，它们是环境造就的，与环境保持着和谐的关系，在环境中不断发生遗传、变异及进化，最后适应环境。每种动物都有其独特的特性及不同的需求，也有着其不可替代的作用。与动物处在同一个“方舟”上的人们，时时刻刻在开发利用着地球上的各种资源。但由于无节制的、过度的开发利用，导致了生态环境的破坏、生物物种的消失、人畜共患病的猖獗及动物产品的不安全等。所以，作为万物之灵的人类，不应该随心所欲一味地索取，而应该多关注动物、了解动物、善待动物，从而促进人、动物、自然三者之间的平衡，使动物资源更好地为人类服务，减少动物源性传染病的发生，保证动物性食品的安全，维护人类健康。

本卷以家养动物为主、野生动物为辅，选取有关动物的发展和利用等为主要内容，突出相关的知识点和新技术，从现象入手，进而揭示其科学原理。在坚持科学性的前提下，以传播知识为主、传授技术为辅，力求通俗化、趣味化，以点带面，将科学性、知识性、趣味性融为一体，使读者在愉悦的心态下能够了解动物的“家庭成员”、进化及驯化发展、在社会中的作用及形态、消化、繁殖等方面的特性，从而善待动物，科学利用动物，避免乱捕滥杀野生动物，进行安全高效生产，为人类造福。

在编写过程中，参阅了大量的相关书籍和网络文献，引用了其中的部分内容，在此谨向有关作者致以诚挚的谢意。

斑马

长颈鹿

海象

河马

熊猫

黑猩猩

猕猴

金丝猴

黄金蟒

沙漠巨蜥

丹顶鹤

火烈鸟

蜜蜂

蚕

欧洲盘羊

哈士奇

宠物猫

波尔山羊

中华鲟

金菠萝

狮子

大象

犀牛

狼

红腹锦鸡

孔雀

企鹅

天鹅

大赤袋鼠

小熊猫

黄喉犀鸟

双角犀鸟

石鸡

白冠长尾雉

变色龙

鸵鸟

北京鸭

狮头鹅

固始鸡

罗斯 308 肉鸡

散放饲养的鹅群

密闭式猪舍湿帘系统

荷斯坦奶牛

汗血宝马

南阳黄牛

西门达尔肉牛

芦花鸡

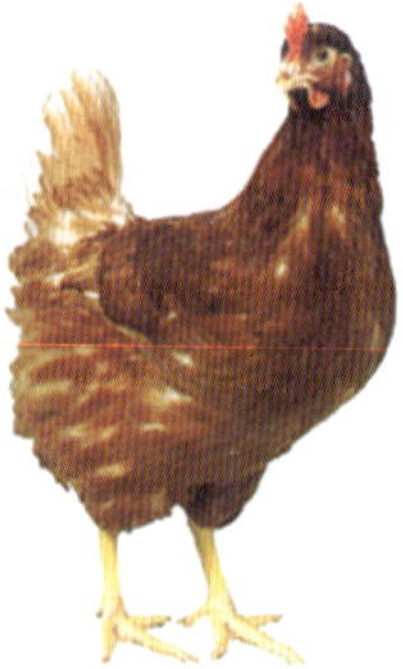

罗曼褐壳高产蛋鸡